Couvertures supérieure et inférieure
manquantes.

BIBLIOTHÈQUE
BIOLOGIQUE INTERNATIONALE

PUBLIÉE SOUS LA DIRECTION

De M. J.-L. DE LANESSAN

Professeur agrégé d'histoire naturelle à la Faculté de médecine
de Paris

XIV

BIBLIOTHÈQUE BIOLOGIQUE INTERNATIONALE

COURS ÉLÉMENTAIRE ET PRATIQUE

PHYSIOLOGIE GÉNÉRALE

PAR

M. FOSTER
Professeur de physiologie à l'Université de Cambridge.

J.-N. LANGLEY
Agrégé du Collège du Christ à Cambridge.

TRADUIT SUR LA CINQUIÈME ÉDITION ANGLAISE ET ANNOTÉ

Par F. PRIEUR
Bibliothécaire des Facultés à Besançon

Avec 115 figures dans le texte

PARIS

OCTAVE DOIN, ÉDITEUR

8, PLACE DE L'ODÉON, 8

1886

PRÉFACE DE LA CINQUIÈME ÉDITION

La présente édition ne diffère pas essentielle-
-ment des précédentes, quoique l'addition de
nouvelles matières ait quelque peu accru son
volume. L'expérience des dernières années nous
a confirmé dans cette opinion : s'il est désirable
d'instruire tous les élèves d'un cours même élémentaire exactement de la même façon dans la
mesure du possible, — il est néanmoins en certains cas nécessaire de maintenir l'élève dans
les voies frayées, de faire de l'enseignement une
discipline étroite, — en d'autres circonstances,
par contre, il faut l'encourager à prendre des
allures plus libres, à s'écarter des sentiers bat-
tus. Nous espérons, grâce aux additions nouvelles, avoir rendu le présent volume utile à la
fois aux deux catégories d'élèves. Nous n'avons
cependant en aucune façon prétendu distinguer

les exercices essentiels et nécessaires à l'instruction de tous, des exercices supplémentaires et facultatifs. Les diverses méthodes ont été données avec plus de détail qu'auparavant, mais nous avons laissé au maître qui se servira du livre le soin de décider s'il doit confier l'exécution de telle ou telle expérience à l'élève ou se la réserver à lui-même.

INTRODUCTION

Cette traduction s'adresse à tous ceux qui, par goût ou par devoir, abordent l'étude de la vie et de ses manifestations de tout genre : aux étudiants des Facultés des sciences, des Facultés et des Écoles préparatoires de médecine (à ces derniers surtout); aux élèves des Écoles vétérinaires et des-Écoles supérieures d'agriculture; aux travailleurs isolés, qu'ils s'occupent d'Histoire naturelle, d'Hygiène ou de Psychologie. Bien qu'éloignés des grands laboratoires publics et des cours spéciaux, ils pourront, eux aussi, constater par eux-mêmes, comme ils le doivent, les faits principaux, les lois générales de la Biologie, condition nécessaire et seul fondement solide de leur science particulière.

Une anatomie détaillée des animaux les plus employés dans les vivisections, — l'histologie technique, — la chimie physiologique pratique, — une description exacte des principaux organes dont la structure est indispensable à connaître, au moins dans ses traits principaux, pour l'intelligence des fonctions supérieures de l'organisme, — les principales expériences, et les plus probantes, sur les propriétés des tissus vivants et sur les organes des sens, — telles sont les matières traitées dans l'ouvrage. On ne le lira pas comme un article de revue ou un roman. On prendra successivement chaque chapitre et l'on vérifiera point par point sur les objets mêmes dont il traite, à l'aide des instruments indiqués, les faits qui s'y trouvent mentionnés.

Les personnes qui auront étudié d'un bout à l'autre, d'après la même méthode de constante vérification, le *Cours élémentaire et pratique de Biologie* de Huxley et Martin [1], n'ont pas besoin de connaissances préliminaires plus approfondies pour aborder avec fruit le présent manuel. Concurremment à ce cours expérimental, il faudra, pour systématiser les notions acquises, suivre des cours théoriques d'anatomie générale ou de physiologie, ou lire des ouvrages didactiques traitant de ces matières, et, de préférence, des livres à la fois élémentaires et complets, dont la lecture ne distraye point l'attention des grands phénomènes et des lois générales, en l'égarant parmi des détails négligeables [2].

On s'effrayerait à tort des dépenses nécessitées par l'installation d'un laboratoire de physiologie. Un la-

---

[1] Nous avons publié de ce livre une traduction française (Doin, éditeur). — On s'aidera, pour l'étudier, de l'excellent atlas destiné à son illustration qui vient de paraître : G. B. Howes : *Atlas of elementary practical Biology*; London, 1885, Macmillan, édit., prix : 17 fr. 50.

[2] Klein et Variot : *Éléments d'histologie.*
Mathias Duval : Cours de physiologie d'après l'enseignement du professeur Küss. — Béclard : *Physiologie.* — Le *Text-book of physiology* du professeur Foster, l'un des auteurs du présent manuel, est à ce point de vue un chef-d'œuvre.

'boratoire de recherches exige pour sa fondation des sommes considérables. Un laboratoire d'études élémentaires comme celles auxquelles ce petit livre sert de guide peut rendre de grands services tout en restant bien modeste. Comme local, une pièce unique, pourvue, s'il est possible, de l'eau et du gaz (ce qui est très utile, mais point indispensable) ; comme mobilier, quelques sièges, une forte table, des rayons (de simples planches) le long des murs, un tableau noir. Une cuisine spécialement affectée à cet usage, (pourvu toutefois qu'elle reçoive par la fenêtre un jour suffisant pour les études microscopiques) avec son mobilier ordinaire, si primitif soit-il, ferait, on le voit, un laboratoire excellent. Plus loin, à la fin de cette introduction, nous donnons un devis détaillé de l'outillage spécial nécessaire pour exécuter dans un pareil laboratoire, toutes les expériences de ce cours. Nous avons pris soin d'indiquer à ce propos par quels instruments simples et peu coûteux on pouvait remplacer les instruments d'un prix trop élevé dont l'usage est prescrit dans diverses expériences. Ce laboratoire si simple et que peut monter pour lui-même tout travailleur isolé avec ses propres ressources, combien parmi nos Écoles préparatoires de médecine ne l'ont pas encore ! Il suffirait pourtant à une série d'exercices (ceux indiqués dans ce livre, par exemple) tels, qu'après les avoir pratiqués, les élèves seraient plus avancés dans l'anatomie générale et la physiologie que les trois quarts au moins des élèves des Facultés; ils sauraient du moins tout ce qu'il importe de connaître au médecin praticien et le sauraient *par eux-mêmes*. Par l'organisation de laboratoires très simples, très peu coûteux, dirigés par des chefs de travaux capables et dévoués, soutenus à leur tour par des directeurs au niveau de leur tâche, on retiendrait peut-être auprès des Écoles préparatoires en décadence les étudiants qui les désertent de plus en plus. Dans les laboratoires des grandes facultés, encombrés déjà et trop bien armés pour leur inexpérience, les mêmes étudiants à moins de se spécialiser de très bonne heure, ne retirent aucune utilité des travaux pratiques auxquels ils assistent, la plupart non pour s'instruire, mais pour se conformer au règlement.

Ceci dit pour les étudiants en médecine qui veulent devenir des médecins et qui doivent avoir de la physiologie une connaissance solide, non détaillée. Pour les autres catégories de travailleurs, désireux de pousser plus loin leurs études, nous donnons une liste de livres techniques, pleins de renseignements utiles et qui sont la suite naturelle de celui-ci.

SUR L'ENSEMBLE DE LA TECHNIQUE PHYSIOLOGIQUE.

BURDON-SANDERSON, FOSTER, L. BRUNTON. *Manuel du laboratoire de physiologie*, traduit par G. MOQUIN-TANDON, 1884, in 8°.

CYON : *Methodik der physiologischen Experimente und Vivisectionen*, Giessen et Saint-Pétersbourg, 1876, in-4°, avec un atlas.

GSCHLEIDEN : *Physiologische Methodik*, Braunschweig, 1876-1879, in-8° (4 livraisons seulement ont paru).

VIVISECTION

Cl. Bernard : *Physiologie opératoire*, 1878, in-8°. —

Livon : *Manuel de vivisections*, 1882, in-8°.

Onodi et Flesch : *Leitfaden am Vivisectionen am Hunde*, Stuttgart, 1884 (1 seule livraison seulement a déjà paru).

Ecker : *Anatomie des Frosches*, 1864-1882, in-8°.

Krause : *Anatomie des Kaninchens*, 2° éd., 1885. —

Parker : *A course of instruction in practical zoolomy* (Vertebrata), 1884.

Martin et Moale : *Handbook of Vertebrate dissection* (paraît depuis 1881, par monographies séparées traitant chacune de la dissection d'un animal).

Wider et Gage : *Anatomical technology as applied to domestic cat*, Boston, 1882.

Chauveau et Arloing : *Anatomie comparée des animaux domestiques*, 2° éd., 1877, in-8°. —

CHIMIE PHYSIOLOGIQUE PRATIQUE

Jungfleisch : *Manipulations de chimie*, 1885, in-8°.

Gorup-Bezanez : *Analyse zoochimique*, traduite par L. Gautier, 187., in-8°.

Hoppe-Seyler : *Traité d'analyse chimique appliquée à la physiologie et à la pathologie*, traduit par Schlagdenhauffen. 1880, in-8°.

C. Méhu : *Chimie médicale*, 2° éd., 1878, in-12.

PHYSIQUE TECHNIQUE ET MÉTHODE GRAPHIQUE

Marey : *La méthode graphique*, in-8°.

Buignet : *Manipulations de physique*, 1877, in-8°.

Witz : *Manipulations de physique*, 1883, in-8°.

Kohlrausch : *Guide de physique pratique*, traduit par J. Thoulet et H. Lagarde, 1886, in-8°.

Frick [1] : *Physikalische Technik*, Braunschweig, 5ᵉ édit., 1876, in-8°. O. Lehmann : *Physikalische Technik*, 1885.

A Fick : *Die Medizinische physik*, 2ᵉ éd., 1885, in-8°.

HISTOLOGIE TECHNIQUE

Ranvier : *Traité technique d'histologie*, 1876-1885 (6 livraisons seulement ont paru).

H. Folh. : *Lehrbuch der vergleicenden mickroskopischen Anatomie*, 1884 (la première livraison seule parue contient la technique histologique.)

A. Bolles Lee : *The microtomist's vade-mecum*. London, 1885, in-8°.

G. O. Whitman : *Methods of research in microscopical anatomy and embryology*, 1886.

Carnoy : *La Biologie cellulaire*, 1884, in-8°. (Le 1ᵉʳ fascicule seul paru contient les méthodes générales. Dans cet ouvrage, on traite de la structure intime de la cellule, dont les *traités d'histologie* parus jusqu'à ce jour ne disent rien, quoique les premières recherches sur ce point remontent déjà à plusieurs années.)

DEVIS DE L'OUTILLAGE D'UN LABORATOIRE D'ÉTUDES ÉLÉMENTAIRES SUFFISANT A TOUTES LES EXPÉRIENCES DE CE COURS.

I. — POUR UN TRAVAILLEUR ISOLÉ

§ 1. Instruments de dissection [2]

On n'a besoin que des suivants :

Quatre scalpels ordinaires............................ 4 fr. »

---

[1] On trouve dans ce livre et dans le suivant, qui n'ont pas du tout le même caractère que les précédents, consacrés exclusivement aux expériences de mesure, l'indication des procédés à employer pour confectionner soi-même ou faire fabriquer sous ses yeux, à peu de frais, la plupart des appareils de démonstration, et même certains appareils de recherches.

[2] Voyez sur le soin qu'on prendre des instruments et la manière de s'en servir : Mojsisovics : *Zootomie*, trad. de Lanessan (Doin, édit.).—

Deux scalpels fins..................................... 2 fr. »
Un scalpel fort, dit couteau à cartilages............. 3 »
Une paire de pinces ordinaires....................... 1 50
Deux paires de pinces fines........................... 4 »
Une paire de ciseaux ordinaires à dissection (droits)... 1 50
Une paire de ciseaux fins (droits).................... 3 »
Deux aiguilles à dissection, pointues................ 2 »
Deux aiguilles terminées en fer de lance............. 3 »
Une pince coupante.................................... 7 »
Une tréphine (commode, mais non indispensable).... 12

Un stylet coudé à l'une de ses extrémités. (On le façon-
nera soi-même avec un fil de laiton. Les deux extrémités devront être mousses. Il vaut mieux en avoir
un certain nombre de toutes les grosseurs. Les plus
fins remplaceront avec avantage les soies de porcs
que l'on introduit dans les conduits déliés au cours
des dissections. Dans ce cas, pour éviter de créer
des fausses routes, on garnit la pointe du stylet
d'une boule de cire que l'on façonne avec les doigts.)

Érignes à poids. — On fabriquera soi-même avec du
fil de fer des crochets auxquels on attache une
ficelle que tient tendue un poids ou un petit sac
rempli de plomb. On s'en sert pour tenir écartées les
parties qu'on dissèque..

Une petite scie à main, des mobile...................... 4 50
Une seringue à injection (de 30 gr.) avec un robinet et
3 canules assorties...................................... 10 »
Une seringue de Pravaz en caoutchouc, avec 2 canules
d'acier... 12 »
Un rasoir pour coupes................................... 6
Une pierre à aiguiser pour les instruments ordinaires. 12 »
Une pierre à aiguiser de premier choix pour le rasoir. 20 »
Un cuir à rasoir.. 3 »
Une cuiller à préparations. — (Cet instrument, dont on
se sert pour pêcher les coupes microscopiques dans
les liquides colorants et autres, on peut le fabriquer

soi-même avec un gros fil de laiton aplati à ses extrémités et coudé au-dessus de ses aplatissements.) On en trouve dans le commerce, à bouts de platine, inattaquables par les réactifs, aux prix de 3 à 6 francs, mais on peut rendre également inattaquables les cuillers qu'on fabriquerait soi-même, en les faisant dorer ou platiner par la galvanoplastie. On peut encore remplacer par un simple passe-lacet, ou par divers petits instruments de fil de fer ou de laiton, que l'on fabriquera soi-même en s'ingéniant suivant les circonstances, les *aiguilles de Deschamps, crochets courbes* de Brücke et autres ustensiles employés dans la confection des ligatures.....................

§ 2. — MICROGRAPHIE

(Voy. le § précédent, et, en outre, les notes de l'Appendice.) Microscope avec ses accessoires. — On devra *toujours* se procurer un microscope provenant d'une *maison sérieuse. Verick, Prazmowski, Nachet, Chevalier* à Paris, et, parmi les étrangers, — *Ross, Beck. Powell et Lealand,* à Londres ; — *Reichert,* à Vienne ; — *Zeiss,* à Iéna ; — *Seibert et Krafft, Leitz,* à Wetzlar ; — *Hartnack,* à Postdam ; — sont les constructeurs le plus renommés. On a beaucoup vanté les microscopes étrangers, qui ne présentent pourtant aucun avantage pratique que ne possèdent également aujourd'hui les modèles français. Le débutant pourra se contenter d'un microscope dit *petit modèle* avec deux objectifs et deux oculaires. Les combinaisons que nous recommandons sont les suivantes :

Verick, modèle n° 7, avec les oculaires 1 et 3 et les objectifs 2 et 6, prix,........................... 140 fr. »

Nachet, modèle n° 11, obj. 3, 5, 6 ; oculaire 2, prix... 135 »

Prazmowski (Bézu et Hausser, successeurs), modèle II A, oculaires, 2, 4 ; obj. 4, 7, prix..... .... 135 »

les pièces à l'abri de la poussière,..................... 2 fr. 40

Deux flacons dits *à baume du Canada*, avec capuchon
en verre, rodé, et spatule (un pour le baume, un
pour le vernis à luter)............................. 2 »

Flacons à réactifs dits *flacons à eau-forte*, avec bouchon
à l'émeri long et à pointe (il faut en avoir plusieurs,
un pour la glycérine, un pour le mélange de créosote
et de térébenthine (ou l'essence de girofles), un contenant de la solution de picro-carmin)............. » 90

Flacons bouchés à l'émeri pour les réactifs durcissants,
colorants, etc. (une cinquantaine de flacons assortis
depuis deux litres jusqu'à cent grammes), la pièce,
depuis........... .... 0 30 à 1 50

Une lampe à alcool.......... .... 1 40

Bocaux bouchés au liège (une cinquantaine assortis
depuis deux litres jusqu'à deux cents grammes) la
pièce de.. 0 15 à 0 60

(*Voyez le § 3 pour les instruments divers servant à la
préparation des réactifs, et pour ces derniers le
§ 4. Voyez le § 1 pour les instruments de dissection.*)

§ 3. USTENSILES DE CHIMIE

Un grand flacon bouché à l'émeri, à tubulure inférieure
horizontale garnie d'un robinet, pour eau distillée ;
contenance dix litres........................... 16 »

Éprouvettes graduées : une de 1 litre .... 6 »
— une de 200 gr................. 5 »
— une de 50 gr............... 3 »
— une de 15 gr............. 2 »

Pipettes graduées : une de 1 centimètre cube....... 1 50
— une de 5 centimètres cubes...... 2 »
— une de 10 centimètres cubes...... 3 »

Un verre gradué de 100 centimètres cubes........ 2 25

Verres à expériences (6 à 0,20 pièce)............ 1 20

Une burette graduée pour essais (burette de Mohr
avec pince) de 25 centimètres cubes................   5 fr. »
Un support pour la burette.......................   6 50
Support en fer à anneaux pour capsules et entonnoirs...   3 25
Toile métallique (1 décimètre carré) — suivant le
métal..   0,20 à 0 50
Brûleurs de Bunsen (2) ....pièce   2 »
Tubes à essais ....pièce   0 15
Support à tubes (pour 12 tubes)..............   2 »
Chausse en feutre pour filtrations ....   2 »
Papier à filtre. — On peut l'acheter en feuilles et plier
les filtres soi-même, ou bien acheter les filtres tout
pliés. Les filtres Laurent pour entonnoir de 100 gram-
mes coûtent, le cent.........................   1 30
Entonnoirs. — 5 à 6 entonnoirs, suivant la gran-
deur...........................pièce 0,15 à 0 40
Un mortier avec son pilon (100 millimètres de diamètre).   2 50
Dialyseur de Graham ....   4 »
La feuille de papier parchemin..................   0 60
Quatre ou cinq capsules en porcelaine de Bayeux de
grandeurs diverses, de 55 à 200 millimètres de diamètre........................pièce 0,20 à 3 50

N. B. On prescrit dans l'une des leçons l'emploi
d'un creuset de platine, mais on peut très bien remplacer cet ustensile coûteux, sans inconvénient aucun,
par une petite capsule de porcelaine.

Diamant à écrire sur verre ....   3 »
Râpe à bouchons ....   1 »
Lime douce..................................   1 »
Queue-de-rat................................   0 65
Pince en bois pour tenir les ballons, capsules... et au-
tres objets chauffés ....   1 »
Lampe d'émailleur (si l'on a le gaz) ....   60 »
ou à défaut d'une lampe d'émailleur, éolipyle....   5 et 7 »
Valets en jonc, pour poser les capsules.......pièce 0,15 à 0 25

§ 4. — RÉACTIFS FT PRODUITS CHIMIQUES

Le prix des réactifs est sujet à de telles variations que nous ne pouvons que renvoyer le lecteur à un prix courant de droguiste. Nous indiquons en regard des produits la quantité que l'on devra se procurer de chacun.

Eau distillée.

Iode	8 gr.
Mercure métallique	200 gr.
Acide sulfurique	100 gr.
— nitrique	100 gr.
— chlorhydrique	100 gr.
— acétique	100 gr.
— picrique	100 gr.
— chromique	50 gr.
Acide osmique	1 gr.
— oxalique	100 gr.
— tartrique	100 gr.
— ammoniaque liquide	1/2 lit.
— potasse caustique	100 gr.
— soude caustique	100 gr.
— baryte caustique	20 gr.
— iodure de potassium	100 gr.
— chlorure de sodium (sel de cuisine)	2 kil.
— chlorure d'or	1 gr.
— nitrate d'argent	1 gr.
— nitrate de baryte	50 gr.
— nitrate de potasse	500 gr.
— sulfate de magnésie	100 gr.
— sulfate de soude	500 gr.
Sulfate de cuivre	100 gr.
Sulfate de fer	100 gr.
Alun de potasse	100 gr.
Alun de chrome	50 gr.

Borate de soude (borax)............................... 50 gr.
Bichromate de potasse................................ 500 gr.
Bichromate d'ammoniaque............................. 500 gr.
Ferrocyanure de potassium........................... 500 gr.
Tartrate double de potasse et de soude .... 200 gr.
Ether.. 100 gr.
Chloroforme.. 100 gr.
Strychnine .... 1 ct. gr.
Curare .... 1 ct. gr.
Amidon... 500 gr.
Dextrine.. 500 gr.
Sucre de canne .... 100 gr.
Glucose.. 500 gr.
Gomme... 500 gr.
Gélatine (en feuilles)................................. 500 gr.
Noir animal... 1 kil.
Huile d'amandes douces.............................. 100 gr.
Paraffine.. 1 kil.
Cire... 200 gr.
Huile d'olives .... 200 gr.
Spermaceti.. 200 gr.
Essence de térébenthine............................. 1 lit.
Créosote.. 100 gr.
Acide phénique pur, cristallisé.................... 100 gr.
Alcool ordinaire à 90................................ 2 lit.
Alcool absolu... 1 lit.
Glycérine... 1/2 lit.
Baume du Canada .... 200 gr.
Bleu d'aniline.. 5 gr.
Carmin... 5 gr.
Hématoxyline .... 5 gr.
Bleu de Prusse soluble.............................. 500 gr.
Papiers de tournesol, de curcuma,.........etc.
Teinture de tournesol................................

APPAREILS ET INSTRUMENTS DIVERS

Balance. — Un trébuchet à doubles plateaux peut suffire — Il n'est pas besoin de se procurer d'autres poids que les subdivisions du gramme jusqu'au centigramme. Les pièces de monnaie serviront pour les poids de 1 gr. et au-dessus...................... 25 fr »

Thermomètre ....de 7 à 12 »

Étuve à eau [1] munie d'un régulateur (sert pour les inclusions, pour les digestions artificielles)......de 30 à 40 »

   (Un simple bain de sable, placé en hiver au-dessus du poêle, dans l'appartement même où on travaille, peut rendre les mêmes services dans la plupart des cas.)

Assortiment de tubes de verre, de tous diamètres, le kilogramme ....1 fr. 80 à 3 »

Assortiment de baguettes de verre, le kilogramme....   1   80

   — de tubes de caoutchouc, le mètre....1 fr. 25 à 1   50

   — de deux ou trois tubes de communication à robinet de verre, la pièce.........................   3   »

Alcoomètre de Gay-Lussac de 0 à 100 avec échelle Cartier   2   »

Densimètre universel de Gay-Lussac................   10   »

Cuve de verre à parois parallèles................   1   »

Pinces à pression continue, pour placer sur les tubes de caoutchouc, pièce.........................   »   80

Pile électrique (deux éléments Daniell)..............   12   »

_____

1 Un modèle très commode d'étuve à inclusion est construit par la *Cambridge Scientific Instrument Company*. Prix, avec régulateur et brûleur 56 fr. 25.

(Au lieu d'une clef de Morse et d'un levier-clef, on peut
avoir deux clefs de Morse).

Signal électrique. — Le signal électrique figuré dans
l'appendice [2] coûte........................   62   50

Il revient un peu moins cher que le signal Marcel De-
prez, auquel il ressemble beaucoup et que l'on peut
employer à sa place. Il est plus simp'e de se passer des
deux et de les remplacer par un simple diapason enregistreur, dont le prix ne dépasse guère   20   »

Cylindre enregistreur. — Un cylindre enregistreur mû
par un mouvement d'horlogerie et pourvu d'un régulateur Foucault ou Villarceau coûte un tel prix qu'il
ne peut être question ici d'un appareil de ce genre.
On a construit des cylindres enregistreurs plus
simples, suffisant aux expériences ordinaires et que
l'on fait mouvoir à la main. Tels sont l'appareil construit par la Cambridge S. I. C. prix.............   105   »

Et celui de M. Mirand, constructeur à Paris, rue Ga-
lande, prix...............................   225   »

Ces instruments reviennent encore assez cher pour que
divers expérimentateurs aient trouvé le moyen de se
passer complètement des cylindres en imaginant
d'autres appareils enregistreurs. Tels, par exemple,
MM. Léon Fréyéricq et G. Vandevelde dans leurs
recherches *sur la vitesse de transmission de l'excitation motrice dans les nerfs du homard* (Archives
de zoologie expérimentale, 1re série, tome VIII, 1879-80,
pp. 513 et suivantes). Voy. la figure et lisez la des-

---

[1] Chez Carpentier, successeur de Runkorf, 20, rue Delambre, à Paris.
Tel qu'il est figuré dans l'*Appendice*, cet instrument construit par la Cam
bridge scientific instrument Company coûte 150 francs.
On peut le remplacer du reste soit par l'appareil Trièfra, soit par l'appareil
Ranvier (voy. l'*Appendice*). L'appareil Ranvier est recommandable par son
bon marché et par la facilité avec laquelle on le transporte.

[2] Cambridge, S. C.

cription de l'appareil ; chacun peut en construire
soi-même un semblable à peu de frais.

Myographe. — Le myographe décrit et figuré dans
l'appendice (Cambridge Sc., I.C). coûte avec tous
cês accessoires .... 5 à 600 »

Nous ne pouvons qu'engager le lecteur à le remplacer
par l'appareil très simple de MM. Frédéricq et Vandevelde, dont nous venons de parler.

Spectroscope. — Un spectroscope (Lütz ou Duboscq)
coûte.................................... 200 à 300 »

On peut s'en passer et le remplacer par un *micro-spec-
troscope* (oculaire spectroscopique) — que l'on
ajoute à son microscope, dans lequel on observe une
couche du liquide à examiner placée sur une lame de
verre, comme on ferait d'une préparation ordinaire, —
ou mieux par le myo-spectroscope, imaginé par Ranvier et que l'on peut construire soi-même à très bon
compte. (Voy. *L. Ranvier : Traité technique d'histologie*, p. 516 et suivantes, fig. 179.

Phakoscope de Helmholtz. — Cet instrument, qui sert
à la démonstration des images de Purkinje et de leur
variation dans l'accommodation, est employé dans la
leçon XXVII, § 6. — ON PEUT S'EN PASSER ET OBSERVER
DIRECTEMENT LES IMAGES DE PURKINJE. Prix de l'instrument (C. S., I. G.) .... 210 »

Rien de plus facile d'ailleurs que de construire l'instrument soi-même avec une caisse en carton ou en
bois, noircie à l'intérieur et deux prismes. On se
procurera des prismes tout taillés, prêts à être montés,
chez M. Lütz, opticien, boulevard Saint-Germain, 82,
Paris, au prix de .... pièce 8 à 10 »

II. — LABORATOIRE D'ÉCOLE

Soit un laboratoire de dix places, à cinq fenêtres, devant chacune desquelles est une table où deux élèves prendront place ; au

milieu de la pièce une grande table; le long des murs des armoires et un tableau noir; dans un coin, l'évier au-dessus duquel un robinet amène l'eau en quantité suffisante et sous pression constante; le gaz que des tuyaux de caoutchouc permette de conduire partout où l'on peut en avoir besoin.

Chaque élève aura ses instruments de dissection (I, § 1), son microscope, sa chambre claire. Tous les autres appareils accessoires de micrographie indiqués au chapitre I seront communs au groupe de deux élèves. De certains instruments même, coûteux et d'un usage peu fréquent, compte-globule et platine chauffante par exemple, un seul suffira pour tout le laboratoire.

Quant à la verrerie (flacons, bocaux, lames, lamelles, éprouvettes... etc.) il n'en faudra guère pour un laboratoire d'école à 10 places, que quatre fois environ la quantité indiquée (I, §§ 2 et 3) pour un travailleur isolé.

Dans le cas où travailleraient successivement dans un laboratoire de la sorte plusieurs séries d'élèves, un préparateur spécial, responsable du matériel, et un garçon de laboratoire seraient absolùment nécessaires.

Daus le cas d'une série unique, chaque élève peut être constitué responsable du matériel qui lui est confié et qu'il doit constamment tenir en bon état. Un élève plus avancé aura la garde des instruments et des appareils communs à toute la série. Le même élève préparera les réactifs en quantité suffisante pour les exercices de chacun, et tiendra une comptabilité rigoureuse et constamment tenue à jour des produits à lui livrés et des quantités de réactifs distribués à chaque élève

L'expérience a démontré que si l'on ne peut avoir à la fois un préparateur spécial et un garçon de laboratoire, il vaut mieux opter pour le garçon. Ce dernier pourra bientôt rendre tous les services qu'on aurait pu attendre du premier et ne croira pas au-dessous de lui d'entretenir dans le laboratoire l'ordre et la propreté.

On évite bien des dépenses quand il est possible d'avoir à côté même du laboratoire un petit atelier pourvu de tous les ustensiles nécessaires pour le travail du métal et du bois. (Voir les articles pu-

bliés dans le journal *la Nature*, année 1885, tome II, sur l'outil-
luge de l'amateur).

F. PRIEUR.

C'est un devoir pour moi d'adresser tous mes remerciements à
M. DOIN, qui a mis à ma disposition, pour l'illustration de ce petit livre, les figures de plusieurs ouvrages édités par lui — ainsi
qu'à M. Charbonnel-Salle, professeur à la Faculté des Sciences de
Besançon, qui a relu mon manuscrit et dont les bienveillants avis
ne m'ont pas été inutiles pour rédiger cette introduction.

F. P.

PHYSIOLOGIE GÉNÉRALE

PREMIÈRE LEÇON

DÎSSECTION DU LAPIN ET DU CHIEN

Les descriptions qui suivent concernent dans leur ensemble surtout le lapin ; mais les mêmes renseignements, dans leur généralité, peuvent aussi guider dans la dissection du chien. Les points où les deux animaux diffèrent et les particularités propres à l'organisation du chien sont indiqués en petits caractères.

A. — 1. Incisez la peau sur la ligne médiane, tout le long de la face ventrale du corps, depuis le cou jusqu'au pubis et rejetez autant que possible à droite et à gauche les deux lambeaux de peau.

Si c'est une lapine que vous disséquez, vous observerez, à la place de chaque mamelle, la GLANDE MAMMAIRE très délicate, arborescente, située au-dessous même de la peau.

2. Observez les MUSCLES ABDOMINAUX minces et pâles. Le mieux est de les disséquer un à un chez le chien, comme on l'indique plus bas, mais rien ne s'oppose à ce qu'on tente cette dissection aussi sur le lapin.

Chez le chien, observez :

a. — Les tendons aponévrotiques des muscles abdomi-

1

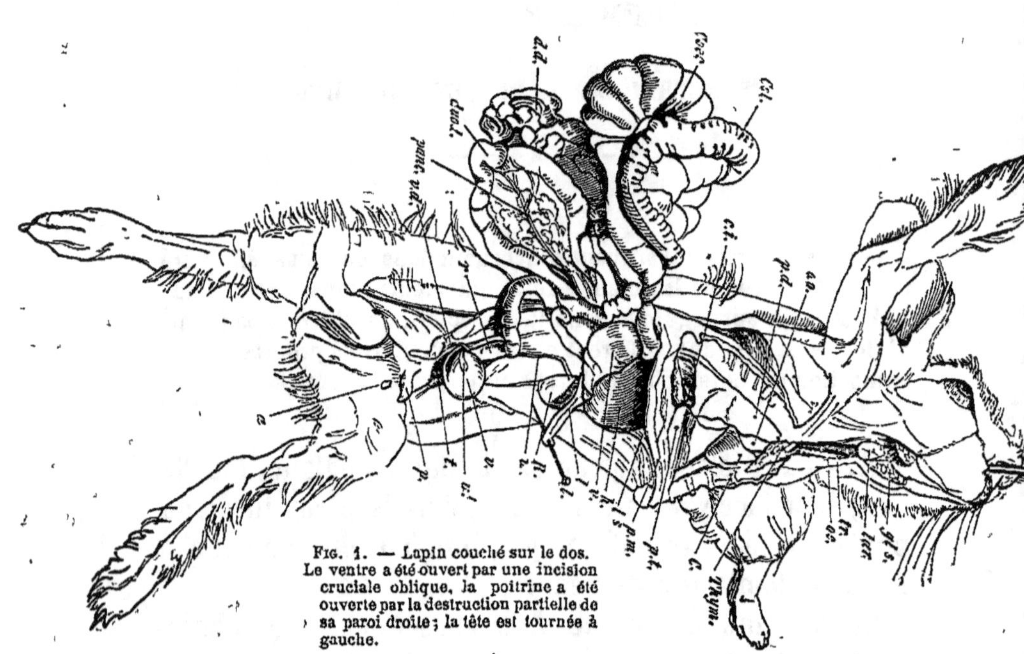

Fig. 1. — Lapin couché sur le dos. Le ventre a été ouvert par une incision cruciale oblique, la poitrine a été ouverte par la destruction partielle de sa paroi droite; la tête est tournée à gauche.

Gls, glande sous-maxillaire — *lar*, larynx — *tr*, trachée — *œ*, œsophage — *Thym*, thymus — *ao*, aorte — *c* cœur — *pd*, poumon droit — *pm*, partie muscule[use] diaphragme — *pt*, centre tendineux du diaphragme — *ci*, veine cave inférieure — *ls*, ligament suspenseur du foie — *h*, foie — *v*, estomac — *l*, rate ti[rée] côté et fixée avec une épingle — *duod*, duodénum tiré de côté ainsi que les parties suivantes de l'intestin — *dd*, circonvolutions de l'intestin — *panc*, pancré[as] *cæc*. cœcum — *col*, côlon — *r*, rein droit — *u*, uretère — *u'*, son orifice dans la vessie — *v*, vessie — *r*, rectum — *vd*, canal déférent — *t*, testicule — *p*, p[énis]

naux qui, par leur entrecroisement sur la ligne médiane, forment la *ligne blanche*.

b. — L'*obliquus externus abdominis*, muscle mince dont les fibres se dirigent obliquement dē haut en bas. Leur insertion supérieure se fait sur les côtes par des faisceaux séparés, et ēn arrière par un large tendon ; de là, elles vont à la ligne blanche et au pubis.

c. — Les *recti abdominis* situés de chaque côté de la ligne médiane, et recouverts par le tendon de l'obliquus externus. En rejetant *b* sur le côté, avec précaution, on peut voir au-dessous :

d. — L'*internus obliquus abdominis* avec ses fibres ascendantes ; elles s'insèrent en bas au pubis et à l'aponévrose lombaire et se rendent à la ligne blanche et aux dernières côtes ; on aperçoit au-dessous :

e. — Le *transversalis abdominis*, il naît des dernières côtes, de l'aponévrose dorso-lombaire et du pubis, et va à la ligne blanche.

3: Soulevez avec une pince la paroi de l'abdomen et fendez-la au moyen des ciseaux, sur une ligne médiane allant du sternum au pubis, en prenant soin de ne pas léser l'intestin. Faites une seconde incision perpendiculaire à la première en son milieu, et qui s'étende presque jusqu'à la colonne vertébrale de chaque côté. Rejetez les quatre lambeaux et fixez-les par des épingles. Alors, bornez-vous à écarter les organes qui se présentent sans couper ni déchirer quoi que ce soit. Suivez aussi loin que possible le trajet du tube digestif. Vous observez l'œsophage étroit. L'estomac le reçoit vers le milieu de son bord supérieur concave, tandis que l'extrémité pylorique se trouve à droite et se continue avec l'intestin grêle, qui ne présente guère ici de distinction possible entre un duodénum, un jéjunum et un iléon ; le cœcum volumineux, de couleur foncée, à parois minces, sur lequel on voit serpenter en spirale une

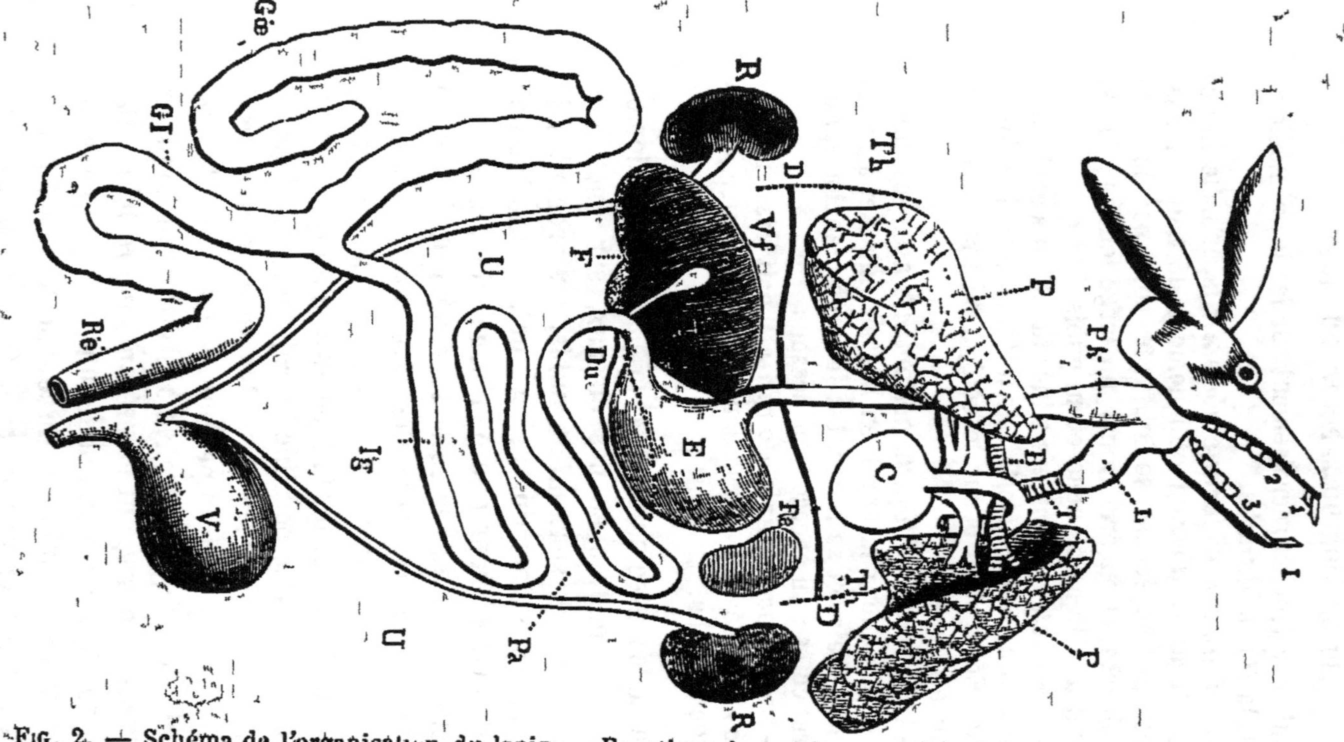

FIG. 2. — Schéma de l'organisation du lapin. —Fonctions de nutrition — Principaux organes contenus dans les cavités thoracique et abdominale.

1, incisives — 2, 3, molaires — *Ph.* pharynx — *L.* larynx — *T*, trachée — *B*, bronches — *P.* poumon — *Th*, cavité thoracique limitée par le diaphragme *D* et par les traits ponctués; le poumon gauche est écarté et rejeté en dehors de cette cavité — *E*, estomac — *Ra*, rate — *F*, foie — *Vf*, vésicule du fiel — *Pa*, pancréas (dans cette figure *schématique*, le canal pancréatique débouche à côté du canal cholédoque comme chez la plupart des mammifères, mais il faut se rappeler que, chez le lapin en particulier, ces deux canaux débouchent dans le duodénum à une certaine distance l'un de l'autre [voy. fig 3]. — *Du.* duodénum — *In.* in-testin grêle — *Gœ.* cœcum — *GI*, gros intestin — *Re*, rectum —

constriction peu prononcée ; l'APPENDICE VERMICULAIRE
DU CŒCUM, qui procède de l'extrémité de ce dernier, mais
qui présente des parois plus épaisses et une coloration
moins foncée ; le GROS INTESTIN (*côlon*), d'un diamètre
moins considérable que le cœcum, glanduleux dans la
première portion de sa course, moins glanduleux dans
sa portion moyenne et tout à fait lisse dans sa portion
terminale, où il se continue sans changement avec le
RECTUM. La dernière partie du côlon et le rectum contiennent ordinairement des matières fécales roulées.

4. Examinez le MÉSENTÈRE qui supporte l'intestin ; il
s'attache en arrière à la colonne vertébrale et se continue
avec le PÉRITOINE ou membrane qui tapisse la cavité
abdominale. Observez la façon dont il est parcouru par
les vaisseaux sanguins.

Chez le Chien, un repli du mésentère, flasque et chargé
de graisse, pend du bord inférieur de l'estomac et constitue
le *grand épiploon*.

5. Observez la RATE, c'est un corps allongé, rouge-
brun, en rapport avec la grosse extrémité de l'estomac,
auquel le rattache un repli mésentérique (*épiploon
gastro-splénique*).

6. Rejetez l'estomac à gauche [1], tendez avec précaution le duodénum, et observez dans la partie du
mésentère qui l'avoisine le *pancréas* diffus, d'un
rouge-pâle.

Observez à quel endroit le canal pancréatique, lequel
est très délié et de coloration très pâle, fait son entrée
dans le duodénum : cette jonction s'opère en général à

---

[1] Les mots *droite* et *gauche* doivent s'entendre ici et dans tous
les cas analogues de la droite et de la gauche de l'animal.

plus d'un pied au-dessous du pylore, au point où le duodénum se réfléchit en arrière pour former une anse.

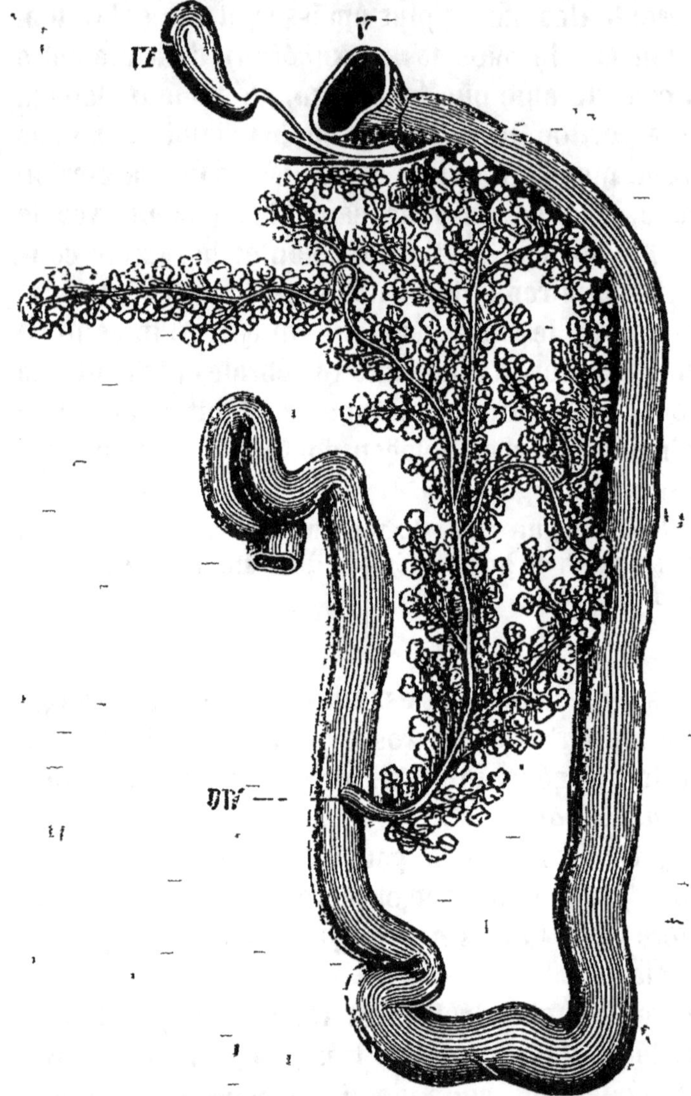

Fig. 3. — Tube digestif et pancréas du lapin (Krause).

V, portion pylorique de l'estomac — *Vf*, vésicule biliaire avec le canal cystique
qui s'unit avec les canaux hépatiques droit et gauche coupés pour former le
canal cholédoque — *DW*, canal de Wirsung (pancréatique) ramifié dans le
pancréas, dont la portion gauche supérieure transversale s'étend sur la rate.

Chez le chien, le conduit excréteur du pancréas se confond avec le conduit excréteur du foie (voy. § 14).

Observez les ganglions lymphatiques du mésentère, petites masses d'un blanc grisâtre, plus nombreuses dans la portion du mésentère voisine du duodénum que partout ailleurs.

7. Rejetez à droite l'estomac et l'intestin afin d'observer l'AORTE DORSALE (1) et la VEINE CAVE INFÉRIEURE, qui se trouvent tout près l'une de l'autre sur la ligne médiane. Suivez le trajet de l'aorte depuis le point où elle entre dans la cavité abdominale en traversant le diaphragme, en disséquant le mésentère autant qu'il est nécessaire pour suivre le trajet de l'aorte.

8. Observez la CAPSULE SURRÉNALE droite, petit corps ovoïde d'un blanc jaunâtre, qui se trouve tout près de l'aorte. Un peu au-dessus et plus près de la ligne médiane, une dissection attentive vous permettra d'apercevoir le PLEXUS SOLAIRE constitué par trois ou quatre ganglions grisâtres, demi-transparents, reliés entre eux par des faisceaux de fibres pâles. Dans celui de ces ganglions qui se trouve sur le côté, entre la branche principale du NERF SPLANCHNIQUE, suivez le trajet de ce nerf le long de l'aorte jusqu'au diaphragme.

9. Observez l'ARTÈRE CŒLIAQUE, qui sort de l'aorte au-dessus du diaphragme, et l'ARTÈRE MÉSENTÉRIQUE SUPÉRIEURE, que donne l'aorte immédiatement au-dessous

---

(1) Quand une artère et une veine ont leurs trajets voisins comme c'est ici le cas, on reconnaît l'artère à ses parois plus épaisses et à la moindre quantité de sang qu'elle contient. L'artère est généralement d'une coloration blanche tirant sur le bleu, tandis que la veine est ordinairement d'un rouge très foncé teinté de bleu.

de la précédente, quelquefois au-dessous de la capsule surrénale, et un peu plus bas l'ARTÈRE RÉNALE, qui se rend au hile du rein : vous remarquerez la VEINE RÉNALE, parallèle à l'artère du même nom et qui se rend dans la veine cave. Suivez quelque temps le trajet de l'artère mésentérique supérieure et observez les ramifications qu'elle distribue au pancréas ; vous le verrez mieux en rejetant à gauche la masse des intestins.

10. En disséquant le mésentère vers la portion inférieure de l'œsophage, vous apercevez les NERFS PNEUMO-GASTRIQUES droit et gauche (Cf. *C.* §§ 16, 24), lesquels se divisent en plusieurs filets qui s'étendent sur l'estomac. On peut suivre une ou deux de ces ramifications jusqu'au plexus solaire. Voyez la quantité de nerfs pâles qui partent des ganglions du plexus solaire ; certains peuvent être suivis un certain temps le long des artères cœliaque, mésentérique et rénale.

11. Rejetez maintenant à gauche l'estomac et les intestins, disséquez avec soin le mésentère tout autour de l'aorte et observez le NERF SPLANCHNIQUE DROIT qui l'avoisine, suivez le trajet de ce nerf (en prenant bien garde de blesser la veine cave) ; un peu au delà ou au-dessous de la capsule surrénale droite, vous le voyez aboutir à un ganglion un peu éloigné du reste du plexus solaire.

12. Soulevez l'estomac, et placez-vous à droite pour voir la portion du mésentère qui se trouve au-dessous, vous observez la VEINE PORTE, grande veine qui donne tout près de la face postérieure du foie, plusieurs branches qui pénètrent dans cette glande. Cette veine porte est formée par la réunion des VEINES LIÉNO-GAS-TRIQUE et MÉSENTÉRIQUE, dont la première, beaucoup plus grêle, se joint à l'autre tout près du foie. Suivez quelque

temps le trajet de la veine mésentérique. Elle reçoit du pancréas de nombreuses petites veines. En vous plaçant à gauche pour voir le mésentère, vous verrez

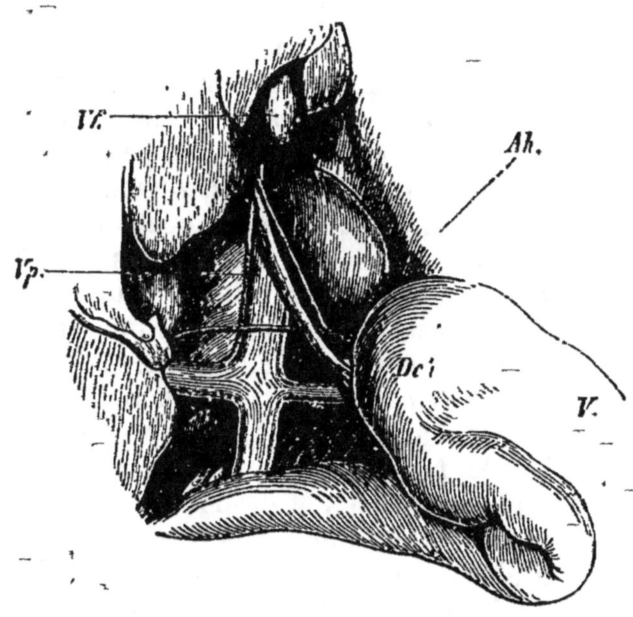

Fig. 4. — Lapin.

ch, canal cholédoque ouvert dans le duodénum — V, estomac — Vf, vésicule biliaire — Ah, artère hepatique se divisant au niveau du canal cholédoque en un rameau droit et un rameau gauche — Vp, veine porte. Le foie et la vésicule biliaire sont relevés (Krause).

comment les VEINES SPLÉNIQUE et GASTRIQUE forment la liéno-gastrique par leur réunion.

13. Étudiez les ramifications de l'artère cœliaque; elle émet en premier lieu l'ARTÈRE SPLÉNIQUE, qui, outre une série de petites artères destinées à la rate, distribue plusieurs branches à la grande courbure de l'estomac et quelques petites artères au pancréas. Elle donne alors successivement à de courts intervalles des branches à la partie inférieure de l'œsophage, à l'estomac, à la

partie supérieure du duodénum; et une plus importante, l'ARTERE HÉPATIQUE, au foie.

Sur le chien, écartez la rate de l'estomac, tout en la tirant un peu en bas, afin de voir une branche de l'artère *liéno-gastrique* qui envoie des ramifications à la rate et à la grande courbure de l'estomac; on verra bien les veines correspondantes en rejetant la rate sur l'estomac. Coupez ces vaisseaux entre deux ligatures, et tirez la rate en bas comme tout à l'heure, vous apercevrez de petites branches des veines et artères liéno-gastriques. Au milieu des vaisseaux liéno-gastriques, vous voyez quelques veines et artères qui desservent l'estomac et le pancréas. En rejetant le pancréas à gauche sur la rate, on peut voir la réunion des veines liéno-gastrique et mésentérique. Maintenant rejetez le duodénum sur la partie du pancréas déjà vue et observez la grosse veine qui vient du pancréas à la partie supérieure du duodénum et qui rejoint la veine précédemment mentionnée pour former avec elle la veine porte. Observez aussi la façon dont une branche du tronc cœliaque se divise en une artère hépatique, d'une part, et en une artère destinée à la plus grande partie du pancréas et à la partie supérieure du duodénum, d'autre part. Il distribue ensuite des ramifications à la partie inférieure de l'œsophage et à l'estomac, et finit par se diviser en deux branches : l'une, artère hépatique, se rend au foie, l'autre dessert la partie inférieure de l'estomac et la partie supérieure du duodénum (tout en envoyant des ramifications au pancréas).

14. Rejetez le foie en haut vers le diaphragme, la VÉSICULE BILIAIRE apparaîtra dans un sillon de la face inférieure du lobe droit-postérieur; suivez le CANAL CYSTIQUE ou canal extérieur de la vésicule biliaire jusqu'au point où il se réunit au CANAL HÉPATIQUE, venant directement du foie, pour former avec lui un conduit commun, CANAL CHOLÉDOQUE, qui débouche dans le duodénum, tout près du pylore.

15. Liez l'œsophage et le rectum, puis coupez le premier au-dessus et le second au-dessous de la ligature. Rejetez la masse des intestins à droite, coupez les attaches du mésentère et enlevez de l'abdomen le tube digestif et tous ces appendices à l'exception du foie. Étudiez maintenant la position et la forme du foie, ainsi que ses rapport avec le diaphragme.

En écartant un peu le foie du DIAPHRAGME, on peut voir à travers le tendon transparent du diaphragme les poumons qui sont en contact intime avec lui. Ponctionnez ce tendon à droite, et voyez comme le poumon droit s'affaisse aussitôt que l'air pénètre dans la cavité pleurale.

17. Écartez encore davantage le foie du diaphragme, observez les VEINES HÉPATIQUES très courtes qui sortent du foie et se jettent dans la veine cave inférieure juste au-dessous du diaphragme. Coupez ces veines aussi près du foie que possible et enlevez le foie.

18. Fendez en long une des veines hépatiques et suivez-la ainsi jusque dans la substance même d'un lobe du foie. A la surface interne de la veine, on voit l'orifice de nombreuses veines plus petites. Coupez le lobe près de sa base et essayez de distinguer les veines portes des veines hépatiques au moyen du petit conduit biliaire et de la petite artère à parois épaisses qui accompagnent la première.

19. Enlevez du tube digestif toute trace du mésentère, et fendez-le dans toute sa longueur. Observez plus à fond les particularités mentionnées au § 3. Vous voyez en outre, à la surface de l'iléon, quelques taches blanchâtres (*plaques de Peyer*); elles sont formées par des amas de follicules lymphatiques. Notez aussi les rapports du cœcum avec l'intestin grêle et le gros intestin, les parois minces du cœcum, et les parois épaisses, glanduleuses, de l'appendice qui procède de son extrémité.

Vous remarquerez que, chez le chien, l'œsophage, d'un diamètre assez considérable, entre dans l'estomac plus près de son extrémité cardiaque qu'il ne le fait chez le lapin ; notez également la longueur moindre de l'intestin, la petitesse du cœcum et la différence moins sensible qui existe chez cet animal entre le gros intestin et l'intestin grêle.

Si on ne tient pas à conserver l'intestin pour l'étude microscopique, il sera bon de le nettoyer, avant de le séparer du mésentère, en liant dans le duodénum un tube muni d'un entonnoir dans lequel on fera couler l'eau d'un robinet. On traitera, s'il le faut, le gros intestin de la même façon.

20. Fendez l'estomac le long de sa petite courbure, jetez son contenu et lavez la muqueuse. On observe que la muqueuse de la grande courbure est rouge pâle, celle du pylore grisâtre et demi-trasnparente. Ce contraste est encore plus marqué quand on a enlevé la couche superficielle blanchâtre de cellules muqueuses.

La membrane muqueuse peut servir à préparer la pepsine qu'on extrait par la glycérine. (Cf. Leçon XVI.)

21. Lavez le duodénum ; sa surface interne présente un aspect velouté, caractéristique de la muqueuse de l'intestin grêle et due aux villosités. Étudiez-les à la loupe.

Observez les orifices des canaux biliaires et pancréatiques et introduisez avec précaution des soies dans ces conduits.

22. Coupez un morceau du gros intestin, lavez-le et

examinez-en la surface interne à la loupe, vous n'y verrez point de villosités.

23. Notez une fois de plus la position des capsules surrénales.

24. Notez la position des REINS, le rein gauche est plus près du bassin que le droit ; observez l'*uretère* de chaque côté ; c'est un tube de couleur pâle, demi-transparent qui, à partir de chaque rein, se dirige en bas vers la ligne médiane en passant au-dessus des muscles du bassin. Suivez-les jusqu'à leur entrée dans la VESSIE URINAIRE.

25. Étudiez l'artère et la veine rénales dont il est parlé au § 9 jusqu'à leur entrée dans la substance du rein. Coupez un rein en long, vous constaterez qu'il n'y a chez le lapin qu'une seule pyramide s'ouvrant dans le bassinet.

26. Si vous avez affaire à une lapine, observez l'UTÉRUS avec ses deux cornes ; à chaque corne fait suite une TROMPE DE FALLOPE, qui, après un trajet flexueux, se termine un peu plus haut par un pavillon frangé. Non loin de l'extrémité de la trompe de Fallope, un peu au-dessous du rein, on voit de chaque côté un petit corps ovoïde, pointillé, c'est l'OVAIRE.

27. En disséquant un lapin mâle, on observera, de chaque côté de la cavité abdominale, dans sa portion inférieure, un tube blanc enroulé sur lui-même ; c'est le CANAL DÉFÉRENT. Coupez la symphyse du pubis avec une pince coupante, écartez les deux moitiés l'une de l'autre, et enlevez de chaque côté avec la pince coupante autant d'os qu'il est nécessaire. Suivez le canal déférent en ouvrant le scrotum ; chaque canal déférent se continue avec une masse formée de tubes pelotonnés, l'ÉPIDIDYME, attachée sur un des côtés du TESTICULE.

Remarquez que la membrane lisse qui tapisse les cavités scrotales ou tunique vaginale se continue avec le péritoine.

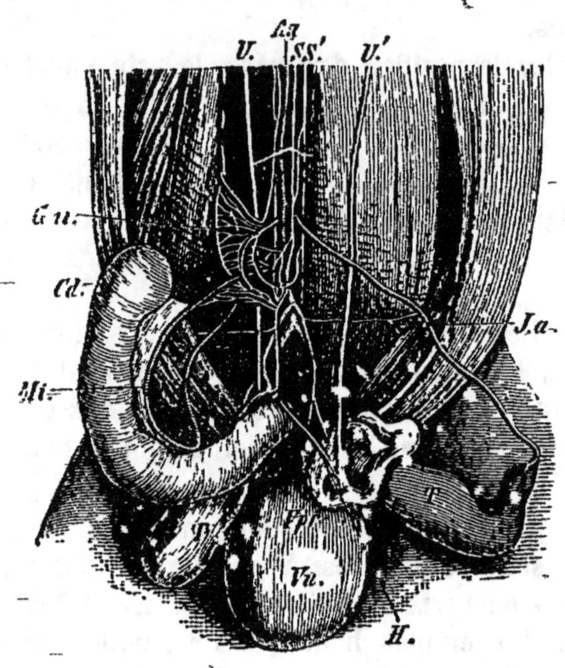

FIG. 5. — Lapin mâle.

Vu, vessie urinaire — *Vpr*, les cornes de la vésicule prostatique se montrent comme deux petits tubercules arrondis au-dessus de la vessie urinaire — *TT*, testicules — *Cd*, côlon descendant — *U*, uretere droit — *U'*, uretère gauche — *Aa*, aorte descendante abdominale, de laquelle naissent les artères spermatiques internes dont la gauche se porte vers le testicule en formant un arc — *Ja*, artère iliolombaire gauche — *Mi*, artère mésaraique inférieure — *SS*, nerfs sympathiques droit et gauche — *Cmi*, ganglion mésentérique inférieur — *H*, extrémité du nerf hypogastrique qui se perd sur le canal déférent gauche. (Krause.)

28. Ouvrez la vessie. Vous observez que le côl de la vessie se continue par le canal de l'urètre. Remarquez les orifices des uretères à la portion dorsale de la vessie; et, chez le mâle, les orifices des canaux déférents dans l'urètre, près du col de la vessie.

B. — 1. Faites sur la peau du crâne une incision médiane allant du museau jusqu'au niveau des oreilles en

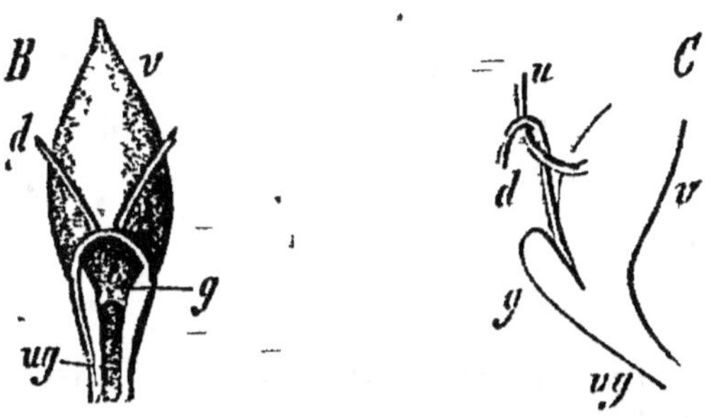

Fig. 6. — Canal urogénital et vessie urinaire du lapin (Gegenbaur). — *B*, la vessie est vue par la face postérieure, la paroi postérieure de l'utérus mâle est ouverte.

C, face latérale de la vessie — *v*, vessie urinaire — *u*, uretère — *d*, canal deférent — *g*, sinus génital — *ug*, canal uro-génital.

arrière. Rejetez la peau de chaque côté. Coupez les muscles du cou à leur insertion sur l'occiput et mettez ainsi à découvert le ligament occipito-atlantoïdien, tendu entre l'occiput et l'atlas. Coupez-le avec les ciseaux, en prenant toutes les précautions nécessaires, et observez la moelle allongée.

2. Trépanez la voûte du crâne dans l'endroit où elle est le plus large, un peu en arrière des orbites, en allant très doucement quand l'os est près de céder. Faites sauter avec un levier la rondelle d'os que vous avez détachée. Alors enlevez pièce à pièce avec une pince coupante tout ce qui reste de la voûte du crâne.

3. Remarquez la membrane épaisse, DURE-MÈRE, qui recouvre le cerveau sans lui adhérer. Elle s'enfonce profondément entre les hémisphères cérébraux pour former la *faux du cerveau*, et entre le cerveau et le cervelet pour former la *tente du cervelet*; enlevez la dure-mère et observez la PIE-MÈRE, membrane très vasculaire, très délicate, qui adhère à la surface du cerveau.

4. Faites une esquisse rapide des centres nerveux ainsi mis à découvert : cerveau, cervelet, moelle allongée, afin de pouvoir les comparer à ce qui existe chez le chien. Vous remarquerez, en particulier, chez le lapin, que les HÉMISPHÈRES CÉRÉBRAUX sont lisses et que les lobes olfactifs sont situés directement en avant des hémisphères dont ils ne sont séparés que par une légère constriction.

5. Chez le chien :

a. — La dure-mère est beaucoup plus épaisse et la pie-mère se voit bien mieux.

b. — Les hémisphères cérébraux sont labourés par des sillons profonds.

c. — La pie-mère s'enfonce profondément dans ces sillons. Au-dessus de la pie-mère et recouvrant comme un pont les sillons sans y pénétrer, se laisse voir l'ARACHNOÏDE, membrane très délicate, transparente. A la base du cerveau, on peut également voir, d'une façon assez nette, l'arachnoïde recouvrir la pie-mère. Un liquide clair, aqueux, le liquide sous-arachnoïdien ou céphalo-rachidien, occupe l'espace compris entre l'arachnoïde et la pie-mère. On trouve aussi du liquide, mais en plus petite quantité entre l'arachnoïde et la dure-mère.

d. — Comparez ce que vous avez sous les yeux avec l'esquisse que vous avez faite de la surface de l'encéphale du lapin. Notez la différence de grandeur relative entre le cerveau, d'une part, et le cervelet, de l'autre, dans les deux cas.

6. Séparez avec un scalpel l'extrémité des hémisphères cérébraux d'avec les lobes olfactifs. Soulevez avec le manche d'un scalpel l'extrémité antérieure du cerveau et en le renversant sens dessus dessous, faites apparaître les nerfs optiques. Coupez ces derniers tout près du crâne avec une forte paire de ciseaux. Continuez à opérer ce mouvement de renversement du cer-

veau et coupez successivement tous les autres nerfs craniens. Un peu en arrière des neifs optiques, se trouve la troisième paire (*moteurs oculaires communs*), dont les nerfs sont petits, mais très visibles. Tout près

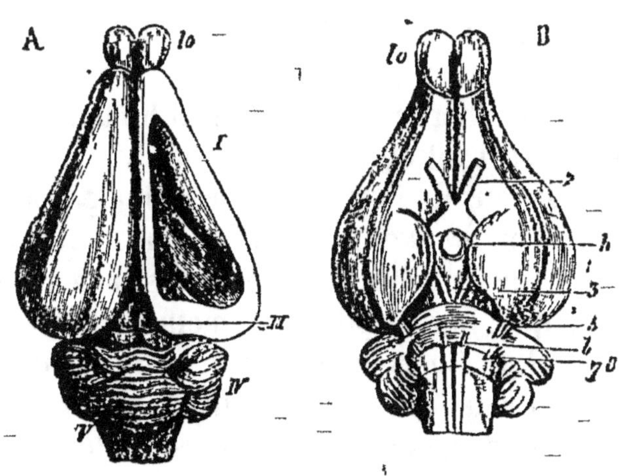

Fig. 7. — Encéphale du lapin (Gegenbaur).

A, face supérieure — B, face inférieure — lo, lobes olfactifs — I, cerveau antérieur (hémisphères cérébraux) — III, cerveau moyen (tubercules qua-drijumeaux) — IV, cerveau postérieur (cervelet) — V, arrière-cerveau (moelle allongée) — h, hypophyse — 2, nerf optique — 3, nerf moteur ocu-laire commum — 5, neifs trijumeaux — 6, nerf moteur oculaire externe — 7, 8, nerfs facial et auditif. La voûte de l'hémisphère droit a été enlevée pour montrer la cavité du ventricule latéral, on voit en avant le corps strié, en arrière le formix avec l'entrée du pied du grand hippocampe.

d'elle, en arrière, nous avons vu la quatrième paire (*pathétique*) beaucoup plus petite. Plus en arrière dans le sillon qui vient après l'insertion de la tente du cervelet, se trouve le cinquième nerf volumineux (*trijumeau*); à côté de lui, sur la ligne médiane, le sixième nerf très con-sirable (*moteur oculaire externe*) se laisse parfaite-ment apercevoir. Un peu en arrière du cinquième, à côté de lui, dans la portion dure de l'os du rocher, on voit en même temps le septième (*facial*) et le huitième (*auditif*).

A quelque distance en arrière et plus rapproché de la ligne médiane, vient le neuvième (*glossopharyngien*), le dixième (*pneumo-gastrique*) et le onzième plus grêle (*spinal* ou *accessoire*). En dernier lieu et beaucoup plus en arrière, nous trouvons le douzième (*hypoglosse*). Maintenant enfin, coupez la moelle épinière au-dessous de la moelle allongée et enlevez tout à fait l'encéphale.

Les portions latérales externes du cervelet resteront probablement adhérentes au crâne. Il ne faut pas léser le crâne en essayant de les en extirper [1].

7. Enlevez tous les tissus qui entourent les vertèbres cervicales. Coupez avec la pince les lames vertébrales et enlevez sur les côtés des vertèbres, pièce à pièce, autant d'os qu'il le faut pour bien mettre à découvert la moelle épinière. En poussant un peu la moelle sur le côté, on peut voir les nerfs spinaux du côté opposé. Il en sort un de la moelle par chaque trou intervertébral. Si, après avoir fendu la dure-mère, nous l'écartons avec des pinces, nous pourrons voir que de distance en distance sortent, de la moelle épinière, des filets nerveux très déliés qui se réunissent pour former la RACINE POSTÉRIEURE d'un nerf spinal. Coupez ces filets et écartez encore un peu plus la dure-mère de la moelle, vous pourrez voir sur la face ventrale de cette dernière une autre série analogue de filets nerveux qui s'unissent de même pour former la RACINE ANTÉRIEURE d'un nerf spinal. Observez les racines à l'extérieur de la dure-mère ; elles se rejoignent presque immédiatement pour donner naissance à un tronc nerveux. Vous remarquerez le

---

[1] On peut placer le cerveau dans l'alcool pour le durcir et en faire plus tard une étude spéciale. On peut étudier sur le cerveau du lapin ainsi conservé la plupart des particularités anatomiques indiquées dans la leçon XXX, à propos du cerveau du chien.

renflement causé par le GANGLION SPINAL qui se trouve sur la racine postérieure à son point de jonction avec la racine antérieure ou un peu auparavant.

C. — 1. Examinez de nouveau le diaphragme (Cf. *A*, § 16). Observez le grand tendon central traversé par la veine cave et l'œsophage qui y adhèrent étroitement. La partie musculaire du diaphragme est composée d'une portion costale et d'une portion vertébrale. La première s'attache aux côtes et au sternum par des tendons courts. La seconde s'attache aux premières vertèbres lombaires : c'est une sorte de masse musculaire épaisse que l'aorte descendante divise en deux portions, l'une à droite, l'autre à gauche. Celle de droite est plus volumineuse. A elles deux, elles forment les piliers du diaphragme.

Tirez un peu en bas le diaphragme par ses piliers, le poumon du côté qui n'a pas été ponctionné le suivra dans son mouvement.

2. Observez le MUSCLE PECTORAL, qui a son insertion fixe sur presque toute la longueur du sternum et son insertion mobile sur l'humérus. Coupez-le en travers en même temps que les vaisseaux et les nerfs qui vont au bras et examinez bien ses insertions.

3. Plusieurs muscles sont maintenant mis à découvert. Notez le GRAND DENTELÉ ANTÉRIEUR, qui s'insère d'une part à la partie inférieure du bord interne de l'omoplate, et de l'autre aux côtes de la 3e à la 9e inclusivement. Coupez-le en travers et rejetez à droite et à gauche les deux lambeaux.

4. Remarquez le SCALÈNE MOYEN qui va du cou aux premières côtes (de la 2e à la 5e). Coupez-le tout près de son insertion aux côtes et rabattez-le en avant, vous

apercevrez l'insertion du scalène antérieur sur le cartilage costal de la première côte.

5. Le PETIT DENTELÉ ANTÉRIEUR va de la partie supérieure du bord interne de l'omoplate à la dernière vertèbre cervicale et aux 1re et 2e côtes.

6. Le DENTELÉ POSTÉRIEUR, muscle mince, difficile à apercevoir, qui s'insère en haut par un tendon long et large aux vertèbres cervicales et à l'aponévrose dorsale et en bas aux côtes, depuis la 4e jusqu'à la 12 , en leur milieu.

7. En coupant les deux derniers muscles, vous mettez à découvert le petit SCALÈNE POSTÉRIEUR, qui va du cou à la 1re côte, de concert avec le scalène antérieur. Les trois scalènes s'insèrent en haut à une ou plusieurs des apophyses transverses des vertèbres cervicales, depuis la 4e jusqu'à la 7e

8. Remarquez le GRAND DORSAL, muscle épais qui recouvre la face dorsale des côtes ; sectionnez-le ainsi que les muscles adjacents et notez les ÉLÉVATEURS DES CÔTES, muscles peu visibles qui vont des apophyses transverses des vertèbres dorsales aux côtes situées au-dessous.

9. Considérez à part un intervalle intercostal quelconque, et enlevez tous les muscles et tendons qui s'y trouvent à l'exception des muscles intercostaux. Étudiez-en les muscles INTERCOSTAUX EXTERNES, dont les fibres se dirigent en bas et vers la face ventrale et n'existent pas entre les cartilages costaux, où, par contre, on peut voir les muscles INTERCOSTAUX INTERNES. Enlevez avec soin les intercostaux externes et étudiez les intercostaux internes jusqu'aux environs des vertèbres. Les fibres de ces derniers muscles se dirigent encore en bas et vers la face ventrale du corps. Aux environs des vertèbres, il n'y en a que peu ou même point.

10. Observez plus attentivement les cartilages et leur connexions, soit avec les côtes, soit avec le sternum.

11. Les muscles que l'on vient de mentionner, surtout les plus minces, peuvent encore et plus facilement, étant donné leur volume, s'étudier chez le chien. Ils n'ont pas tout à fait la même disposition.

La portion supérieure du muscle *pectoral* ne va pas s'insérer à l'omoplate mais à l'humérus.

Le *dentelé antérieur* s'insère d'une part au bord interne de l'omoplate dans toute sa longueur et d'autre part aux dernières vertèbres cervicales et aux sept premières côtes.

Les origines et les insertions des *scalènes* sont quelque peu différentes.

Le *dentelé postérieur* se divise, comme chez l'homme, en deux portions (portion inférieure et portion supérieure du dentelé postérieur).

12. Coupez les cartilages costaux des deux côtés tout près de leur insertion sur le sternum. Sectionnez les muscles qui se trouvent entre la 2e et la 3e côte d'une part, entre la 8e et la 9e de l'autre. Coupez au moyen d'une pince coupante toutes les côtes de la 3e à la 8e dans la région dorsale et enlevez le tout. Vous voyez les cavités pleurales séparées l'une de l'autre par les PORTIONS PARIÉTALES ET MÉDIANES DES PLÈVRES, entre lesquelles se trouve un espace appelé le MÉDIASTIN. On peut, par dissection, arracher de la surface du poumon des lambeaux d'une membrane délicate qui en tapisse l'extérieur, c'est le *feuillet viscéral de la plèvre*. Remarquez qu'à la base des poumons, le feuillet viscéral se continue avec le feuillet pariétal qui tapisse les parois thoraciques et qui limite le médiastin. Notez la position du cœur.

13. Dans le médiastin, vous remarquerez de chaque

côté le NERF PHRÉNIQUE attaché à la plèvre et qui se distribue aux fibres musculaires du diaphragme.

14. Enlevez avec des pinces fines, à peu près vers le milieu du trajet du nerf phrénique, la membrane qui le recouvre. Au-dessous vous apercevrez une autre membrane, à laquelle le nerf phrénique est extérieur, c'est le feuillet pariétal du PÉRICARDE ; en y pratiquant une incision vous pourrez voir qu'il forme un sac où le cœur se trouve contenu. Enlevez les portions moyennes et postérieures du sternum. Observez la continuité du feuillet pariétal du péricarde avec son feuillet viscéral qui tapisse l'extérieur du cœur et des gros troncs vasculaires à leur origine.

15. Chez le chien, vous rejetterez vers la droite le cœur et les poumons, et, après avoir écarté le volumineux tronc de l'aorte vous apercevrez le CANAL THORACIQUE, presque transparent, qui longe l'œsophage. Suivez-le jusqu'à sa terminaison dans le système veineux (à la réunion des veines jugulaire et sous-clavière de gauche). (Cf. § 20.) Avec un peu d'attention, on peut ainsi réussir à voir le canal thoracique chez le lapin.

16. Prolongez l'incision médiane de la peau jusqu'au menton et rejetez autant que vous pourrez à droite et à gauche les deux lambeaux. Observez de chaque côté la veine jugulaire externe, formée par le confluent de deux branches ; évitez de la ponctionner.

17. Sectionnez sur la ligne médiane le muscle peaucier superficiel, qui est très mince. Enlevez un des deux lambeaux en disséquant. De chaque côté des muscles qui avoisinent immédiatement la trachée, on voit le muscle *sterno-cléido-mastoïdien* (Cf. § 28), qui diverge de la partie inférieure du cou. Disséquez le sterno-cléido-mastoïdien à sa face interne et tirez-le en de-

, CAHIER (S) OU FEUILLET(S) INTERVERTI(S) À LA COUTURE
RÉTABLI(S) À LA PRISE DE VUE
DE LA PAGE 23 À LA PAGE 26

hors ; vous apercevrez le tronc carotidien ou ARTÈRE CAROTIDE PRIMITIVE, et le NERF PNEUMOGASTRIQUE qui le longe en dehors. Disséquez la carotide sur un point et soulevez-la au moyen d'un crochet. Dans le tissu conjonctif sous-jacent vous verrez deux nerfs plus ou moins étroitement unis par ce tissu ; le plus volumineux est le SYMPATHIQUE, le plus grêle le nerf cardiaque supérieur (DÉPRESSEUR).

18. Débarrassez l'artère carotide de tout le tissu conjonctif qui l'environne. Tenez le larynx écarté de la carotide au moyen d'une érigne à poids (c'est un crochet auquel fait suite une corde tendue par un poids). Vous verrez la branche descendante de la 9e paire qui passe au-dessus de la carotide au niveau du larynx. Coupez et enlevez-la dans toute sa longueur. Le LARYNGÉ SUPÉRIEUR, branche du pneumo-gastrique, passe au-dessous de la carotide presque au même niveau. Suivez *avec la plus grande attention* le trajet de ce nerf. Peu après avoir quitté le pneumogastrique, il émet à son tour un petit nerf, le dépresseur. Suivez ce dernier vers le bas du cou en le séparant du sympathique. Quelquefois, le dépresseur reçoit une branche directe venant du pneumogastrique, parfois même il provient entièrement de ce nerf.

19. Enlevez la première côte et les restes du sternum, en évitant soigneusement de léser les tissus sous-jacents. Observez le *thymus*, corps d'apparence graisseuse qui recouvre l'origine des gros vaisseaux. Enlevez-le.

20. Observez aussi bien à droite qu'à gauche comment les veines JUGULAIRE EXTERNE et SOUS-CLAVIÈRE se réunissent pour former les VEINES CAVES SUPÉRIEURES : de chaque côté, c'est près de ce confluent que se termine la VEINE JUGULAIRE INTERNE, qui ramène le sang du

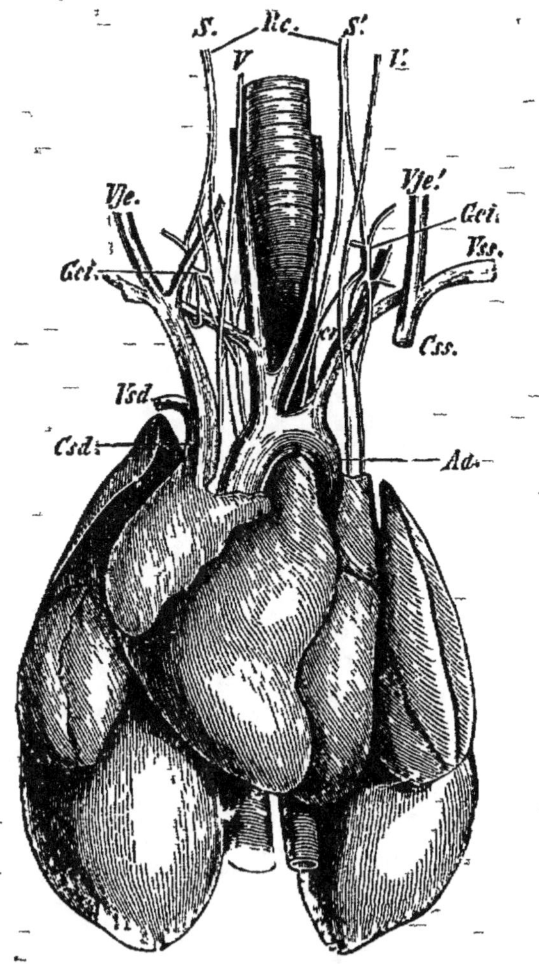

Fig. 8. — Cœur, poumons et trachée du lapin (Krause).

De l'arc aortique naît le tronc innominé duquel sortent l'artère carotide gauche, et, un peu plus haut, l'artère carotide droite et l'artère sous-clavière droite.

Le second tronc naissant de l'arc aortique est l'artère sous-clavière gauche.

Ad, aorte descendante. Au dessous de l'arc de l'aorte on voit l'artère pulmonaire — Csd, veine cave supérieure droite — Css, veine cave supérieure gauche coupée — Vsd, veine sous-clavière droite — Vss, veine sous-clavière gauche — Vje, veine jugulaire externe gauche — Vje' veine jugulaire droite — Gci, ganglion cervical inférieur — Cr, ganglion cardiaque — ss' nerfs sympathiques droit et gauche — Rc, rameaux cardiaques du nerf vague droit et gauche unis au nerf sympathique.

cerveau. On peut suivre son trajet le long du cou et de haut en bas depuis le foramen jugulaire. Elle longe l'artère carotide primitive et le nerf vague.

21. Suivez le trajet du nerf PHRÉNIQUE. Il sort du thorax en même temps que la veine cave supérieure et à côté d'elle. Jetez sur la veine deux ligatures entre lesquelles vous la sectionnerez. Suivez vers le haut le nerf phrénique jusqu'à son origine dans le 4e et le 5e (quelquefois aussi 6e et 7e) nerf cervical.

23. Disséquez la crosse de l'aorte, en enlevant le tissu conjonctif qui en recouvre la face supérieure. Prenez garde de léser les nerfs pneumogastriques (Cf. § suivant). *A droite* se trouve le TRONC INNOMINÉ, qui donne naissance tout d'abord à l'ARTÈRE CAROTIDE PRIMITIVE GAUCHE, et se divise ensuite en ARTÈRE SOUS-CLAVIÈRE DROITE et ARTÈRE CAROTIDE PRIMITIVE DROITE; *à gauche* se trouve L'ARTÈRE SOUS-CLAVIÈRE GAUCHE. L'artère vertébrale, à droite comme à gauche, procède de la sous-clavière. Vous remarquerez qu'au niveau de la partie antérieure du larynx, l'artère carotide primitive de chaque côté se divise en CAROTIDE-EXTERNE et CAROTIDE INTERNE. La première contourne l'angle de la mâchoire, la seconde pénètre dans le crâne un peu en avant et en dedans de la bulle tympanique.

24. Suivez à partir d'en haut le trajet des deux nerfs pneumogastriques. Les nerfs LARYNGÉS RÉCURRENTS, qui en sont des branches, passent à droite autour de l'artère sous-clavière, et à gauche autour de l'aorte. Sectionnez le tronc innominé entre deux ligatures. Suivez les nerfs laryngés récurrents le long de la face postérieure de la trachée jusqu'au larynx. D'autre part, poursuivez les branches principales des nerfs pneumogastriques sur l'œsophage jusqu'au point où vous les avez vues en A § 10.

25. Suivez à partir d'en haut le trajet du nerf grand sympathique, d'abord jusqu'au ganglion cervical inférieur situé un peu au-dessus de l'artère sous-clavière, et tout près de l'artère vertébrale ; de là vous le poursuivrez jusqu'au premier ganglion thoracique.

Observez les filets nerveux qui vont de ces ganglions au cœur. Le nerf dépresseur se rend également au cœur.

A partir du premier ganglion thoracique, nous pouvons maintenant étudier le sympathique dans sa portion thoracique ; il repose sur les têtes des côtes. Observez ses ganglions (12 en tout de chaque côté) et les RAMI COMMUNICANTES, qui unissent chaque ganglion avec le nerf spinal correspondant.

26. Disséquez le NERF SPLANCHNIQUE d'un côté ; vous verrez qu'il se sépare du sympathique au 8e, 9e ou 10e ganglion thoracique. A première vue, on dirait que c'est la continuation du sympathique, au lieu d'être une de ses branches. Cela tient à ce que le sympathique, plus transparent dans sa portion inférieure et longeant une sorte de sillon formé par deux muscles, se laisse moins facilement apercevoir. Le nerf splanchnique reçoit des filets nerveux provenant de chacun des ganglions thoraciques du sympathique situés au-dessous de son origine.

27. Liez un tube dans la trachée et insufflez les poumons. Remarquez l'apparence offerte par les poumons distendus. Enlevez le cœur [1] avec les poumons, le tout ensemble et profitez-en pour étudier les ARTÈRES et VEINES PULMONAIRES.

---

[1] On peut disséquer le cœur de la manière indiquée dans la leçon XII pour le cœur du mouton.

Sur le chien :

28. Après avoir rejeté des deux côtés la peau du cou et disséqué l'aponévrose, observez les muscles sous-jacents :

a. — Le *sterno-hyoïdien* situé presque sur la ligne médiane. Il va du sternum à l'os hyoïde.

b. — Le *sterno-thyroïdien*, à côté et en dehors du précédent, très rapproché de lui dans presque toute son étendue. Il va du sternum au cartilage thyroïde du larynx.

c. — Le *thyro-hyoïdien*, petit muscle qui va du cartilage thyroïde à l'os hyoïde. Dans sa portion supérieure, il se trouve à côté et en dehors du sterno-hyoïdien.

d. — Le *sterno-cléido-mastoïdien* est situé à côté et en dehors du sterno-thyroïdien et le recouvre aux environs de l'os hyoïde. Puis, il va plus en dehors et disparaît sous une masse ovale blanchâtre, la glande sous-maxillaire.

On peut également disséquer ces muscles chez le lapin. Chez ce dernier toutefois, le représentant du sterno-cléido-mastoïdien n'a pas d'insertion claviculaire et s'appelle le sterno-mastoïdien ; il n'a pas de contact avec la glande sous-maxillaire.

29. Séparez avec soin le sterno-mastoïdien du sterno-thyroïdien ; les nerfs sympathique, pneumogastrique et l'artère carotide vont apparaître.

Remarquez les particularités suivantes par lesquelles le chien diffère du lapin :

a. — Il n'y a qu'une seule veine cave supérieure formée par la réunion de deux veines innominées. (L'arrangement des principales artères est ordinairement le même que chez le lapin, mais il peut cependant présenter des différences notables.)

b. — On ne voit pas dans la région du cou, de nerf distinct qui réponde au nerf dépresseur du lapin.

c. — Les nerfs sympathique et pneumogastrique sont

dans la plus grande partie de leur cours entourés d'une gaine commune. Au bas du cou, le sympathique se sépare du pneumogastrique pour se rendre au ganglion cervical inférieur. Il s'éloigne ensuite de plus en plus du pneumogastrique et se rend au premier ganglion thoracique volumineux et allongé.

— 30. Enlevez tous les muscles qui entourent le larynx dans sa portion inférieure. De chaque côté du larynx, on trouve un lobe, mince, rouge foncé de la GLANDE THYROÏDE; ces lobes descendent un peu sur la trachée et sont réunis à sa face ventrale par un tractus conjonctif très délicat.

D. — 1. Fendez la peau à la partie antérieure de la cuisse dans toute sa longueur, et rejetez les deux lambeaux en arrière. A la partie médiane et supérieure de la cuisse, vous apercevrez confusément des vaisseaux sanguins à travers le muscle couturier, qui est très mince. Sectionnez ce muscle et étudiez l'ARTÈRE et la VEINE FÉMORALES (crurales) et le NERF CRURAL, qui courent côte à côte. Suivez l'artère en remontant, vous le verrez s'unir à d'autres artères pour former l'iliaque commune, laquelle, en s'unissant l'artère du même nom du côté opposé, donne naissance à l'aorte abdominale; pareillement, suivez la veine fémorale jusqu'à la veine iliaque commune et à la veine cave inférieure. Remontez de même le nerf crural jusqu'à la moelle épinière, vous voyez qu'il procède surtout du cinquième nerf lombaire, (il reçoit aussi quelques filets du sixième et du septième).

2. Enlevez la peau de la face postérieure de la cuisse, fendez dans toute sa longueur cette ligne tendineuse qui recouvre le fémur, et écartez la masse musculaire

externe, vous apercevrez le gros NERF SCIATIQUE, suivez ce nerf en remontant jusqu'au sommet de la cuisse, puis retournez le lapin sur le dos et remontez le long du nerf jusqu'à son origine spinale. Il procède surtout du septième nerf lombaire et du premier nerf sacré (mais il reçoit aussi des filets du sixième lombaire et des deuxième et troisième nerfs sacrés).

E. — L'étudiant doit avoir devant lui un crâne de lapin et un crâne de chien préparés, et observer attentivement les trous de sortie des nerfs dont il va être parlé.

1. Prolongez jusqu'au menton l'incision de la peau et écartez les deux lambeaux, placez la tête sur un côté. Immédiatement et en avant du côté ventral de la base de l'oreille, vous apercevrez la glande parotide ; mince dans sa portion dorsale, elle est souvent cachée par du tissu adipeux. Du côté ventral, la glande dépasse un peu l'angle de la mâchoire.

2. Du bord antérieur de la glande parotide, on voit sortir la branche principale du NERF FACIAL (septième paire). — Elle se divise en plusieurs branches secondaires qui se dirigent en avant et se dirigent à travers le muscle masséter, vers certains muscles de la face auxquels elles aboutissent.

3. Au sortir de la glande, le CANAL EXCRÉTEUR DE LA PAROTIDE (canal de Sténon) se dirige en avant, côte à côte avec le nerf facial. Il est petit, à parois minces, peu visible. Parfois, on peut le rendre plus distinct, en déterminant par pression de la glande un flux de salive. On doit isoler avec soin les diverses branches du facial aux environs de la glande. On doit pour cela couper avec des ciseaux fins le tissu conjonctif qui avoisine les nerfs

et prendre bien garde de n'en pas séparer le canal de Sténon par inadvertance. En écartant les nerfs avec pré-

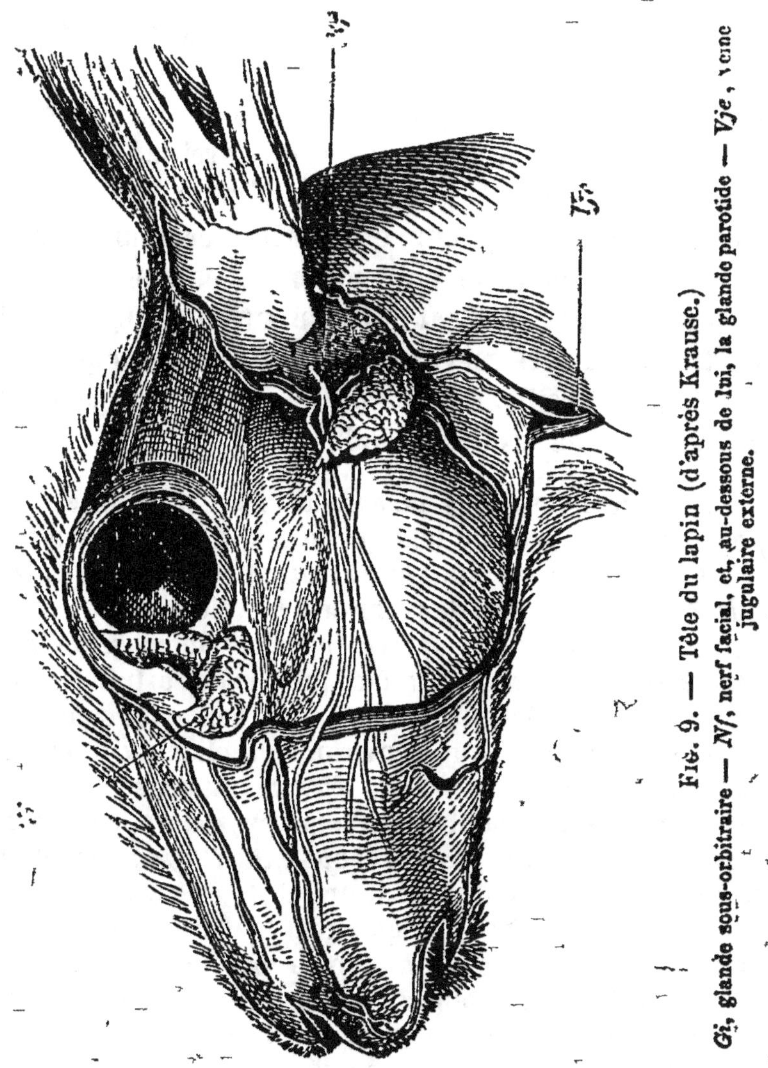

Fig. 9. — Tête du lapin (d'après Krause.)

Gi, glande sous-orbitaire — *Nf*, nerf facial, et, au-dessous de lui, la glande parotide — *Vje*, veine jugulaire externe.

caution, on peut alors apercevoir ce canal. On le suivra jusqu'au bord antérieur du masséter. C'est là qu'il s'enfonce dans la bouche. On y pratiquera une petite incision avec les ciseaux et l'on y fera pénétrer une soie.

Chez le chien, ce conduit est plus apparent et n'est pas accompagné dans son trajet par le nerf facial.

4. Suivez, en disséquant à travers la parotide, le trajet du nerf facial jusqu'à sa sortie du crâne par le trou stylo-mastoïdien ; observez les branches de ce nerf qui se rendent aux muscles de l'oreille.

5. En arrière de la glande parotide, on voit un nerf partir de la face inférieure du muscle sterno-mastoïdien (Cf. *C.*, § 21) se diviser en deux branches et monter jusqu'à l'oreille. Ce nerf est le GRAND AURICULAIRE, qui naît du troisième nerf cervical et qui est le principal nerf sensitif de l'oreille. Poursuivez, aussi loin que possible, son cours dans les tissus de l'oreille.

6. Sur le chien, vous enlevez d'abord la peau et vous remarquez encore une fois quelle est la position superficielle de la *glande sous-maxillaire* (Cf. *C*, § 28, *d*) ; elle se trouve entre deux branches volumineuses de la veine jugulaire ; vous apercevrez alors le muscle digastrique et son insertion à la face interne de l'extrémité postérieure de la mâchoire inférieure ; débarrassez ce muscle du tissu conjonctif qui l'environne, sectionnez-le en son milieu, en prenant garde de léser les tissus sous-jacents et écartez les deux lambeaux. Vous voyez alors le *conduit excréteur de la glande sous-maxillaire* (canal de Wharton), suivez en avant le trajet de ce canal ; il passe au-dessous (et par conséquent à la face dorsale) d'un muscle, le *mylo-hyoïdien*, dont la direction des fibres est transversale. Vous coupez ce muscle, vous en écarterez autant que possible les deux lambeaux, en notant que l'aponévrose située à sa face intérieure n'y adhère point, et vous pouvez alors continuer à poursuivre en avant le canal de Wharton.

7. La GLANDE SUBLINGUALE, peu volumineuse, se trouve près du hile de la glande sous-maxillaire et s'étend un peu dans la direction du canal de Wharton. Le conduit excré-

teur de cette glande sub-linguale part de l'extrémité antérieure de la glande et longe côte à côte le canal de
Wharton.

8. Non loin du bord inférieur du muscle mylo-hyoïdien,
on aperçoit le nerf lingual qui croise les conduits salivaires
sus-mentionnés et se rend à la langue. En écartant le plus
possible de la mâchoire inférieure les tissus sur lesquels
repose ce nerf lingual, on aperçoit à deux centimètres
environ vers le centre du point où le lingual croise les
deux conduits salivaires, un petit nerf émis par lui, la
corde du tympan. Ce nerf s'infléchit au voisinage des conduits salivaires et va côte à côte avec eux, jusqu'aux
glandes sublinguale et sous-maxillaire.

9. En poursuivant les deux conduits salivaires à la périphérie, on les voit s'unir et finalement s'ouvrir sous la
langue. En suivant de même le lingual, on voit qu'il dessert surtout la pointe de la langue.

10. Chez le lapin, nous apercevons maintenant les
GLANDES SOUS-MAXILLAIRES assez compactes, mais molles,
situées entre les angles de la mâchoire inférieure, et
se touchant sur la ligne médiane. Sur le côté, chacune
de ces deux glandes est en contact avec le lobe ventral
de la parotide. Leur coloration est plus rouge que celle
des parotides. En tirant la glande sous-maxillaire sur
le côté et en bas, on apercevra son petit canal excréteur qui, au sortir d'elle, passe d'abord sur le muscle
inséré à la face interne de la mâchoire inférieure,
ensuite au-dessous (c'est-à-dire à la face dorsale) du
muscle digastrique, lequel présente en cet endroit un
tendon très visible. Sectionnez le digastrique et suivez
en avant le trajet du canal excréteur de la sous-maxillaire au-dessous du muscle mylo-hyoïdien. Non loin
du bord inférieur du mylo-hyoïdien, ce canal excréteur
est recouvert par les lobules de la petite glande sublinguale. Écartez cette glande, vous verrez le nerf lin-

gual qui croise ce canal. En apportant à la dissection beaucoup de soin, on peut voir des filets nerveux très fins, FILETS DE LA CORDE DU TYMPAN, qui vont du nerf lin-

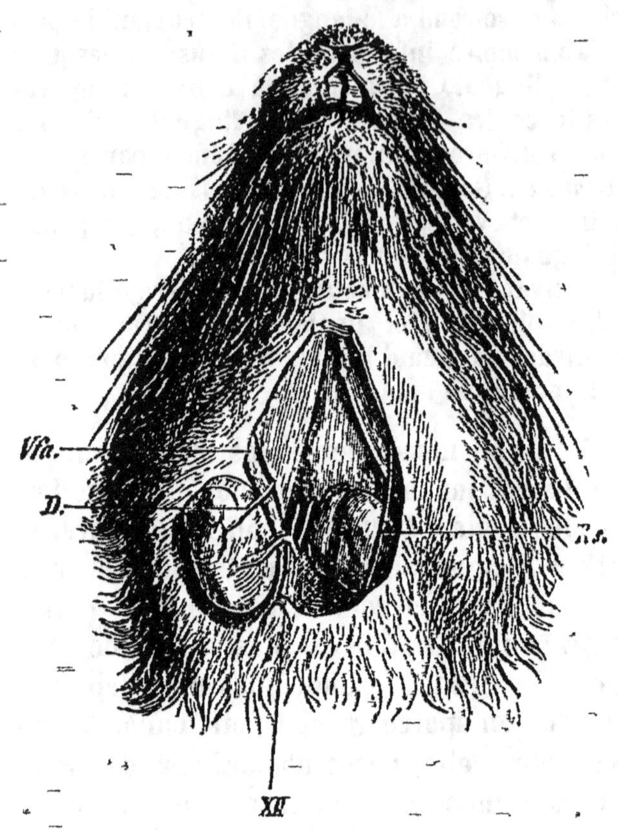

FIG. 10. — Tête de lapin vue par-dessous (d'après Krause).

D, canal de Wharton (canal excréteur de la glande sous-maxillaire — Vfa, veine faciale antérieure — XII, nerf hypoglosse — Rs, rameau sous-mentonnier gauche de l'artère maxillaire gauche.

gual à la glande sublinguale et au conduit excréteur de la glande sous-maxillaire. A cause de leur trop grande ténuité, on ne peut suivre ces dernières fibres jusqu'à la glande elle-même.

11. Suivez maintenant le trajet du NERF PNEUMOGAS-

TRIQUE depuis l'endroit où vous l'avez quitté (Cf. *C.*, § 18). Un peu au-dessus de sa branche laryngée supérieure, on voit le nerf pharyngé et plus haut encore une dilatation fusiforme du pneumogastrique, qui n'est autre que son GANGLION.

12. Observer l'HYPOGLOSSE ; c'est un nerf volumineux qui croise le pneumogastrique un peu au-dessus de son ganglion. Suivez en avant le trajet de ce nerf jusqu'aux muscles de la langue.

13. Remontez le trajet du sympathique. Il présente, presque au niveau du ganglion du pneumogastrique, une dilatation considérable, le GANGLION CERVICAL POSTÉRIEUR ; observez les filets qui en partent et qui accompagnent l'artère carotide et ses ramifications.

14. Chez le chien, les nerfs sympathiques et pneumogastriques qui, dans le cou, sont renfermés dans une gaine commune (Cf. *C*, §-28, *c*) se séparent l'un de l'autre à une faible distance de leurs ganglions respectifs.

15. Divisez en partie par un trait de scie la symphyse du menton, puis faites s'écarter les deux branches de la mâchoire inférieure au moyen d'un levier. Dans la dissection qui va suivre, sectionnez ou enlevez les muscles toutes les fois que cela sera nécessaire.

16. Remontez le trajet du nerf lingual. On le voit rejoindre le nerf dentaire inférieur (gros nerf qui entre dans la mâchoire inférieure), pour constituer avec d'autres branches le NERF MAXILLAIRE INFERIEUR. Remontez ce dernier jusqu'au bord antérieur de la bulle tympanique.

17. Chez le chien, remarquez la *corde du tympan*, petit nerf qui rejoint le lingual peu après la sortie de ce dernier du dentaire inférieur. Suivez le trajet de la corde

du tympan vers le centre ; on la voit sortir de la bulle du tympan tout près de la *fente de Glaser*. En brisant la bulle, on voit la corde passer à travers la cavité tympanique sur le manche du marteau (Cf. Leçon XXXIII). On peut également disséquer la corde du tympan chez le lapin, mais ce n'est point si facile.

18. Dans la cavité du tympan, vous remarquerez aussi le très petit nerf qui court sur le promontoire du limaçon. C'est le *nerf de Jacobson*, une branche du 9e.

19. Étudiez le pneumogastrique en remontant depuis son ganglion jusqu'à sa sortie du crâne par le *foramen jugulare*. Le petit nerf SPINAL ACCESSOIRE en arrière et le GLOSSO-PHARYNGIEN en avant sortent du crâne en même temps que le pneumogastrique. On peut négliger les anastomoses qui existent entre ces nerfs.

20. Suivez le glosso-pharyngien jusqu'à la langue et au pharynx. Son trajet a presque la même direction que celui de l'hypoglosse, tout en s'effectuant à un niveau plus élevé, et peut se poursuivre jusqu'aux parties postérieures et latérales de la langue.

21. Sectionnez ces trois nerfs (spinal accessoire, glosso-pharyngien, pneumogastrique) à une courte distance du crâne, brisez pièce à pièce la bulle tympanique avec une pince coupante, et examinez plus en détail la sortie du crâne de ces trois nerfs et de l'hypoglosse. Ce dernier sort par le trou condylien, séparé par un pont osseux distinct du *foramen jugulare*, à travers lequel sortent les trois autres.

22. Faites passer un trait de scie à travers la base du crâne et la face, de l'occiput au museau, un peu à droite ou à gauche de la ligne médiane.

Vous constatez que le *septum narium* sépare l'une de l'autre les fosses nasales, excepté en arrière. Vous remarquez que les *cornets* antérieur et *postérieur* sont constitués par des lamelles minces très plissées. Introduisez par sa narine une soie garnie dans l'une des fosses nasales, et étudiez, en vous servant des ciseaux et de la pince coupante, l'intérieur d'une fosse nasale et la façon dont elle communique par son orifice postérieur avec le pharynx et la trachée. Vous observerez que les cornets postérieurs ne se trouvent pas situés sur un trajet allant directement de la narine à la trachée. Coupez la cloison du nez tout près des os nasaux, enlevez ces os et remarquez la muqueuse jaunâtre, plus épaisse là que sur tout le reste de l'étendue des fosses nasales. C'est la portion de cette muqueuse qui sert à l'olfaction (MEMBRANE DE SCHNEIDER). Suivez le nerf olfactif à partir du cerveau. Il se divise en un grand nombre de filets qui vont à la membrane de Schneider.

23. En regardant au fond du pharynx, vous observerez l'épiglotte et la façon dont elle vient recouvrir l'orifice du larynx quand elle est poussée en arrière.

Vous mettrez le larynx du chien macérer dans l'alcool faible, pour vous en servir plus tard (Cf. Leçon XXXII).

24. Sur les parois latérales du pharynx, vous trouverez l'orifice des trompes d'Eustache. En introduisant une sonde dans l'une d'elles, vous la ferez parvenir dans la cavité tympanique. En introduisant une autre sonde dans le conduit auditif externe, et en la forçant à crever la membrane du tympan, vous vous assurerez que la première est bien entrée dans la cavité tympanique.

25. Enlevez un œil de son orbite en coupant tous les tissus qui l'environnent. A la partie antérieure de la cavité orbitaire, vous remarquerez la GLANDE DE HARDER, qui est blanche ; à la partie antérieure et inférieure de la même cavité, la GLANDE INFRA-ORBITAIRE, qui est d'un

rouge pâle, et dont le canal excréteur s'ouvre dans la bouche près des molaires supérieures ; la GLANDE LACRY- MALE, de couleur rouge pâle comme l'infra-orbitaire, se trouve dans la partie postérieure de l'orbite. Observez l'entrée du nerf optique dans l'orbite.

Chez le chien, vous pouvez disséquer les muscles de l'œil, après avoir enlevé la voûte de l'orbite au moyen d'une pince coupante.

26. Immédiatement au-dessous et en avant de l'œil, on voit le NERF MAXILLAIRE SUPÉRIEUR sortir d'un trou situé dans le maxillaire supérieur. Il envoie à la peau de la face..., etc., des fibres sensitives. En disséquant au travers de l'os avec de petites pinces coupantes, on peut remonter le trajet de ce nerf jusqu'au plancher de l'orbite.

27. A la partie supérieure de l'orbite du chien, on voit le nerf ophtalmique. Il va de la partie antérieure de l'or- bite au front.

28. En remontant le trajet des nerfs maxillaires supé- rieur et inférieur et du nerf ophtalmique, on les voit se réunir pour former un gros nerf, le TRIJUMEAU ou nerf de la cinquième paire. Au point de réunion de ses trois branches, ce nerf présente un renflement, le GANGLION de GASSER.

Remarquez également que ce nerf quitte le cerveau par deux racines, une petite et une grosse. La petite racine passe à côté du ganglion situé sur l'autre racine sans y pénétrer ; ensuite ses fibres se rendent, presque en totalité, à la troisième branche du trijumeau ou *nerf maxillaire inférieur.*

29. Enlevez la langue tout entière. De chaque côté de la face supérieure de cet organe, à sa partie postérieure, on aperçoit une petite tache ovale, c'est la *papilla foliata* ou organe latéral du goût. Remarquez ses crêtes et ses sillons parallèles entre eux et perpendiculaires au grand axe de la papille.

F. — En manière d'introduction aux méthodes de conservation et de durcissement des tissus, les débutants devront opérer comme il va être dit. Les tissus devront être enlevés de l'animal aussitôt que possible après la mort. Les coupes seront faites au fur et à mesure de l'étude des leçons traitant des différents tissus.

1. Coupez dans la grande courbure du cul-de-sac de l'estomac un morceau d'un centimètre carré de surface. Lavez-le, pendant quelques minutes, dans la solution de chlorure de sodium à 0,6 %, afin d'enlever toute trace d'acide ou d'aliments. Fixez ce morceau d'estomac légèrement tendu sur une plaque de liège au moyen de petites épingles ou de piquants de hérisson, en ayant soin de mettre la surface musculaire du côté du liège. Laissez séjourner le tout dans l'alcool à 75° pendant une heure environ, et transportez-le ensuite dans l'alcool concentré ou même absolu.

2. Coupez un morceau d'intestin d'environ cinq centimètres de long. Liez à chaque extrémité un tube de verre assez court, d'environ cinq millimètres de diamètre ; à l'extrémité libre de chacun de ces tubes, vous adapterez un morceau de tube de caoutchouc. Vous lavez l'intérieur du fragment d'intestin en injectant au moyen d'une seringue la solution salée à 0,6 %, pendant environ vingt secondes. Vous ferez suivre ce lavage d'une autre injection d'acide chromique en solution à $1/1000^e$. Quand l'acide chromique a remplacé la solution salée, vous fermez au moyen d'une ligature ou d'une pince à ressort (par exemple, une de ces pinces en bois qu'emploient les photographes et les blanchisseuses) celui des tubes de caoutchouc où vous n'avez pas introduit la seringue, vous injectez encore un peu de solution chromique pour distendre légèrement l'intestin et vous liez à son tour le tube de caoutchouc par lequel vous injectiez le liquide. Vous placez maintenant l'intestin distendu dans une quantité de solution chromique au même degré de concentration que tout à l'heure, égale à dix fois son volume. Au bout de deux ou trois jours, vous pouvez couper le bout d'intestin à ses deux extrémités pour le débarrasser de l'attirail qu'elles portent, le fendre dans toute sa longueur, l'étaler sur une plaque de liège et le placer dans de nouvelle solution chromique, toujours au même degré de concentration. Au bout d'une dizaine de jours, lavez légèrement la pièce à l'eau distillée et placez-la dans l'alcool à 30°; le jour suivant, vous la transporterez dans l'alcool à 50°, que vous remplacerez de temps à autre par d'autre, jusqu'à ce que l'alcool ne se colore plus; enfin vous placerez la pièce dans l'alcool concentré.

3. Prenez un morceau de cartilage costal d'environ cinq millimètres de long et placez-le dans dix centimètres cubes environ d'une solution aqueuse saturée d'acide picrique. Au bout d'une dizaine de jours, vous lavez bien à l'eau votre morceau de cartilage, puis vous le laissez séjourner vingt-quatre heures dans l'alcool à 50° et vous le transportez enfin dans l'alcool concentré.

4. Prenez un tronçon du sciatique ou de tout autre gros nerf, d'environ dix millimètres de long et mettez-

le macérer dans dix centimètres cubes environ d'une solution de bichromate d'ammonium à 2 %. Changez la solution au bout d'une semaine, vous pouvez garder le tronçon de nerf dans cette liqueur jusqu'au moment de faire les coupes, mais vous pouvez aussi, au bout d'un mois ou plus, le laver à l'eau distillée et le conserver dans l'alcool, en procédant de la façon indiquée au § 2.

DEUXIÈME LEÇON

STRUCTURE DU SANG

A. — SANG DE LA GRENOUILLE OU DU TRITON

1. Après avoir détruit le cerveau et la moelle épinière d'une grenouille [1], vous incisez la peau de la face ventrale du corps tout le long de la ligne médiane, puis vous coupez transversalement le sternum à sa partie inférieure juste au-dessus de la veine épigastrique et vous mettez le cœur à nu. Vous coupez la pointe du cœur d'un coup de ciseaux, et au moyen d'une baguette de verre, vous transportez une *petite* goutte de sang sur une lame de verre et vous la recouvrez immédiatement d'une lamelle.

Examinez la préparation au microscope à un grossissement faible [2] et observez les nombreux globules qui

[1] Voyez l'Appendice.

[2] Par les mots « grossissement faible », nous entendrons partout une combinaison de lentilles donnant une grossissement de moins de 100 diamètres, et par les mots « grossissement fort » une combinaison de lentilles donnant un grossissement de plus de 300 diamètres. Dans les microscopes de Zeiss, l'objectif A donne un grossissement de 55 diamètres avec l'oculaire 2 et de 75 diamètres avec l'oculaire 3 ; l'objectif D donne un grossissement de 320 diamètres avec l'oculaire 3 et de 440 diamètres avec l'oculaire 4. Le grossissement est encore plus considérable avec le tube tiré. Les objectifs anglais de $^2/_3$ et de $^1/_6$ de pouce correspondent respectivement aux objectifs A et D de Zeiss. Si on se sert d'un microscope de Hartnack (ou Prazmowski), les associations de lentilles à peu près correspondantes seront l'objectif 3 avec l'oculaire 2 ou 3 pour le grossissement faible, et l'objectif 7 avec l'oculaire 3 ou 4

flottent dans le *plasma*. Examinez-la à un fort grossissement et observez les GLOBULES ROUGES ; si on examine une grosse goutte de sang, les globules paraissent former une couche continue. Dans ce cas, on introduira sous la lamelle, de la façon indiquée au paragraphe 4, une goutte de solution à 0,6 °/₀ de chlorure de sodium.

a. — Les globules rouges sont des ellipsoïdes aplatis, vus par la tranche, quand ils roulent, ils semblent avoir la forme d'un fuseau.

b. — Ils paraissent homogènes ; mais si la préparation n'a pas été faite avec tout le soin désirable, on y trouvera un certain nombre de globules altérés qui présenteront au centre un noyau ovale.

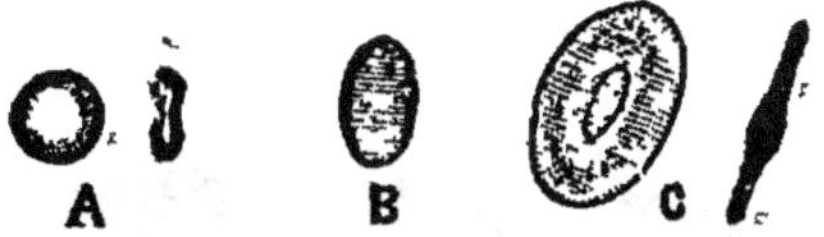

FIG. 11. — Espèces variées de globules rouges.

A, deux globules humains ; un vu à plat, l'autre vu par la tranche — *B*, un globule rouge du chameau — *C*, deux globules rouges de la grenouille ; un vu à plat, l'autre vu par la tranche.

c. — Les globules isolés sont de couleur jaune pâle, la matière colorante paraît également diffusée dans toute leur substance ; quand plusieurs globules sont superposés, la masse paraît rouge.

d. — Ils ont presque tous les mêmes dimensions, et la même coloration.

2. Observez les GLOBULES BLANCS dans les régions de

pour le grossissement fort. Les objectifs 3 et 7 de Nachet (ancien 1 et ancien 8), les objectifs 3 et 7 de Vérick donnent avec les oculaires 2 et 3 des mêmes constructeurs des combinaisons analogues.

la préparation, où les globules rouges sont les plus clairsemés.

a. — Ils sont en moins grand nombre que les rouges.

b. — Ils sont moins grands que les rouges, mais de taille très variable.

c. — Ils sont pour la plupart de forme irrégulière, quelques-uns sont sphériques.

d. — Ils sont incolores et granuleux ; la dimension des granulations varie beaucoup, et elles sont plus ou moins distinctes.

e. — On ne peut que rarement apercevoir le noyau, à moins que le globule ne soit très étiré.

Il ne faut pas confondre un amas de granulations ou une protubérance du globule avec le noyau.

Fig. 12. — Mouvement amiboïde d'un globule sanguin blanc.
Phases diverses du mouvement.

f. — Examinez spécialement un globule étiré ou présentant plusieurs pseudopodes, pour observer ces mouvements amiboïdes, dessinez ses contours de vingt en vingt secondes et faites ainsi une douzaine de croquis.

g. — Quand une goutte de sang vient d'être montée, ses globules blancs présentent ordinairement, la forme sphérique, ce n'est que quelques instants après qu'ils émettent des pseudopodes ; si on désire observer pendant quelque temps leurs mouvements amiboïdes, il faudra monter une goutte de sang frais et la préserver de l'évaporation de la façon suivante. Desséchez le porte-objet tout autour de la lamelle au moyen d'un petit morceau de papier buvard, si cela est nécessaire. Maintenez la lamelle en place en tenant une aiguille appuyée contre ses bords, et bordez-la tout autour avec de la paraffine A[1] (dont le point de fusion est de 39° C.), que vous étendrez avec un petit pinceau. La bordure de paraffine ne doit pas couvrir les bords de la lamelle sur une largeur de plus de deux ou trois millimètres.

3. *a.* — Dessinez à la chambre claire[2] le contour de deux ou trois globules rouges. Substituez un micromètre objectif à la préparation, maintenant, en prenant soin que la tablette à dessiner et que le microscope occupent les même positions que tout à l'heure l'un par rapport à l'autre, vous ferez un dessin des lignes du micromètre sur la même feuille de papier en le superposant au croquis des globules. Puisque vous connaissez l'intervalle réel des lignes du micromètre, vous connaîtrez du coup les dimensions des globules. Si par exemple les divisions du micromètre sont distantes de $1/100^e$ de millimètre et que le contour d'un globule occupe exactement l'intervalle de deux divisions, il est clair que le diamètre correspondant du globule est exactement de $1/100^e$ de millimètre.

Le dessin des divisions du micromètre peut servir d'échelle et peut servir à mesurer directement tout objet dessiné avec le même grossissement et avec les mêmes positions relatives du microscope et de la tablette à dessin.

b. — Substituez à l'oculaire ordinaire du microscope un micromètre oculaire, vous pourrez savoir du premier coup les dimensions d'un globule.

[1] Voyez l'Appendice.
[2] *Ibid.*

4. Montez encore une petite goutte de sang, mettez sur le porte-objet une goutte de solution d'acide acétique au millième en contact avec un bord de la lamelle, et mettez du côté opposé un petit morceau de papier buvard en contact avec le liquide de la préparation, l'acide acétique va pénétrer sous la lamelle et se mêler au sang. Notez les changements qui vont survenir.

a. — Dans les GLOBULES BLANCS, le protoplasma devient transparent et montre toutefois plusieurs granulations de teinte sombre ; un noyau granuleux souvent de forme irrégulière où lobée fait son apparition, il n'est même pas rare d'en voir plus d'un.

b. — Le noyau des GLOBULES ROUGES devient plus visible, d'abord il semble homogène et de forme ovale, plus tard il devient granuleux et prend la forme d'un bâtonnet irrégulier.

c. — Les globules rouges se gonflent en absorbant de l'eau, et deviennent sphériques au bout d'un certain temps (ils gardent ordinairement leur forme primitive sous l'influence de l'acide concentré).

d. — Ils se décolorent par dissolution de leur matière colorante ; il peut arriver qu'avant de se dissoudre complètement, la matière colorante s'amasse autour du noyau (effet dû à l'eau), parfois même le noyau se colore en jaune par celle matière colorante (effet dû à l'acide acétique).

e. — Finalement, on n'aperçoit plus le contour du globule que comme une ligne presque effacée à une petite distance du noyau. Souvent la position du noyau est excentrique.

f. — Certains globules sont plus facilement atteints que d'autres par l'action du réactif.

5. Faites agir sur une préparation de sang le *pourpre*

de Spiller ou la fuchsine en solution aqueuse concentrée.

a. — Les contours des globules rouges deviennent plus distincts, leurs noyaux se colorent avec intensité, autour du noyau on voit une substance granuleuse faiblement colorée qui souvent s'étend çà et là jusqu'à la périphérie du globule en formant une sorte d'étoile. Les noyaux des globules blancs sont aussi colorés d'une façon intense.

6. Mettez sur une lame de verre de très petites gouttes de sang à deux ou trois millimètres de distance les unes des autres et abandonnez cette préparation à elle-même pendant quelques minutes. Recouvrez-la ensuite d'une lamelle et placez-la sous le microscope armé d'un objectif puissant. Tuez une grenouille, prenez un peu de son sang et au moyen de ce liquide déterminez un courant sous la lamelle (voy. § 4). Les petites gouttes de sang, qui se sont coagulées en partie, serviront de barrières imparfaites aux globules charriés par le courant. Vous remarquerez qu'à ces endroits les globules modifient leur forme et la reprennent ensuite avec la même facilité, et que les globules blancs adhèrent au verre et les uns aux autres bien plus que ne le font les rouges. Au bout d'un certain temps que le courant aura commencé à s'effectuer, vous pourrez voir çà et là dans la préparation des amas assez volumineux constitués par des globules blancs.

7. Détruisez le cerveau et la moelle d'une grenouille, mettez son cœur à découvert et coupez-le en travers, aspirez-y un peu de sang au moyen d'une pipette bien propre et ajoutez à ce sang environ cinq fois son volume d'une solution d'acide borique à 2 °/₀; agitez légèrement le mélange. Montez une goutte de ce mélange et

examinez les globules rouges qu'il renferme à un fort grossissement.

Les noyaux, d'abord à peine visibles, sont bientôt fortement colorés par l'hémoglobine ; on voit aussi de petites sphères d'hémoglobine apparaître dans le stroma du globule ; parfois l'hémoglobine se voit sous forme de rayons qui divergent du noyau à travers le stroma (si on ne voit pas ces rayons, on peut les faire apparaître én faisant agir sur la préparation une solution salée au $^1/_{200}$ ou au $^1/_{500}$, mais dans ce cas on n'aura garde de confondre ces rayons avec des plissements de la substance du globule). Enfin le globule devient sphérique et son stroma incolore. Tandis que ces premiers changements s'effectuent, on voit certains globules expulser leur noyau.

8. Diluez un peu de sang frais par deux fois son volume de solution salée à 0,6 % ; montez une goutte du mélange et abandonnez la préparation à elle-même, pendant une heure ou deux, pour laisser se coaguler le sang qu'elle contient. Lavez alors la préparation avec de l'alcool à 30, puis faites agir le pourpre de Spiller en solution dans l'eau ou dans l'alcool dilué. Remarquez le réseau de filaments de fibrine, coloré d'une façon très intense par le réactif ainsi que les nombreux et longs filaments de la même substance qui vont de l'un à l'autre des fragments de globules décolorés.

B. — SANG HUMAIN

1. Piquez-vous le bout du doigt avec une aiguille, exprimez une petite goutte de sang et montrez-la (Cf. A, § 1). — Observez les GLOBULES ROUGES.

a. — Ils roulent très-facilement sur eux-mêmes au moindre attouchement subi par la lamelle.

b. — Très peu de temps après leur sortie du corps, ils se mettent à adhérer les uns aux autres, et, vu leur forme, s'empilent de façon à former des rouleaux.

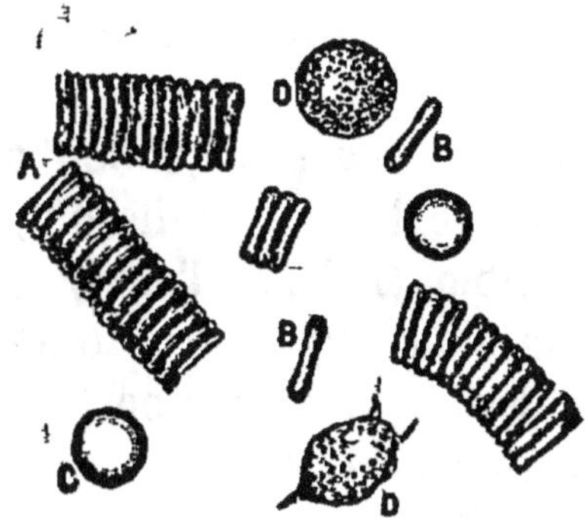

Fig. 13. — Sang humain frais.

A, rouleau de globules rouges — B, Globule rouge isolé vu de profil — C, globule rouge isolé vu de face — D, globules blancs.

c. — Ce sont des disques biconcaves. Quand, l'objectif étant mis au point sur leur surface circulaire, on vient à abaisser le foyer, le centre paraît d'abord obscur et la périphérie claire, puis bientôt c'est l'inverse, centre brillant et périphérie obscure. Vus de profil, et leur centre mis au point, ils ont la forme de haltères.

d. — Ils paraissent homogènes et de même couleur que les globules rouges de la grenouille. (Cf. *A*, § 1, *c*.)

e. — Sur les bords de la préparation où se produit l'évaporation de la partie liquide du sang, on voit plusieurs des globules présenter une apparence crénelée.

f. — Ils sont beaucoup plus petits que les globules rouges du sang de la grenouille. Mesurez-les. (Cf. *A*, § 3.)

2. Observez les GLOBULES BLANCS. Ils sont plus volumineux que les rouges et semblables aux globules

blancs de la grenouille (Cf. *A*, § 2, *c*, *d*, *e*); si l'on veut observer leurs mouvements amiboïdes, il faut protéger la goutte de sang contre l'évaporation; il serait bon aussi, dans ce cas, de chauffer la préparation à la température du corps.

3. Faites agir l'acide acétique en solution à 0,5 %. (Cf. *A*, § 4.)

a. — Les globules rouges se gonflent et deviennent sphériques, leur hémoglobine se dissout, laissant un stroma à peine visible. (Effet de l'eau.)

b. — On ne voit point apparaître de noyau.

c. — Les globules blancs se comportent comme ceux de la grenouille. (Cf. *A*, § 4, *a*.)

4. Comptez les globules rouges au moyen de l'hématocytomètre de Gower, en procédant comme il suit :

Remplissez la grande pipette jusqu'au trait marqué sur la tige, d'une solution de sulfate de soude d'un poids spécifique de 1,125; elle en contient 995 millimètres cubes, versez son contenu dans l'éprouvette graduée. Remplissez la petite pipette de sang fraîchement tiré jusqu'à la ligne marquée 5 millimètres cubes, videz son contenu dans l'éprouvette graduée et lavez à plusieurs reprises l'intérieur de cette petite pipette avec le liquide de l'éprouvette pour enlever le sang adhérent à ses parois. Mélangez intimement le sang et la solution de sulfate de soude en agitant le mélange avec une spatule de verre. Prenez maintenant la cellule de verre, déposez à son centre une goutte du mélange de l'éprouvette et recouvrez d'une lamelle, maintenez la lamelle en place au moyen des ressorts et comptez à un fort grossissement le nombre des globules dans dix des carrés qui sont marqués sur le fond de la cellule de verre.

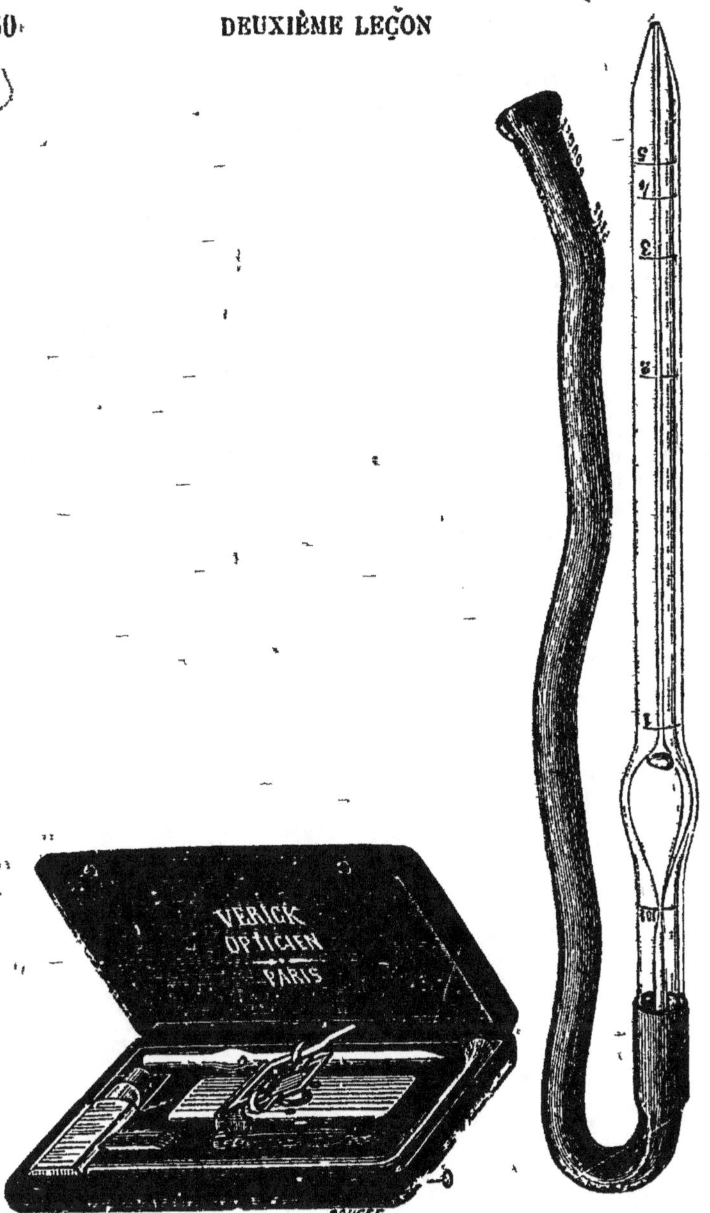

Fig. 14. — Compte-globules du Dʳ Malassez.

Les diverses parties qui composent l'appareil sont en place
dans la boîte. — La pipette-mélangeur couchée dans la boîte le long
de la charnière est représentée à part.

Puisque la cellule a une profondeur de $\frac{1}{5}$ de millimètre et que chaque carré a $\frac{1}{10}$ de millimètre de côté, il s'ensuit qu'à chaque carré correspond $\frac{1}{500}{}^{e}$ de millimètre cube du mélange, en d'autres termes $\frac{1}{100000}{}^{e}$ de millimètre cube de sang ; par conséquent, le nombre des globules contenus dans dix de ces carrés multiplié par 10,000 donnera le nombre des globules qui existent dans 1 millimètre cube de sang [1].

---

[1] Au lieu de l'hématocytomètre de Gower, on peut employer le compte-globule du Dr Malassez (fig. 14) L'appareil complet coûte 50 francs. Il est accompagné d'une notice. On peut acheter séparément les différentes parties qui le composent.

TROISIÈME LEÇON

COAGULATION DU SANG. — CARACTÈRES DES SUBSTANCES ALBUMINOÏDES

1. Observez la coagulation du sang fraîchement versé; en premier lieu, il est liquide et se prend peu à peu en une gelée qui devient de plus en plus consistante; maintenant, si on l'abandonne à lui-même pendant quelque temps, on verra des gouttelettes d'un sérum transparent, suinter, grâce à la rétraction de la fibrine, à la surface du caillot; enfin le caillot, en se rétractant, abandonne plus ou moins les parois du vase en expulsant de plus en plus de sérum.

2. Brassez *très doucement*, avec une plume, du sang fraîchement versé dans un vase d'une capacité d'environ 10 centimètres cubes; une portion assez considérable de ce sang formera un caillot adhérent à la plume. Si vous exprimez ce caillot sous un filet d'eau provenant d'un robinet, vous le verrez se rétracter considérablement, et ne vous laisser comme résidu qu'une très faible quantité de fibrine.

3. Répétez l'expérience du § 2, mais en agissant cette fois rapidement et vigoureusement; vous obtiendrez plus de fibrine; vous remarquerez des filaments qu'elle est extensible et élastique; abandonnez à lui-même pendant un jour le sang défibriné, il ne se produit pas de nouveau caillot.

4. Mettez une petite goutte de sang frais sur du pa-

pier glacé de tournesol neutre, essuyez la goutte au bout d'une dizaine de secondes, elle laisse sur le papier une tache bleue qui démontre l'alcalinité du sang. Essayez aussi la réaction du sérum.

5. Essayez sur la fibrine que vous avez recueillie, après l'avoir hachée et mise en suspension dans l'eau, la réaction xanthoprotéique et celle du réactif de Millon (Voy. § 16.)

6. Prenez deux tubes à essai et mettez dans chacun d'eux quelques flocons de fibrine.

a. — Versez un peu d'eau dans le premier, et mettez-le chauffer au bain-marie à une température d'environ 39° centigrades; il y séjournera vingt-quatre heures; la fibrine ne se dissoudra point (*cette réaction différencie la fibrine de l'albumine et des peptones*).

b. — Dans le second, vous mettrez au lieu d'eau une solution de chlorure de sodium à 1 %. — A part cela, vous ferez comme pour le premier. Dans celui-ci non plus, la fibrine ne se dissoudra point (*cette réaction différencie la fibrine de la globuline*).

7. Mettez deux ou trois flocons de fibrine dans un tube à essai, contenant quelques centimètres cubes d'une solution d'acide chlorhydrique, à 0,2 %, la fibrine se gonfle et devient transparente; neutralisez l'acide par le carbonate de soude, la fibrine reprend son volume primitif. Si on chauffe la fibrine dans cette solution acide, on la voit se dissoudre lentement pour former de l'*acidalbumine.* (Cf. Leçon IX.)

8. Examinez du plasma de sang de cheval préservé de la coagulation par le froid[1].

---

[1] On reçoit le sang au sortir de l'animal dans une éprouvette étroite et profonde placée elle-même dans un vase plus volumineux rempli de glace pilée. On peut mélanger à cette glace pilée un peu de sel, mais il faut faire attention de n'en pas mettre au point

a. — Transportez au moyen d'une pipette deux ou trois centimètres cubes de ce plasma dans un petit tube à essai. Observez sa coagulation, et comparez le phénomène avec celui que vous avez observé tout à l'heure. (Voy. § 1.) Évitez toute agitation. Il est probable que la fibrine adhérera si fortement aux parois du tube que le caillot ne subira qu'une contraction très légère. Si on le détache du verre, on le voit se contracter. D'ailleurs, si le caillot s'était en premier lieu détaché du verre, on ne pourrait guère le voir sans une grande attention, à cause de sa transparence.

b. — Délayez 1 centimètre cube de ce plasma dans 50 centimètres cubes d'eau distillée ou de solution saline normale. Évitez d'agiter le tube dans lequel se trouve le mélange et laissez-le reposer vingt-quatre heures. Observez les filaments fibrineux délicats qui se sont formés.

9. Examinez du plasma sanguin préservé de la coagulation au moyen de sels neutres [1].

a. — Prenez dans une pipette 2 ou 3 centimètres cubes de ce plasma, en évitant autant que possible de

de provoquer la congélation du sang par suite du trop grand abaissement de température. On pourrait aussi plonger une éprouvette pleine de glace dans celle qui contient le sang. Le sang du cheval est préférable à celui du bœuf ou du chien, parce qu'il se coagule moins facilement, et parce que les globules rouges se déposent plus rapidement

[1] Pour empêcher sa coagulation au moyen des sels neutres, on recueille le sang dans un vase contenant une solution saturée de sulfate de magnésie; on mélange intimement les deux liquides en interrompant de temps à autre le jet du sang, et en tournant alors le vase préalablement clos sens dessus dessous. Il doit y avoir environ un volume de solution saline pour quatre volumes de sang Il est avantageux d'entourer le vase de glace ou d'un mélange de glace et de sel. Dans les deux méthodes (§ 9 ou § 10), il arrive parfois qu'un caillot se produise, mais on n'en verra pas moins le liquide qui reste se coaguler si on lui fait subir le traitement approprié.

prendre en même temps des globules, et étendez-les jusqu'à dix fois leur volume avec de l'eau distillée.

Le mélange se coagule très rapidement s'il est placé à l'étuve, moins vite si on l'abandonne à la température ordinaire.

b. — Mettez à part dans un petit verre conique environ 10 centimètres cubes de ce plasma. Ajoutez au liquide du chlorure de sodium en excès, *en agitant tout juste autant qu'il le faut pour faciliter la dissolution du sel.* Quand le point de saturation est atteint, un précipité floconneux apparaît.

Si le précipité est abondant, enlevez-le avec une spatule, posez-le sur un filtre mouillé avec une solution saturée de sel marin, et lavez-le avec de petites quantités de la même solution. Si le précipité est peu abondant, vous le décanterez avec le liquide en laissant dans le verre le sel non dissous, vous filtrerez et vous laverez le précipité sur le filtre avec de petites quantités d'une solution saturée de sel marin. Faites dissoudre la substance ainsi obtenue, qui est la PLASMINE de Denis, dans une petite quantité d'eau distillée et filtrée. Il est probable qu'elle ne se dissoudra point en entier, une portion s'en étant déjà coagulée. Le liquide transparent, incolore, obtenu par cette dernière filtration, mis à part, finira par se coaguler. Évitez d'agiter après avoir filtré. Si les facteurs de la fibrine n'existent qu'en petite quantité, toute secousse détache des parois du vase les uns filaments de fibrine au fur et à mesure qu'ils se forment, ils se rétractent, et l'on ne peut observer l'état gélatineux plus facile à reconnaître. *Cette expérience réussit d'autant mieux qu'elle est plus rapidement exécutée.*

10. Prenez 10 centimètres cubes de liquide d'hydro-

cèle ou de toute autre sérosité, après vous être assuré qu'elle n'est point sujette à coagulation, mélangez-leur, en agitant doucement, 2 centimètres cubes de sérum sanguin frais, et mettez de côté le mélange obtenu.

Au bout d'un certain temps, qui peut aller jusqu'à vingt-quatre heures, le mélange sera coagulé. La coagulation s'effectue plus rapidement à l'étuve.

11. Prenez 10 centimètres cubes de sérum sanguin frais et saturez-le par le sulfate de magnésie en poudre La PARAGLOBULINE va se précipiter, car, ainsi que les autres globulines, elle est insoluble dans une solution saturée d'un sel neutre. Filtrez (avant la filtration, il faut laisser le précipité se rassembler au fond du vase, et enlever par décantation la plus grande partie du liquide qui surnage), lavez le précipité sur le filtre avec une solution saturée du même sel. Versez maintenant sur le précipité recueilli à part 5 centimètres cubes d'eau distillée; ce qui lui adhère encore de la solution saline va se diluer, et la paraglobuline se dissoudra. Elle ne se coagulera pas spontanément.

12. Si vous mélangez ensemble un peu de paraglobuline dissoute et de liquide d'hydrocèle, vous verrez la coagulation se produire.

13. Traitez 10 centimètres cubes de liquide d'hydrocèle ou de sérosité du péricarde par le chlorure de sodium pulvérisé, jusqu'à saturation, et procédez comme il est indiqué au § 11; vous obtiendrez un précipité de FIBRINOGÈNE, dont la solution ne se coagule point spontanément.

14. Ajoutez à 1 centimètre cube de solution saturée de fibrinogène un égal volume de sérum sanguin, et mettez de côté le mélange; vous le verrez se coaguler.

15. Prenez 2 centimètres cubes de plasma (§ 9), ajou-

tez-leur 16 centimètres cubes d'eau, vous pourrez voir que la coagulation du mélange s'effectue très lentement.

Prenez encore 2 centimètres cubes de plasma, et ajoutez-leur 16 centimètres cubes d'une solution aqueuse du FERMENT DE LA FIBRINE[1]. Vous verrez la coagulation se produire immédiatement.

16. Filtrez du sérum avec dix fois son volume d'eau. Servez-vous de ce mélange pour essayer les réactions caractéristiques des PROTÉIDES en général. (Si l'on n'a pas sous la main du sérum en quantité suffisante, on prendra le blanc d'un œuf dont on coupera les membranes en plusieurs points avec des ciseaux. On y ajoutera cinquante fois son volume d'eau, on battra

---

[1] L'étudiant peut préparer le ferment de la fibrine de l'une des deux manières suivantes :

a. — Faites couler une certaine quantité de sang dans dix fois son volume d'eau ; renversez deux ou trois fois sens dessus dessous le vase préalablement clos qui contient les deux liquides, dont vous rendrez ainsi le mélange plus intime. Laissez reposer environ vingt-quatre heures. Filtrez sur la mousseline et exprimez du caillot tout le liquide en excès qu'il contient. Lavez avec de l'eau ce caillot pulvérisé pour en extraire toute la matière colorante, mettez-le macérer à l'étuve dans dix fois son volume d'une solution de sel marin à 8 % pendant quarante-huit heures ; filtrez enfin la macération ; le liquide qui résulte de la filtration contient le ferment de la fibrine.

b. — Ajoutez à du sérum de l'alcool en abondance jusqu'à ce qu'il ne se produise plus de précipité, filtrez et desséchez au bain-marie, à la température de 35° centigrades le résidu resté sur le filtre ; mettez ce résidu dans un flacon renfermant de l'alcool absolu en excès et laissez reposer le tout un mois. Au bout du mois, enlevez par décantation le plus d'alcool que vous pourrez, faites évaporer le reste à une température peu élevée (40° centig., par exemple) ; traitez le résidu par deux cents fois son volume d'eau et filtrez. L'alcool aura coagulé la plus grande partie de la paraglobuline, de l'albumine.., etc., et les aura ainsi rendues insolubles dans l'eau. Le liquide aqueux obtenu par la dernière filtration ne contient donc guère que du ferment de la fibrine, et il en contient d'autant plus que l'alcool a agi plus longtemps. L'absence relative des protéides peut être démontrée par les réactions indiquées au § 16.

bien le mélange et on le filtrera sur la flanelle d'abord, et ensuite sur un filtre de papier.)

Ces réactions sont les suivantes :

a. — *Réaction xanthoprotéique.* — Prenez un peu de ce sérum dilué, versez-y quelques gouttes d'acide nitrique et faites bouillir. Le précipité protéique blanc qui s'est formé tout d'abord prend une couleur jaune et se dissout en partie en donnant une solution jaune. Si le mélange ne contient des protéides qu'en très faible quantité on n'obtiendra même que la solution jaune. Faites refroidir le tube à essai en le plaçant sous un robinet d'eau froide, et quand il est froid, versez dedans quelques gouttes d'ammoniaque. La coloration jaune vire à l'orangé.

b. — Prenez dans un autre tube à essai un peu du même sérum dilué et versez-y quelques gouttes de *réactif de Millon* [1]. Il se forme un précipité qui devient rouge par l'ébullition ; s'il n'y avait qu'une petite quantité de protéides dans le mélange ; il ne se produirait pas de précipité distinct, mais le liquide prendrait par l'ébullition la couleur rouge.

c. — Ajoutez une goutte de solution de sulfate de cuivre à une solution concentrée de soude caustique. Versez un peu de sérum dilué dans le liquide bleu qui résulte de ce mélange, il prendra une coloration violette (Cf., Leçon XVI, la réaction de la peptone), que l'ébullition rend plus intense.

d. — Ajoutez un peu d'alcool fort, il se produit un précipité (la peptone dissoute se précipite très difficilement).

e. — Ajoutez un excès d'acide acétique et quelques gouttes d'une solution concentrée de ferrocyanure de

[1] Voyez l'Appendice.

potassium, il se produit un précipité (il ne s'en produit point avec la peptone).

17. Avec du sérum dilué dans du blanc d'œuf, on peut observer la coagulation par la chaleur de l'ALBUMINE et de la GLOBULINE en procédant comme il suit. Le blanc d'œuf ne renferme que très peu de globuline.

Mettez un tube à essai contenant 10 centimètres cubes du liquide dans un bain-marie à la température d'environ 50° centigrades, et élevez assez lentement la température du bain jusqu'à environ 80° centigrades. Observez sur un thermomètre placé dans le bain ou dans le tube même à quelle température la coagulation commence à s'opérer (le liquide prend une apparence laiteuse) et à quelle température elle est complète (un précipité s'est produit, et le liquide est clair). Si l'élévation de la température était conduite avec une extrême lenteur, le liquide pourrait ne se coaguler que fort peu, en raison de la formation d'un albuminate alcalin (Cf. Leçon IX, § 16) ; on peut éviter cet accident en neutralisant le sérum par l'acide acétique avant de le diluer.

18. En ajoutant goutte à goutte dans un verre à expérience 2 centimètres cubes de sérum à une centaine de centimètres cubes d'eau distillée, on verra se produire un précipité peu abondant, légèrement trouble. Il est constitué par la globuline qui est insoluble dans l'eau. (Cf. Leçon IX, § 14.)

QUATRIÈME LEÇON

CARTILAGE HYALIN

1. Coupez un petit morceau au bord libre de l'un des cartilages minces du sternum ou de la ceinture scapulaire d'un jeune triton que l'on vient de sacrifier [1]. Grattez doucement ce cartilage avec un scalpel pour le débarrasser de toute trace de tissus étrangers. Montez-le dans la solution saline [2] normale, et observez que :

a. — La SUBSTANCE FONDAMENTALE (matrice) est parse-

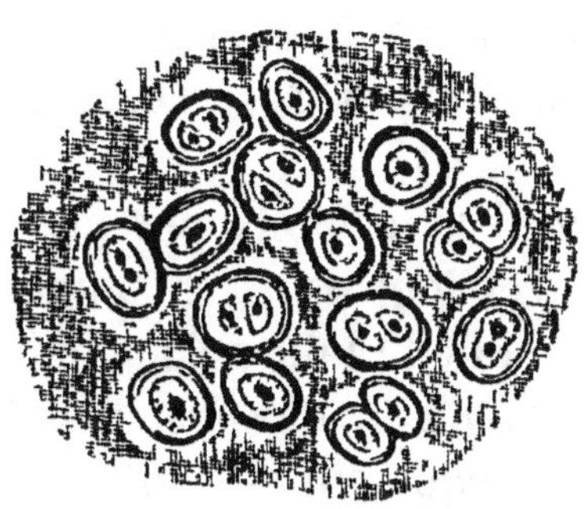

Fig. 15. — Cartilage hyalin.

(Dans la substance fondamentale hyaline, on voit les cellules cartilagineuses enfermées dans les capsules.)

mée de CELLULES ou CORPUSCULES de CARTILAGE assez régulièrement disposés.

[1] On peut aussi bien examiner des tranches minces détachées de la tête de l'humérus ou du fémur d'un animal quelconque très jeune.

[2] C'est une solution à 0ˢ,6 % de sel marin. Ici, comme dans les leçons suivantes, toutes les fois qu'il est indiqué de monter un tissu dans la solution saline normale, il va sans dire que si on pouvait se procurer de l'humeur aqueuse ou du sérum frais, ces liquides devraient être employés de préférence.

b. — Chaque corpuscule est constitué par une masse sphérique ou ovoïde de SUBSTANCE CELLULAIRE (protoplasma) au sein de laquelle se trouve un NOYAU relativement assez volumineux. La substance cellulaire, et le noyau sont transparents et montrent cependant quelques granulations fines en nombre variable.

c. — La plupart des cellules occupent toute la cavité de la substance fondamentale qui les contient.

d. — Le long du bord coupé on voit assez souvent quelques cavités dont les cellules qui les occupaient sont tombées.

e. — Il y a généralement dans la pièce deux ou trois couches de cellules, excepté cependant à son bord libre.

f. — La substance fondamentale est hyaline ou légèrement granuleuse et relativement peu abondante. (Voy. *infra*, § 4, 7.)

Si les tritons sur lesquels on a pris le cartilage objet de l'examen n'étaient pas très jeunes, la préparation obtenue différerait de celle qu'on vient de décrire par la plus grande abondance de substance fondamentale, par la forme et l'arrangement des cellules, et par la présence de cellules pourvues de petits globules de graisse et souvent de deux noyaux.

2. Traitez la préparation par l'acide acétique en dilution à 1 %; au fur et à mesure que l'action de l'acide aura lieu, vous verrez les changements suivants se produire :

a. — Le noyau devient beaucoup plus granuleux et plus distinct.

b. — Le protoplasma devient également plus granuleux, et, de la sorte, cache plus ou moins le noyau.

c. — Puis les granulations du protoplasma se dissolvant, il devient transparent.

d. — Le protoplasma se contracte et se sépare de la substance fondamentale, il se présente alors comme finement granuleux et dentelé à la périphérie. Notez sur-

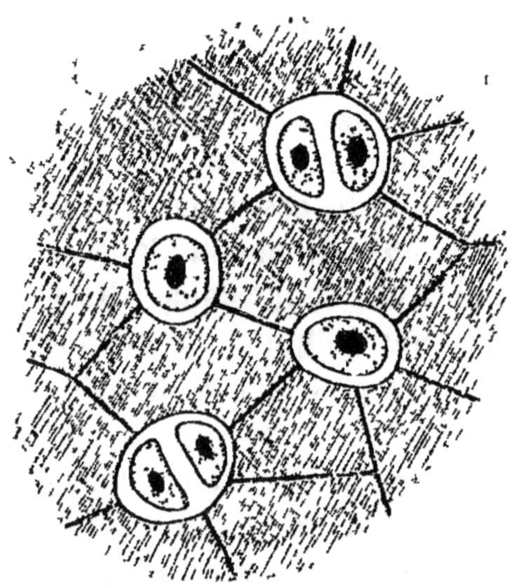

Fɪɢ. 16. — Une préparation de cartilage sternal du petit lézard.

Les cavités qui contiennent les cellules cartilagineuses s'anastomosent par de fins canaux.

tout l'espace libre qui existe entre lui et la substance fondamentale.

3. Laissez séjourner un petit morceau de cartilage obtenu de la même façon que tout à l'heure dans une solution à 0,5 $\%$ de chlorure d'or, pendant environ une demi-heure (jusqu'à ce qu'il ait pris une légère teinte jaune). Alors lavez-le bien à l'eau distillée et mettez-le dans un vase contenant de l'eau à peine acidulée par l'acide acétique. Laissez le tout exposé à la lumière. Au bout de vingt-quatre à quarante-huit heures, quand le cartilage a pris une coloration rouge pourpre, mettez-le dans la glycérine.

Observez le protoplasma (corps de la cellule) bien coloré et qui s'est très légèrement contracté; les noyaux sont colorés d'une façon très intense et présentent un contour bien net; la substance fondamentale est à peine teintée par le réactif.

4. Prenez un morceau de cartilage costal frais d'un animal adulte, débitez-le en tranches minces au moyen d'un rasoir et transportez ces coupes avec le pinceau dans un verre de montre contenant de la solution saline normale. Montez une coupe dans cette solution même et l'autre dans une solution au centième d'acide osmique. Observez la première à un fort grossissement, vous verrez que :

a. — Les cellules montrent souvent des signes de dégénérescence partielle. Ce sont des gouttelettes graisseuses qui même remplissent, parfois la cellule; elles sont très réfringentes et ont un contenu très distinct.

b. — A certains endroits la substance fondamentale est fibrillaire, à d'autres un dépôt calcaire la rend demi-opaque. Traitez la préparation par l'acide chlorhydrique à 1 %, le dépôt calcaire se dissout, mais l'apparence fibrillaire persiste, ce qui fait voir que ces fibres sont distinctes des fibres du tissu conjonctif. (Cf. Leçon V, § 2.)

c. — On peut voir des traces de capsules primaires et secondaires.

5. Examinez la coupe montée dans l'acide osmique; les gouttelettes de graisse sont colorées en brun foncé, presque noir, le protoplasma, les noyaux et la substance fondamentale sont légèrement teintés.

6. Préparez des coupes transversales d'un cartilage costal conservé dans l'acide picrique. (Cf. Leçon I, F

§ 3.) On peut faire ces coupes, soit à main levée, soit avec le microtome congelant, ou bien encore inclure le tissu. (Cf. Leçon VI, § 1.) Colorez les coupes en les mettant pendant cinq à dix minutes dans une solution à 2 % de picrocarminate ou dans une solution très diluée (0,02 %, par exemple) du même réactif pendant un jour. Si on les a mises dans le réactif colorant en solution concentrée, il est bon de les examiner de temps en temps, et de veiller à ce qu'elles ne prennent pas une coloration trop intense. Lavez les coupes dans l'eau distillée et montez-les dans la glycérine.

Vous observerez l'arrangement par groupes des cellules. Chaque groupe est né de la segmentation d'une cellule de cartilage. Voyez la couche mince de substance cartilagineuse de formation nouvelle qui entoure chaque cellule (*capsule*). Parfois même vous pourrez voir le groupe tout entier entouré d'une mince couche de la même substance à peine distincte du reste de la substance fondamentale. Au voisinage de la surface extérieure, les cellules s'aplatissent dans le sens parallèle à cette surface. Conservez cette préparation [1] pour un examen ultérieur (leçon V, *B*, § 7).

7. Faites des coupes, après inclusion préalable s'il le

---

[1] Cimentez les bords de la lamelle sur le porte-objet avec une solution de baume du Canada de consistance convenable, que vous étendrez au moyen d'une baguette de verre ou d'un petit pinceau. Le baume sera sec ou à peu près au bout d'un jour et vous pourrez remuer la préparation sans craindre de déplacer la lamelle. Si la glycérine dans laquelle vous avez monté la coupe ne s'étendait pas jusqu'aux bords, la lamelle, le baume s'introduirait sous cette lamelle et pourrait salir la coupe. D'autre part, si la glycérine dépassait les bords de la lamelle, le baume ne pourrait adhérer au verre. Dans ce cas, il vaudrait mieux recommencer le montage de la préparation que tenter d'essuyer la glycérine en excès. L'étudiant doit s'exercer à plusieurs reprises à mettre sur le porte-objet juste la quantité de glycérine nécessitée par la grandeur de lamelle dont il se sert.

faut (leçon VI, § 1), d'un cartilage céphalique de céphalopode conservé d'abord dans l'acide picrique et ensuite dans l'alcool. Choisissez une des plus minces, plongez-la quelques minutes dans l'hématoxyline, veillez à ce qu'elle ne se colore pas d'une façon trop intense. Placez-la ensuite dans un verre de montre plein d'alcool qui enlèvera la matière colorante qui ne fait qu'adhérer au tissu sans l'imprégner. Si la coupe avait été colorée avec trop d'intensité, vous la placeriez dans un peu d'acide acétique à 1 $^0/_0$, et quand elle aurait été suffisamment décolorée, vous la feriez repasser dans l'alcool. Montez-la enfin dans la glycérine. Observez :

a. — Les groupes formés par les cellules cartilagineuses.

b. — Les PROLONGEMENTS très marqués qui partent des cellules d'un groupe, se dirigent vers les prolongements analogues des cellules d'un autre groupe et s'anastomosent avec eux.

8. Sacrifiez une souris, prenez aussitôt un petit morceau de son oreille, et, après avoir enlevé la peau et gratté les tissus entourant le cartilage, montez ce dernier dans la solution saline normale.

Les cavités cellulaires, presque toutes de forme polygonale, sont séparées les unes des autres par de très minces cloisons de substance fondamentale. Dans beaucoup de ces cavités, il n'y a plus de cellules, et la substance fondamentale ressemble ainsi à un rayon de miel. Cette forme particulière du tissu cartilagineux est souvent dite parenchymateuse.

Si l'on désirait conserver cette préparation ou celles qu'on a faite du cartilage de triton, § 1, il faudrait les placer dans l'alcool à 70 $^0/_0$ pendant environ une demi-heure, les colorer par l'hématoxyline et les monter dans la glycérine.

CINQUIÈME LEÇON

TISSU CONJONCTIF

A. — FIBRES DE TISSU CONJONCTIF

1. **Fibres élastiques.** — *a.* — Dissociez dans l'eau
un morceau de ligament cervical. Vous pouvez voir qu'il
est entièrement composé de fibres assez larges, ramifiées,
anastomosées entre elles, à contours bien nets et dont
les extrémités s'enroulent.

· *b.* — Traitez la préparation par l'acide acétique (1 à
5 %) les fibres ne subissent aucune modification.

2. **Fibres blanches.** — *a.* — Mettez sur une lame de
verre un petit morceau d'un tendon mince, tel qu'un tendon pris sur le doigt d'une grenouille ou dans la queue
d'une souris. (Voy. *B*, § 3.) Maintenez-le à l'une de ses
extrémités avec une aiguille) tandis qu'à l'autre extrémité vous dissocierez les fibres aussi complètement
que possible en faisant agir une autre aiguille parallèlement à leur direction. Si l'extrémité non dissociée du
tendon était assez épaisse pour maintenir inclinée en
soulevant un de ses bords la lamelle dont vous recouvrirez tout à l'heure la préparation, vous sépareriez
avec les aiguilles une petite portion du tendon et vous la
dissocieriez comme précédemment. Pendant toute la
durée de cette opération, le tissu doit être humecté
avec la solution saline normale, dont on prendra juste

la quantité nécessaire à cet effet. Vous recouvrez maintenant avec précaution la préparation d'une lamelle sur
la face inférieure de laquelle vous aurez déposé une
goutte de la même solution. Observez les faisceaux onduleux de fibrilles ; les contours des fibrilles ne sont pas
très distincts ; mais on peut cependant voir qu'elles sont
disposées parallèlement les unes aux autres En raison
de leur minceur extrême et de la présence qui les unit,
l'isolement complet de ces fibrilles nécessite une préparation spéciale.

b. — Traitez la préparation par l'acide acétique dilué
(dans les proportions de 1 à 5 0/0). Les fibrilles disparaissent et tout le tissu se transforme par gonflement en une
masse gélatineuse transparente où l'on ne distingue
guère plus que quelques fibres élastiques, semblables
dans leurs traits généraux à celles que vous avez obser-
vées tout à l'heure (A, 1), mais beaucoup plus fines.

3. — Tirez et tenez tendu avec des pinces fines le tissu
conjonctif délicat qui se trouve entre les muscles de la
cuisse d'une grenouille ou d'un lapin, enlevez-en un
petit morceau avec les ciseaux et étendez-le sur une lame
de verre au moyen des aiguilles, en prenant soin de le
déchirer le moins possible. Dans tout le cours de cette
opération, il suffira, pour empêcher la dessiccation du
tissu de souffler dessus. Vous pouvez monter la préparation de la façon indiquée au § 2, a, mais il vaut mieux
encore appliquer sur le tissu une lamelle sèche, comprimer légèrement et introduire alors sous la lamelle
une goutte de solution saline normale. De cette façon,
le lambeau de tissu reste dans l'extension. Il est composé principalement de faisceaux onduleux de fibrilles,
analogues à ceux que vous avez observés tout à l'heure
(§ 2, a) ; les faisceaux sont de dimensions variables et s'en-

trecroisent dans tous les sens. On voit au milieu d'eux de petites fibres élastiques; leurs contours sont moins distincts que les contours des faisceaux de fibres blanches; elles se ramifient parfois, et parfois aussi s'anastomosent entre elles aux points où elles s'entrecroisent. Quand le lambeau de tissu a été bien étalé et bien fixé dans l'extension, les fibres élastiques sont presque droites, autrement elles s'enroulent à leurs extrémités et ont un cours plus ou moins sinueux. Si l'on hésite sur la nature élastique de ces fibres, on peut les soumettre à l'épreuve de l'acide acétique. (Cf. § 2, *b*.)

d. — Pour mettre en évidence les corpuscules du tissu conjonctif, il faut prendre un lambeau de ce tissu assez large, l'étaler de même, le laisser se dessécher à demi sur les bords, de façon qu'il adhère à la lame de verre, le traiter par une solution concentrée de pourpre de Spiller dans l'eau ou dans l'alcool à 30° centésimaux. Au bout de quelques minutes, on lave à l'eau distillée pour enlever la matière colorante en excès et on monte la préparation dans l'eau.

B. — CORPUSCULES DE TISSU CONJONCTIF

1. On prend un morceau de l'expansion mince d'une queue de têtard conservée dans l'acide chromique à 0,02 %. Disséquez-le dans la glycérine. Après avoir enlevé, au pinceau, ou par raclage, les cellules hexagonales de l'épiderme, vous pouvez étudier la substance fondamentale homogène parcourue par des vaisseaux sanguins et qui renferme des cellules étoilées en quantité.

Les cellules étoilées les plus grandes, de couleur foncée, sont des cellules pigmentaires, les CORPUSCULES DU TISSU CONJONCTIF sont des cellules également étoilées, mais plus petites. Chacune d'elles consiste en un noyau entouré d'un corps protoplasmique ramifié. Les prolongements ramifiés sont irréguliers et rejoignent les prolongements analogues d'autres cellules.

2. Prenez une grenouille dont vous aurez détruit le cerveau et la moelle [1], comprimez légèrement la tête sur le côté pour faire saillir l'œil et séparez hardiment la cornée d'un seul coup de scalpel. Si vous ne réussissez pas du premier coup prenez avec des pinces le bord de la cornée du côté où vous avez commencé la section et coupez-la avec des ciseaux le long de sa ligne d'insertion sur la sclérotique. Rappelez-vous cependant que la réussite de cette préparation dépend en grande partie des soins que vous aurez pris pour soumettre la cornée à l'action du chlorure d'or sans la tirailler. On enlève tout le sang qui pourrait souiller la cornée en la plaçant dans un verre de montre plein de solution saline normale et en la brossant doucement avec un pinceau de poil de chameau. On fait agir sur elle le chlorure d'or en solution à 0,5 % pendant trente ou quarante minutes : on lave bien à l'eau distillée, et on l'expose à la lumière dans l'eau à peine acidulée par l'acide acétique [2]. Quand la cornée a pris une teinte pourpre ou d'un violet tirant sur le bleu, vous la mettez sur une lame de verre dans une goutte de glycérine, puis vous la brossez au pinceau ou la raclez sur ses deux faces pour enlever l'epithélium ; enfin vous la montez dans la glycérine pour l'examiner à un fort grossissement. Une fois le revêtement épithélial à cellules hexagonales enlevé, on peut

[1] Voy. l'Appendice.
[2] Il est probable qu'elle ne se colorera point avant le second jour. En employant l'acidetartrique (voy. l'Appendice), on rend la coloration plus prompte.

voir les corpuscules de tissu conjonctif colorés par le réactif, avec leurs nombreux prolongements ramifiés, très délicats, qui s'anastomosent avec les prolongements analogues des cellules voisines. — On doit conserver cette préparation pour l'étude des nerfs de la cornée. (Cf. Leçon X, C, § 2.)

3. Sacrifiez une souris ou un jeune rat, coupez-lui l'extrémité de la queue et tirez du moignon un faisceau des tendons très fins qui s'y trouvent. Tendez-les sur une lame de verre d'une extrémité à l'autre de la lame et maintenez-les dans cette position jusqu'à ce qu'ils

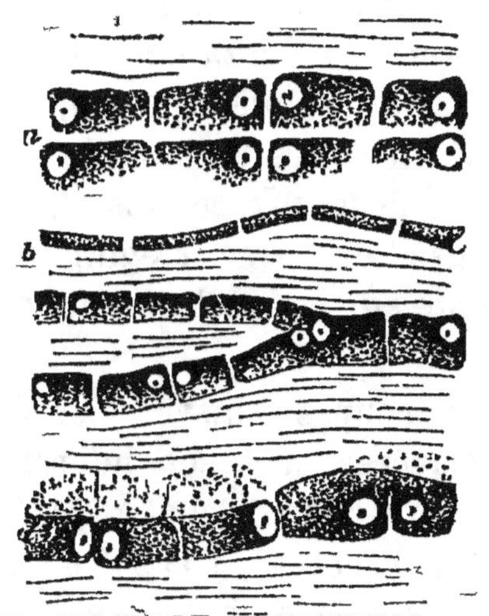

Fig. 17. — Tendon de la queue de la souris montrant les cellules tendineuses.

a, Les cellules tendineuses vues sur leur surface large — *b*, Les mêmes cellules vues de côté.

adhèrent à ces mêmes extrémités par demi-dessiccation. Vous déposerez seulement au milieu de leur longueur une goutte de solution saline normale. Leurs fibres sont ainsi maintenues dans l'extension. Recouvrez enfin d'une lamelle. L'examen de la préparation vous montrera des faisceaux de fibrilles ondulées, mais point de corpuscules du tissu conjonctif.

Faites pénétrer avec lenteur sous la lamelle l'acide acétique dilué à 1 %. Pendant ce temps, observez à un fort grossissement les faisceaux susdits. Entre les faisceaux de fibrilles, on voit des rangées de cellules. Notez dans chacune le noyau rond ou ovale, le contour rectangulaire de la cellule et le protoplasma granuleux. Des lignes qui courent le long des cellules et de chaque côté d'elles dans la direction des tendons sont l'indice de l'existence de prolongements pourvus de crêtes (*crêtes d'empreinte de Ranvier*). Peu de temps après l'addition de l'acide acétique le protoplasma des cellules conjonctives devient très indistinct et l'on ne voit plus guère entre les faisceaux gonflés que des rangées de noyaux oblongs et de forme irrégulière. (Cf. l'*action de l'acide acétique sur les cellules de cartilage*. Leçon IV, § 2.)

4. Faites des coupes transversales d'un tendon d'abord mis à macérer quelques heures dans l'alcool à 30°, puis conservé dans l'alcool à 75°. Vous auriez soin de l'inclure (Cf. Leçon VI, § 1) s'il n'y avait pas moyen d'obtenir autrement des coupes satisfaisantes. Montez les coupes dans la glycérine diluée et observez :

a. — Les faisceaux séparés les uns des autres par des cloisons de tissu conjonctif.

b. — Dans chaque faisceau, les cellules tendineuses ramifiées qui se trouvent entre les faisceaux secondaires de fibrilles. Les prolongements des cellules voisinent se rejoignent assez fréquemment.

5. Disséquez un lambeau de peau d'un animal jeune

et maigre tel qu'un rat, et injectez dans son tissu sous-cutané et au moyen d'une seringue de Pravaz une solution de chlorure d'or à 0 5 %, jusqu'à ce que le liquide commence à exsuder. Laissez le réactif agir quelques minutes, et avant que la boule d'œdème artificiel ne s'affaisse, enlevez-en avec des ciseaux fins deux ou trois tranches aussi minces que possible et placez-les dans un verre de montre contenant trois parties d'eau distillée pour une partie d'acide formique en solution de poids spécifique 1,06. Quand ces pièces seront bien colorées, ce qui arrivera probablement au bout de deux ou trois heures, agitez-les un instant pour les laver dans un tube à essai plein d'eau distillée, puis montez-les de la façon indiquée en *A*, § 2, *c*, mais cette fois dans la glycérine acide [1]. La préparation sera bonne pour l'examen au bout d'un ou deux jours. Observez :

a. — Les cellules lymphatiques répandues au milieu des faisceaux de fibrilles. Les faisceaux de fibrilles se sont plus ou moins gonflés sous l'influence de l'acide formique et n'ont pas de contours bien définis.

b. — Les corpuscules de tissu conjonctif plus volumineux que les cellules lymphatiques et pourvus de prolongements qui parfois s'unissent avec les prolongements de cellules analogues. (Voy. *B*, §§ 1, 2.)

c. — Des cellules plus grandes, plus nettement rectangulaires, sans prolongements apparents, dû moins dans la plupart des cas. Elles recouvrent les faisceaux de fibrilles et se trouvent souvent alors former par leur réunion des rangées ou des amas. Vues de côté, elles ont l'air de longues cellules très étroites.

Cette préparation doit-être conservée pour servir à l'étude du tissu graisseux (*D*, § 5).

---

[1] Glycérine, 99 parties. — Acide formique, 1 partie.

6. Enlevez une tranche mince du tissu gélatiniforme sous-cutané d'un fœtus de mammifère ou d'un animal nouveau-né et montez-le de la façon indiquée en *A*, § 2, *c* [1].

Remarquez les cellules pâles, granuleuses, de formes diverses analogues à celles que vous avez vues tout à l'heure (*B*, § 1). Pour rendre les cellules et leurs noyaux plus distincts, colorez les tissus avec le pourpre de Spiller de la manière indiquée en *A*, § 2 (*d*) ou traitez-le par l'acide acétique dilué en observant attentivement les premiers changements qui s'opèrent au fur et à mesure de l'action du réactif.

Cette préparation peut encore servir à montrer le développement des cellules du tissu adipeux (*D*, § 6).

7. Prenez la coupe de tissu cartilagineux que vous avez préparée dans la quatrième leçon, § 6, et remarquez la couche de tissu conjonctif qui entoure le cartilage et lui est intimement attaché. C'est le *périchondre*. On verra probablement aussi à certains endroits la coupe des tendons qui s'insèrent sur le cartilage.

C. — CELLULES PIGMENTAIRES

Fixez sur l'échancrure d'une tablette de liège la membrane interdigitale de la grenouille qui vous a servi tout à l'heure (*B*, § 2) et observez-la à un grossissement faible d'abord, puissant ensuite. On verra de grandes

---

[1] Il vaut mieux sacrifier un animal tout exprès, mais on peut aussi se servir d'un sujet conservé dans l'acide picrique ou le liquide de Muller. Si l'on désire observer plus tard la formation des cellules adipeuses, il ne faut pas que l'animal ait séjourné dans l'alcool d'une concentration supérieure à 50°.

cellules pleines d'un pigment noir et pourvues de nombreux prolongements ramifiés. A certains endroits, et par suite de la rétraction de ces prolongements, les cellules pigmentaires apparaissent sous la forme de taches rondes. En observant de temps en temps, on peut voir tous les états intermédiaires entre ces deux extrêmes.

E. — CELLULES ADIPEUSES

1. Coupez un petit morceau d'épiploon dans une partie relativement pauvre en graisse. Étendez-le sur une lame de verre et montez-le dans la solution saline normale. Observez :

a. — A un faible grossissement, les groupes de cellules adipeuses très réfringentes.

b. — A un grossissement plus considérable, la grandeur variable des cellules adipeuses, l'absence apparente chez elles d'un noyau, le tissu conjonctif qui passe entre elles et au-dessus d'elles.

2. Faites séjourner dans l'acide osmique à $^1/_{100}°$ pendant environ une demi-heure un semblable morceau d'épiploon, puis lavez-le dans l'eau et montez-le dans la glycérine diluée Vous voyez que les cellules adipeuses ont pris une coloration brune très foncée. (Cf. Leçon IV, § 5.) Si, après lavage, on place le tissu dans l'alcool et de préférence dans l'alcool à 75°, la teinte devient encore plus sombre.

3. Prenez un petit morceau d'épiploon qui ait séjourné quelque temps dans l'alcool et placez-le dans l'hématoxyline jusqu'à ce qu'il soit bien coloré. Lavez-le à l'alcool absolu, placez-le sur une lame de verre et dissociez-le s'il était trop épais. Absorbez le plus possible l'alcool qui l'imprègne au moyen du papier buvard.

Recouvrez ce tissu d'un mélange de créosote (1 partie) et d'essence de térébenthine (4 parties), et attendez qu'il soit devenu complètement transparent (vous renouvelleriez le liquide et chaufferiez légèrement si cela était nécessaire). Enlevez l'excès de térébenthine, mettez une goutte de baume sur le tissu et recouvrez d'une lamelle.

Observez les groupes de cellules dont ce traitement a fait partir la graisse. Remarquez les contours crispés des cellules, la membrane très visible, et la présence dans chaque cellule d'un noyau fortement coloré. Comme au § 4, on pourra voir aussi le protoplasma peu abondant qui s'est également coloré.

5. Dans la préparation au chlorure d'or du tissu sous-cutané que vous avez faite tout à l'heure (B, § 5) observez :

Le réseau formé par les capillaires dans un petit amas de cellules adipeuses.

Les grands corpuscules plats de tissu conjonctif (*B*. § 5, *c*), plus abondants près des groupes de cellules adipeuses. Quand un de ces groupes est fusiforme, on voit même des rangées de corpuscules de tissu conjonctif partir de ses extrémités.

Dans quelques cellules adipeuses, on peut voir un protoplasma peu abondant et contenant un noyau envelopper la graisse. N'allez pas prendre pour un noyau un dépôt cristallin comme il s'en trouve dans la graisse.

5. Prenez sur le sujet qui vous a servi tout à l'heure (*B*, § 5) un petit morceau de tissu au bord externe d'un petit amas graisseux de l'œil.

Observez toutes les formes de passage entre les cellules granuleuses qui ne contiennent que quelques granulations graisseuses et les cellules dans lesquelles au contraire on ne peut guère voir autre chose que de la graisse.

SIXIÈME LEÇON

MODIFICATIONS DU TISSU CONJONCTIF ET DU CARTILAGE HYALIN

A. — TRANSITION AU FIBRO-CARTILAGE

Prenez un morceau de cartilage intervertébral [1] préalablement traité d'abord par l'acide picrique ou l'acide chromique, ensuite par l'alcool et qu'il vous faudra inclure de la façon suivante. A l'une des extrémités d'un petit bloc oblong de paraffine B [2], pratiquez un petit trou. Enlevez avec du papier buvard l'alcool en excès qui imbibe le morceau de cartilage et placez-le dans ce trou de façon que le plan de la face supérieure du bloc de paraffine soit à angle droit avec le plan de la face vertébrale du cartilage. Versez dessus un peu du mélange paraffiné chauffé à peine au-dessus de son point de fusion. Au moyen d'une aiguille chauffée, vous ferez partir toutes les bulles d'air et vous maintiendrez le tissu dans sa position. Quand le tout est parfaitement solidifié, vous parez le bloc de paraffine de façon à

[1] On enlève de la face antérieure ou postérieure (supérieure et inférieure chez l'homme) d'un corps de vertèbre de lapin une tranche d'environ 1 millimètre d'épaisseur, qui doit aussi comprendre un peu de cartilage intervertébral. On divise cette pièce de forme à peu près circulaire en quatre quartiers que l'on fait décalcifier dans l'acide picrique ou bien l'acide chromique (Voy. l'Appendice).

[2] Voy. l'Appendice.

faire effleurer le cartilage, et vous abattez ses angles. En pratiquant les coupes, vous aurez soin que le tissu comme la lame du rasoir soient toujours largement mouillés d'alcool (il sera commode de le verser au moyen d'une pissette). Avec un pinceau, vous transporterez les coupes de la lame du rasoir dans un verre de montre. Au moyen de la cuiller [1] à pêcher, vous les transporterez de là dans l'hématoxyline et vous les traiterez comme il est indiqué au § 2 de la leçon IV. Il faut se rappeler que si le tissu n'est pas complètement purgé d'acide chromique, sa coloration sera toujours très imparfaite [2]. Dans ce cas, on placera les coupes pendant quelques minutes dans une solution au $1/100^e$ de carbonate de soude, et on les lavera ensuite à l'eau distillée avant de les colorer. Observez dans ces coupes :

a. — L'os décalcifié passant à

b. — La mince couche de cartilage hyalin ordinaire, en dehors de laquelle

c. — Les cellules cartilagineuses sont disposées en rangées ; et l'apparition concomitante de fibrilles dans la substance fondamentale du cartilage qui passe lui-même par degrés, mais rapidement au

d. — FIBRO-CARTILAGE. Ce dernier consiste en faisceaux de tissus fibreux blanc et en grandes cellules nucléées qui ne se laissent point distinguer des cellules cartilagineuses ordinaires, situées entre ces faisceaux fibreux.

---

[1] Un fil de laiton ployé à angle obtus à ses deux extrémités constitue une sorte de Z à jambage intermédiaire très long et à jambages parallèles très courts. On aplatit ces deux derniers au marteau, on les coupe carrément à leur extrémité libre polie pour éviter les bavures et l'on a de la sorte une cuiller à pêcher les préparations. Il sera bon de la faire platiner.

[2] On pourra traiter de la même manière avant de les colorer les tissus durcis par les bichromates et le liquide de Müller.

Ces cellules sont, en outre, entourées d'une mince capsule hyaline.

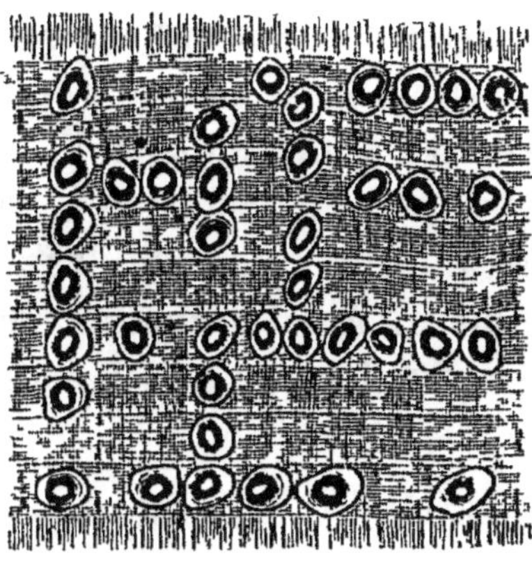

Fig. 18. — Cartilage fibreux d'un ligament intervertébral.
(Montrant les faisceaux du tissu fibreux et les rangées de cellules cartilagineuses.)

e. — En approchant de la portion externe du disque intervertébral, capsules et cellules deviennent de plus en plus petites et de plus en plus allongées, les capsules disparaissent, et de la sorte, le fibro-cartilage passe au

f. — Tissu conjonctif. Le fibro-cartilage ne forme pas une bande continue unissant les deux vertèbres, mais il va de l'une à l'autre sous forme de faisceaux parallèles entre lesquels et les croisant à angle droit se trouvent des faisceaux tendineux dont on verra ainsi la section transversale. Dans quelques faisceaux, il peut arriver que les cellules cartilagineuses soient absentes.

6. Au point de jonction du ligament rond et de la tête du fémur d'un animal jeune, vous préparerez une coupe parallèle à la direction des fibres. Si le tissu a été préalablement traité par l'acide picrique vous colorerez la

coupe avec le picrocarminate ; s'il l'avait été par l'acide chromique vous emploieriez l'hématoxyline. Observez, au fur et à mesure que vous allez du tendon au cartilage, la transition des cellules tendineuses plates rectangulaires, ramifiées, à des cellules ovales, moins plates, pourvues de noyaux arrondis. Remarquez en même temps que les fibres d'abord distinctes disparaissent peu à peu et sont remplacées par une substance fondamentale hyaline, en même temps que les cellules affectent une disposition irrégulière. Ainsi le tendon passe au fibro-cartilage et le fibro-cartilage au cartilage hyalin.

B. — TRANSITION AU CARTILAGE ÉLASTIQUE

Disséquez le cartilage aryténoïde d'un larynx de mouton conservé dans l'alcool, et coupez un petit morceau du tissu qui se trouve immédiatement au-dessus du cartilage hyalin en même temps qu'un peu du cartilage hyalin lui-même. Après inclusion, pratiquez des coupes intéressant à la fois le cartilage hyalin et le tissu situé au-dessus. Colorez par le picro-carminate et montez dans la glycérine. Observez ce qui suit :

a. — A la surface supérieure du cartilage hyalin, la substance fondamentale devient granuleuse, et ces granulations se disposent en rangées, lesquelles d'ailleurs ont souvent moins l'apparence de rangées de granulations que de fibres granuleuses. On peut les voir passer aux fibres élastiques fines ordinaires qui croissant en nombre forment

b. — Le cartilage élastique dans lequel les cellules colorées en rouge par le carmin ressemblent tout à fait à celles du cartilage hyalin ordinaire. On voit autour d'elles des contours fins transparents qui sont l'indice

des capsules; enfin elles sont environnées d'un réseau
de fibres élastiques colorées en jaune par l'acide picrique, situées au sein d'une substance fondamentale plus

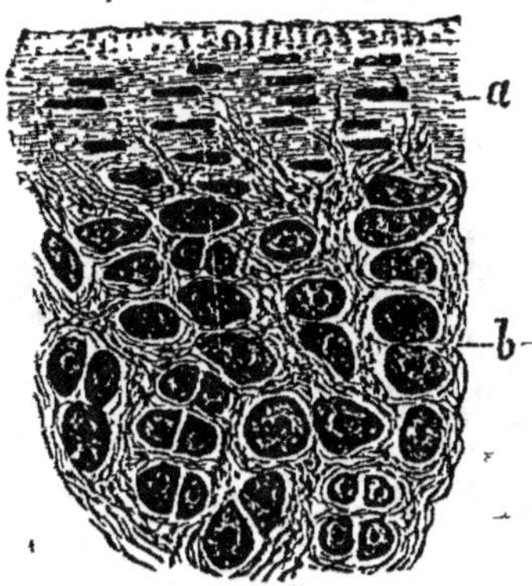

Fig. 19. — Une coupe au travers de l'épiglotte.
a, périchondre. — *b*, Réseaux de fibres elastiques entourant les cellules
cartilagineuses.

ou moins abondante. Ce réseau peut avoir l'apparence
non pas tant de fibres élastiques distinctes que d'un
système de barres épaisses et rappelle dans ses traits
généraux le cartilage parenchymateux.

c. — Au-dessus de *b*, on voit le tissu conjonctif lâche
ordinaire. Vous remarquerez comment le cartilage élastique passe à cette dernière forme de tissu par l'élon-
gation de ses cellules, le fractionnement de ses fibres
élastiques en faisceaux peu serrés, et l'apparition au
milieu de ces derniers de tissu fibreux blanc qui se
colore en rouge sous l'action du réactif.

SEPTIÈME LEÇON

OS, OSSIFICATION, DENTS

A. — STRUCTURE DE L'OS

1. — Examinez à un faible grossissement des coupes transversales pratiquées à travers la diaphyse d'un os

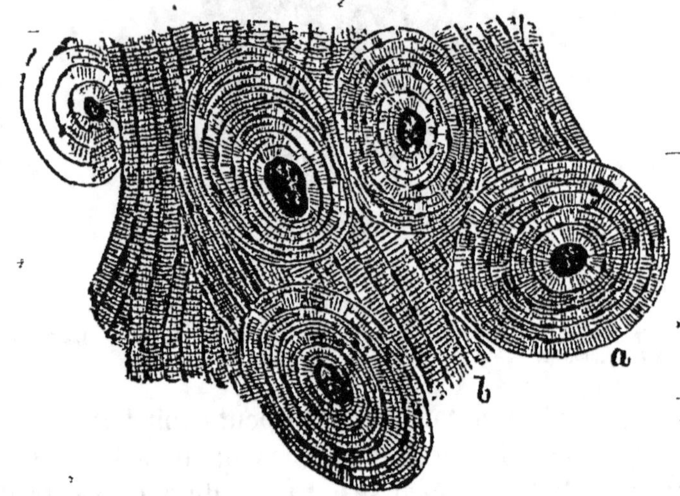

Fig. 20. — Substance osseuse compacte en coupe transversale.
a, Lamelles concentriques autour des canaux de Havers coupés en travers. — *b*, Lamelles intermédiaires. Les lacunes osseuses (*ostéoplastes*) sont vues entre les lamelles osseuses.

long [1]. La plupart des cavités (*canaux de Havers, lacunes, canalicules*), étant remplies d'air ou de débris de substance osseuse, paraîtront noires. Observez :

a. — La cavité centrale (*cavité médullaire*) est entourée par une épaisseur peu considérable d'os spongieux où la substance osseuse est disposée sous forme d'un réseau à mailles irrégulières qui sont des espaces

[1] Il est préférable d'acheter des coupes toutes préparées d'avance. On les trouve chez tous les marchands de préparations microscopiques et d'objets de micrographie.

de Havers. En allant vers l'extérieur, on voit l'os compact remplacer l'os spongieux, et l'on peut observer les formes de passage entre les espaces de Havers et les canaux de Havers.

b. — Dans l'os compact, on voit les systèmes de Havers. Chacun d'eux consiste en un CANAL DE HAVERS entouré par des lamelles concentriques de substance osseuse que les LACUNES (*cavités des ostéoplastes*) qui se trouvent entre elles, contribuent à rendre plus distinctes les unes des autres.

c. — Des systèmes de lamelles intermédiaires se trouvent entre les systèmes de Havers; vers la périphérie de l'os, elles sont pour la plupart parallèles à la surface.

d. — Dans l'os spongieux, les lamelles sont, en général, disposées concentriquement autour des espaces de Havers.

2. Examinez la préparation à un fort grossissement. Observez :

a. — Les lacunes fusiformes, irrégulières (*cavités des ostéoplastes*), d'où partent de nombreux CANALICULES onduleux, ramifiés, qui traversent les lamelles et vont s'anastomoser avec les canalicules analogues provenant d'autres lacunes.

b. — Dans l'os compact, les canalicules s'ouvrent dans les canaux de Havers; dans l'os spongieux, ils s'ouvrent dans les espaces de Havers et dans la cavité centrale.

c. — Examinez à un grossissement faible des coupes longitudinales pratiquées également à travers la diaphyse d'un os long. Observez :

a. — Des canaux de Havers dont le trajet est presque toujours parallèle à la surface de l'os, ils ont des branches anastomotiques, et, à certains endroits s'ouvrent tantôt à la surface de l'os, tantôt dans la cavité centrale.

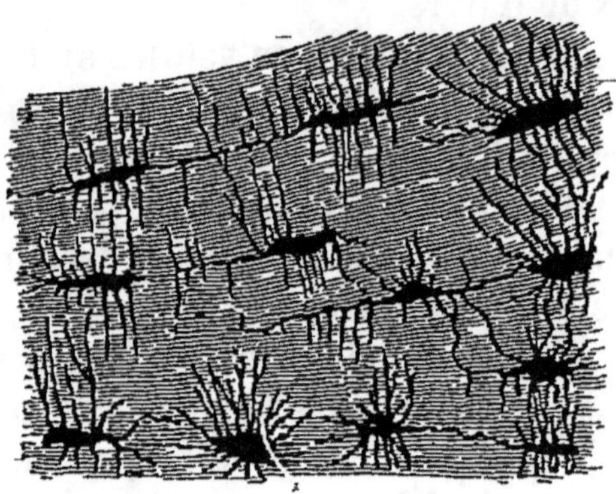

FIG. 21. — Lacunes osseuses ou cavités des ostéoplastes.

b. — Les lamelles qui, pour la plupart, semblent parallèles aux canaux de Havers. Il peut arriver que çà et là un système de Havers soit coupé obliquement au lieu de l'être en long. On peut voir alors que ces lamelles sont concentriques au canal.

4. Examinez la préparation à un fort grossissement. Les lacunes paraissent aussi nombreuses, mais plus allongées que dans les coupes transversales; observez la disposition des canalicules. (Cf. § 2.)

5. Préparez des coupes transversales de la diaphyse d'un os long décalcifié. Colorez-les par le picro-carminate. (Leçon IV, § 5.) Lavez à l'eau distillée, et montez-les dans la glycérine. Observez ce qui suit :

a. — Chaque lacune est occupée par une cellule (CORPUSCULE OSSEUX, OSTÉOPLASTE).

b. — Les canalicules sont à peine visibles.

c. — Les canaux et les espaces de Havers sont occupés par des cellules, des fibres du tissu conjonctif et des vaisseaux sanguins (s'il y avait des globules rouges dans ces vaisseaux, ils se seraient colorés en jaune).

d. — Si le tissu contenu dans la cavité centrale de l'os (moelle) n'est pas tombé lors des manipulations qu'a subies la préparation, on peut voir à ce moment qu'il est constitué par du tissu adipeux.

e. — Le périoste est étroitement uni à la surface de l'os. Il est constitué vers l'extérieur surtout par du tissu fibreux, et plus profondément surtout par des fibres élastiques fines, dont on peut voir certaines s'enfoncer dans la substance osseuse.

6. Prenez un os, le pariétal par exemple, et après l'avoir décalcifié, soit par l'acide nitrique, soit par l'acide chlorhydrique, lavé bien à l'eau et conservé un certain temps dans l'alcool, débarrassez-le de son périoste, enlevez de la surface de l'os de minces copeaux de substance osseuse et montez-les dans l'eau, la face profonde en-dessus. Vous pourrez voir à un fort grossissement les FIBRES PERFORANTES s'élever de la surface du morceau d'os que vous examinez, ainsi que les trous à travers lesquels passaient des fibres analogues. Examinez avec soin la portion la plus mince du copeau, celle qui contient par conséquent le moins de lamelles, afin de voir la *décussation des fibres* très fines de la substance fondamentale osseuse. L'addition d'acide acétique fait gonfler les fibres perforantes aussi bien que les fibres décussées et les rend indistinctes ou bientôt même invisibles.

B. — OSSIFICATION

1. Pratiquez des coupes longitudinales à travers la tête du fémur d'un lapin ou d'un chat nouveau-né. Le fémur aura préalablement été fendu en quatre dans toute sa longueur, et chacun des morceaux traité par l'acide picrique ou l'acide chromique pour être durci en même temps que décalcifié. Colorez les coupes par l'éosine ou le picro-carminate, lavez-les à l'eau distillée, faites-les passer d'abord par l'alcool faible, par l'alcool fort, puis par l'alcool absolu, éclaircissez par le mélange de créosote et de térébenthine, et enfin montez-les dans le baume de Canada [1]. Observez :

a. — Le cartilage hyalin normal.

b. — Les cellules cartilagineuses disposées en séries. Remarquez que sur la coupe la plupart des cellules apparaissent triangulaires; la base de l'une se trouve au-dessus du sommet de l'autre, ce qui indiquerait que les cellules se sont formées aux dépens d'une même cellule-mère qui se serait divisée suivant une ligne oblique.

c. — Une couche de cellules beaucoup plus volumineuses que les précédentes, avec un protoplasma transparent (qui, sur cette préparation, sera probablement rétracté) et un noyau distinct; elles sont aussi disposées en rangées et n'ont entre elles que peu de substance fondamentale.

d. — Les grandes cavités irrégulières situées au-dessous de cette couche et entourées de substance osseuse. Elles renferment des OSTÉOBLASTES en grande quantité. Ce sont des cellules ressemblant beaucoup, en apparence au moins, aux globules blancs du sang, mais

---

[1] Le mélange de créosote et d'essence de térébenthine indiqué ici dissout parfaitement la paraffine qui peut rester inhérente au tissu par suite de l'inclusion, il rend en outre le tissu transparent et se mélange parfaitement avec le baume du Canada. On peut, au lieu de créosote, prendre de l'acide phénique. Ce réactif est moins cher mais dissout moins bien la paraffine. L'essence de girofles fait moins ratatiner les tissus que le mélange de créosote et de térébenthine, mais revient beaucoup plus cher et ne dissout pas la paraffine à froid.

qui sont plus volumineuses. La plupart d'entre elles sont en contact avec la substance osseuse. Dans certaines de ces cavités, on voit en leur centre un vaisseau sanguin entouré de tissu conjonctif.

e. — On peut voir çà et là des OSTÉOCLASTES en contact avec la substance osseuse : ce sont de grandes cellules multinucléaires.

2. Prenez un morceau de la diaphyse d'un os long [1] d'un fœtus de mammifère. Après macération dans l'acide picrique ou dans l'acide chromique, vous achèverez de le décalcifier en le plaçant dans l'alcool contenant 0,5 % d'acide nitrique pendant vingt-quatre heures. Après inclusion préalable, vous y pratiquerez des coupes transversales qui seront colorées par le picrocarminate et montées dans la glycérine ou le baume du Canada. Vous observerez :

a. — Le PÉRIOSTE, constitué à l'extérieur par du tissu conjonctif ordinaire et plus profondément par un tissu conjonctif à fibres plus délicates avec de nombreuses cellules.

b. — Les TRABÉCULES de la substance osseuse ; vers l'extérieur elles présentent de nombreux petits prolongements qui s'enfoncent dans la couche interne du périoste.

c. — Les OSTÉOBLASTES qui forment une couche revêtant la surface extérieure de la substance osseuse. On en voit aussi quelques-unes sur les trabécules dans toute l'étendue de la coupe. Dans les espaces trabécu-

---

[1] On peut aussi bien faire des coupes de la mâchoire inférieure d'un fœtus de mammifère. L'os maxillaire inférieur en voie de développement, montre parfaitement les ostéoblastes et les ostéoclastes, mais ces dernières coupes exposent les commençants à des confusions à cause du grand nombre d'autres tissus qui s'y trouvent.

laires, vous noterez le tissu conjonctif délicat et les vaisseaux sanguins. La plupart des ostéoblastes, surtout dans la couche externe, sont allongés et leurs extrémités amincies paraissent s'enfoncer dans la substance osseuse.

d. — On peut voir comme tout à l'heure (§ 1 *e*) quelques OSTÉOCLASTES.

C. — STRUCTURE DES DENTS

1. Examinez à un faible grossissement des coupes longitudinales de dents préparées de la façon indiquée en B. Observez la DENTINE qui entoure la cavité de la pulpe, le CÉMENT OU CRUSTA PETROSA qui recouvre la dentine sur les crochets de la dent et l'ÉMAIL qui recouvre la dentine de la couronne. Notez la disposition générale des tubes de la dentine.

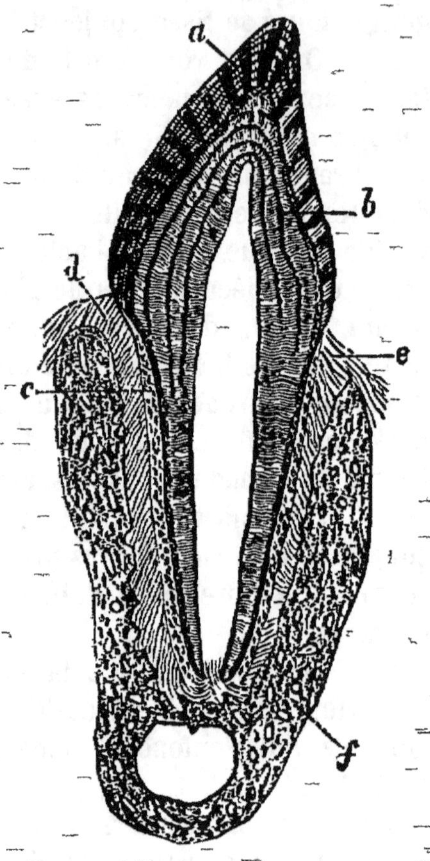

Fig. 22. — Coupe longitudinale de la première molaire du chat. *a*, Email. — *b*. Dentine. — *c*, Cément. — *e*, Périoste. — *f*, Os de l'alvéole.

2. Examinez la même coupe à un fort grossissement et étudiez en détail.

a. — La DENTINE.

α. Dans une substance fondamentale d'apparence homogène, on voit les tubes de la dentine très nombreux, ondulés, et qui se dirigent de la cavité de la dent vers l'extérieur. Ils se divisent dans leur course, et, après avoir donné plusieurs branches anastomotiques latérales, ils se terminent à la surface de la dentine par des boucles ou de petites cavités irrégulières dites espaces interglobuleux.

6. A certains endroits, les tubes de la dentine sont coupés en travers. Le point central obscur indique l'espace occupé primitivement par une fibre de la dentine et l'anneau que l'on voit autour de ce point la gaine dans laquelle cette fibre était enfermée.

b. — Le CÉMENT OU CRUSTA PETROSA.

α. Il diffère peu de l'os, mais ne présente généralement pas de canaux de Havers.

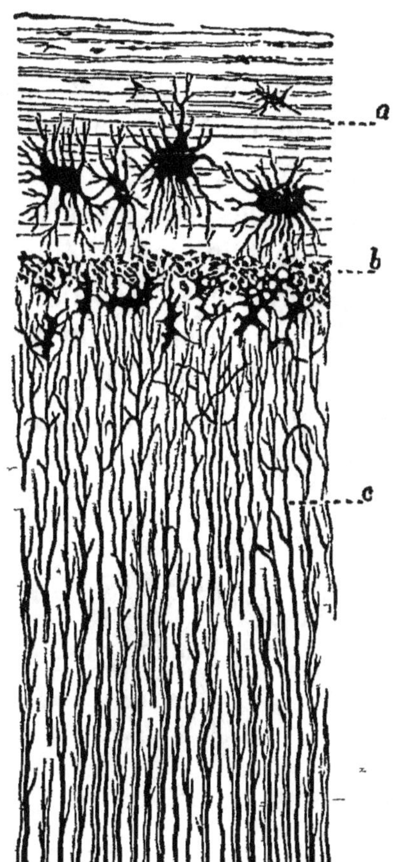

Fig. 22 (bis). — Coupe transversale d'une dent canine de l'homme.

a, Cément avec de larges corpuscules osseux. — *b,* Espaces interglobuleux. — *c,* Tubes de la dentine.

6. Les canalicules des lacunes (cavités des ostéoplastes) qui avoisinent les espaces interglobuleux s'ouvrent dans ces derniers et mettent ainsi les fibres de la dentine en rapport avec les corpuscules osseux.

γ. — Là où le cément est épais, des lignes offrant l'apparence de contours onduleux indiquent les dépôts successifs de cette substance.

c. — L'ÉMAIL.

Les fibres ou prismes de l'émail sont striés et disposés côte à côte perpendiculairement à la surface de l'ivoire. Dans les préparations montées, on ne voit pas les fibres aussi distinctement indiquées, cela ne se voit bien que par endroits. La ligne de jonction entre l'émail et la dentine est au contraire généralement très nette. Cette apparence tient à une différence de niveau des deux substances ; la dentine ayant été moins usée par le frottement que l'émail qui est plus dur. L'émail est fréquemment fendillé ou craquelé.

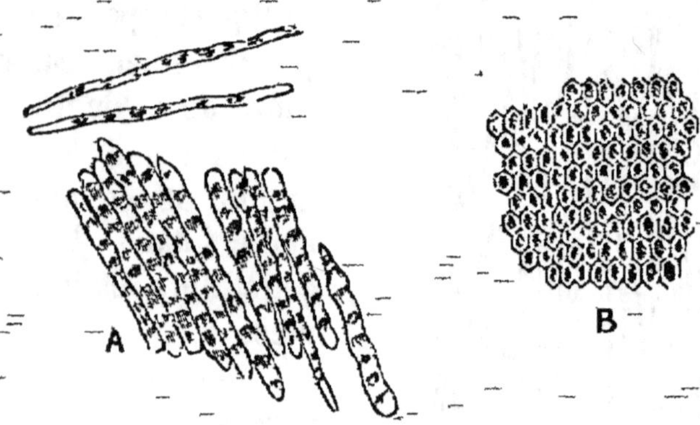

FIG. 23. — Prismes de l'émail.
A, Vus longitudinalement ; — B, En coupe transversale.

3. Examinez des coupes pratiquées à différentes hauteurs à travers une dent et comparez-les aux précédentes.

HUITIÈME LEÇON

STRUCTURE DES TISSUS CONTRACTILES

1. Coupez la tête à une grenouille que vous venez de sacrifier, détachez avec précaution la mâchoire inférieure, et versez sur la membrane muqueuse de la voûte palatine un peu d'acide osmique en solution à 1 %. (Vous aurez soin de détacher auparavant un petit fragment de cette muqueuse pour vous en servir de la façon indiquée au § 2.) Abandonnez la préparation à elle-même sous une cloche pendant environ une demi-heure [1], puis grattez la muqueuse sur une petite étendue avec le tranchant d'un scalpel et dissociez dans l'eau ou la glycérine diluée les lambeaux du tissu que vous obtiendrez ainsi. Pour éviter toute compression, vous interposerez un petit diaphragme de papier entre la lamelle et le porte-objet. Examinez la préparation à un fort grossissement. Vous verrez des groupes de cellules ciliées entremêlées de cellules à mucus (*caliciformes*). Négligeant ces dernières, vous observerez dans les premières ce qui suit :

[1] On peut encore, après traitement par l'acide osmique, suivant le procédé indiqué ici, laver la muqueuse à l'eau distillée pour exclure l'excès d'acide osmique, la détacher à l'aide de ciseaux et de pinces des tissus sous-jacents, la tendre sur une plaque de liège et l'épingler avec des piquants de hérisson ou des épines de cactus, puis la placer dans une solution d'acide osmique à 1 0/0 où vous la laisserez vingt-quatre heures. L'œsophage et la muqueuse du plancher de la bouche, qui possèdent aussi des cils vibratiles, peuvent être traités de la même manière.

a. — La forme des cellules varie ; elles sont souvent ramifiées d'une façon irrégulière à leur extrémité fixée.

b. — Leur surface libre est munie de cils très pressés. Les cils paraissent former une rangée quand la cellule est vue de profil ; mais si on la regarde de face, ils se projettent sous forme de points parsemés sur toute la surface de cette cellule.

c. — Sans être très apparent, le noyau avec son nucléole est cependant visible. Le protoplasma légèrement granuleux présente une couche hyaline non granuleuse, précisément au-dessous des cils.

2. Prenez sur une grenouille qui vient d'être sacrifiée un petit fragment de la même membrane, placez-le sur une lame de verre et dissociez dans la solution saline normale les lambeaux d'épithélium obtenus par grattage. Montez-les, et avec eux la portion de membrane non-dissociée en interposant un diaphragme de papier entre la lamelle et le porte-objet. Notez :

a. — Dans la portion non-dissociée, l'apparence flamboyante (*flamme*) causée par les mouvements des cils.

b. — Les mouvements des cils dans les cellules isolées ou dans les groupes de cellules. Observez avec soin les cils qui sont animés d'un mouvement lent.

On peut voir que le mouvement d'abaissement (contraction) s'effectue plus rapidement que le redressement (relâchement). Il ne paraît pas y avoir d'intervalle, de repos sensible entre ces deux mouvements.

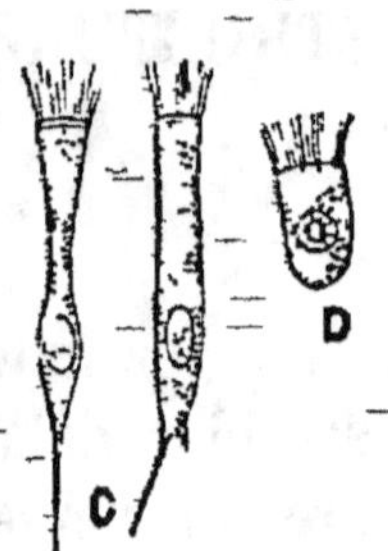

Fig. 24.
Cellules à cils vibratiles.

C, Cellules coniques ciliées de la trachée. — *D,* Cellule ciliée de la bouche de la grenouille.

c. — Les résultats de l'action ciliaire. Les granulations et les globules du sang sont entraînés, les cellules isolées peuvent aussi se mouvoir par le mouvement de leurs propres cils.

d. — La forme contractée, presque globuleuse des cellules qui a été mise en liberté.

3. Détachez le plus petit fragment possible d'un MUSCLE de GRENOUILLE, maintenu dans l'extension et conservé dans l'alcool et dissociez-le aussi minutieusement que possible dans la glycérine diluée. Notez :

a. — La dimension variable des fibres.

b. — La striation des fibres : elle est due à des bandes transversales alternativement sombres et brillantes qui occupent toute l'épaisseur de la fibre.

c. — La fragmentation d'une fibre en fibrilles, ces dernières également striées. Essayez d'obtenir des fibrilles aussi fines que possible. Les fibres se fragmentent aussi parfois transversalement en disques ; tel est le cas des muscles conservés dans l'acide picrique. Les disques paraissent pointillés à la surface.

4. Incisez la peau de la partie antérieure de la cuisse de la grenouille qui vous a servi tout à l'heure. Remarquez le muscle couturier, qui traverse obliquement la cuisse de haut en bas. Saisissez avec des pinces le tissu conjonctif qui se trouve le long du bord interne de ce muscle à la partie supérieure de la cuisse et enlevez ce tissu jusqu'auprès du genou. Enlevez de la même façon le tissu conjonctif de son bord externe ; vous débarrasserez ainsi le muscle de tout le tissu conjonctif qui l'environne. Saisissez avec les pinces quelques fibres à l'une des extrémités des muscles ; en tirant avec précaution, vous les détacherez dans toute leur longueur. Étendez-les sur une lame de verre, et séparez-les un peu

les unes des autres en leur milieu. A ce même endroit, placez sur la lame de verre une soie de porc en travers d'elles, et comprimez-les légèrement avec cette soie [1]. Enlevez la soie, recouvrez la préparation d'une lamelle et introduisez sous cette lamelle une goutte de solution saline normale. (Voyez le procédé dans la leçon V, § 2, a, c.)

En pressant sur les fibres, la soie brise généralement la substance musculaire en laissant intacte la gaine délicate et transparente qui la contient, — le *sarcolemme*, — que l'on peut voir s'étendre au-dessus de la solution de continuité. Il est encore possible d'apercevoir le sarcolemme sous forme d'un contour très fin, qui s'écarte un peu de la substance musculaire quand une fibre est courbée.

5. Traitez la préparation par l'acide acétique à 0,5 0/0 et observez :

a. — L'apparence trouble et à demi-opaque que prend tout d'abord la fibre :

b. — Au bout d'un moment, le précipité qui donnait lieu à cet aspect trouble se dissout, et les fibres deviennent plus transparentes qu'à l'état normal.

c. — Les noyaux des fibres apparaissent parsemés dans la substance musculaire. Ils sont allongés dans le sens de la fibre : on voit ordinairement des lignes granuleuses qui partent de leurs extrémités.

6. Incisez la peau de la face ventrale du corps d'une grenouille le long de la ligne médiane. Soulevez l'un des deux lambeaux de peau vis-à-vis le milieu du sternum, vous apercevez un muscle plat et mince qui s'insère d'une part sur la peau et de l'autre sur le milieu du sternum. Coupez la peau au-dessus et au-des-

____

[1] En la tenant tendue à ses deux extrémités avec les doigts.

sous de l'insertion du muscle. Disséquez ce muscle avec soin, et, le tenant tendu, versez sur lui un peu de solution d'acide osmique à 1 %. Au bout d'une minute environ, le muscle sera fixé. Vous achèverez alors de le débarrasser de tous les débris du tissu conjonctif qui pourraient se trouver à sa surface, et vous le détacherez du corps en sectionnant son insertion cutanée aussi près que possible de la peau. Laissez-le quelques minutes dans la solution d'acide osmique, lavez-le dans l'eau distillée, et montez-le dans la glycérine diluée (ou dans le baume après traitement par l'alcool, l'essence de girofles... etc., en mettant en dessus la face du muscle qui regarde le corps. (Conservez cette préparation pour l'examiner plus tard. (Leçon X, C, § 1.)

Observez à l'extrémité supérieure du muscle la façon dont se terminent les fibres musculaires. Elles sont probablement recouvertes par un tissu conjonctif assez abondant, mais on peut néanmoins voir la forme conique ou arrondie qu'affecte la substance musculaire à l'extrémité des fibres et la façon dont le sarcolemme se continue avec le tissu conjonctif (tendon).

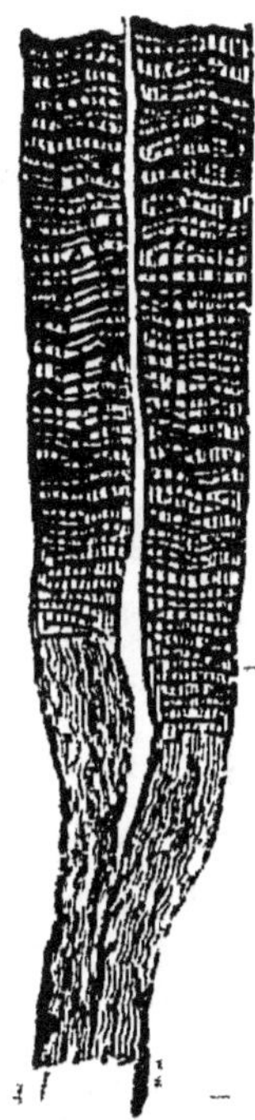

Fɪɢ. 25.
Deux fibres musculaires striées passant dans les faisceaux de tissu fibreux

Terminaison dans le tendon.

7. Enlevez un des muscles délicats de la cuisse d'un HYDROPHILE, en évitant autant que possible de le léser, dissociez-le un peu sans ajouter de liquide et montez-le de la façon indiquée au § 4. Pendant quelques instants encore, on verra les fibres dans leur condition normale

On aperçoit distinctement dans la plupart d'entre elles des stries alternativement sombres et brillantes; sur d'autres cette striation transversale est moins nette et la fibre paraît constituée par des fibrilles longitudinales. On rencontre parfois des fibres qui n'ont qu'un aspect granuleux confus. Sur une préparation bien faite, on peut même voir, de temps à autre, des ondes de contraction qui voyagent le long des fibres.

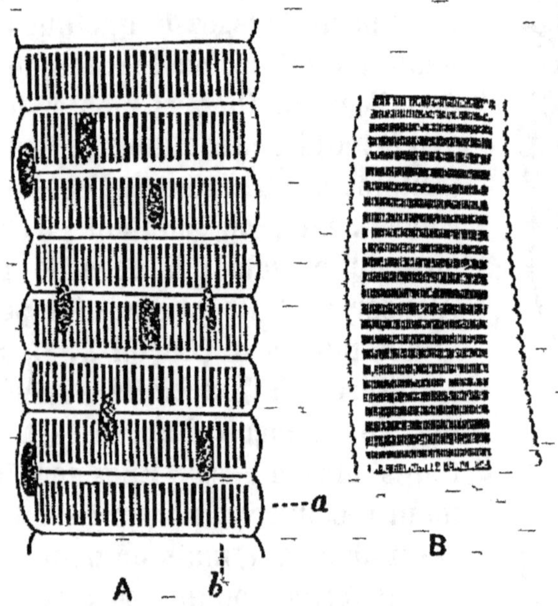

Fig. 26. — Fibres musculaires striées (hydrophile):

a, Sarcolemme. — b, Membrane de Krause. (Les éléments sarceux sont bien visibles.) Dans A, les noyaux oblongs des corpuscules musculaires sont inqués; dans B, le sarcolemme est anormalement écarté du conteuu musculaire. (Les disques contractiles sont bien indiqués ainsi que les éléments sarceux.)

Sur les fibres pourvues d'une striation transversale bien distincte, vous observerez ce qui suit:

a. — La bande sombre paraît légèrement striée en long comme si elle était constituée par de petits bâtonnets placés côte à côte (*éléments sarceux*).

b. — La bande brillante est traversée en son milieu par une ligne pointillée qui la divise ainsi en deux parties. Sur une préparation bien réussie et à l'aide d'un fort grossissement, on voit que cette ligne paraît formée de deux rangées de points.

c. — Les noyaux ordinairement arrondis sont entourés d'un protoplasma granuleux ; le tout forme une sorte d'amas qui s'enfonce plus ou moins dans la substance musculaire. (Cf. § 5, *c*.)

8. Faites durcir dans une solution d'acide chromique à 0,5 %, un petit fragment de muscle pris sur un mammifère, et, après inclusion, détachez-en des coupes transversales, que vous colorerez par l'hématoxylnie et monterez dans la glycérine. Observez :

a. — Le tissu conjonctif (*perymisium*) qui entoure les faisceaux de fibres et le muscle entier, et le tissu conjonctif moins abondant (*endomysium*) qui se détache du précédent et qui pénètre entre les fibres musculaires.

b. — Les extrémités coupées des fibres montrent un pointillé fin qui correspond aux fibrilles, parfois ces mêmes faces de section semblent divisées en aires polygonales (*champs de Cohnheim*), cette apparence est due au réactif durcissant.

c. — Immédiatement au-dessous du sarcolemme se trouvent les noyaux. Il n'y en a que très peu, s'il en est même, qui soient entourés par la substance musculaire des fibres. (Cf. § 5, *c*.)

d. — A certains endroits de la coupe, on peut voir des fragments de fibres que l'action du rasoir a fait basculer et qui sont couchés en long sur le côté ; on y constatera, comme sur les muscles de grenouille, la striation transversale et la tendance à se fractionner en fibrilles.

9. Sacrifiez un mammifère, prenez sur cet animal un bout d'intestin, débarrassez-le de sa séreuse péritonéale et arrachez avec des pinces fines un lambeau aussi mince que possible de sa couche musculaire longitudinale. Vous ferez macérer ce fragment de tissu dans la solution de bichromate de potasse en solution à 0,1 % ou dans l'alcool à 30° pendant deux jours, puis, après lavage à l'eau et coloration au picrocarminate, vous le dissocierez dans la glycérine diluée. Étudiez :

a. — Les *fibres-cellules* isolées. Ce sont des masses allongées, et, quand elles sont restées intactes malgré la préparation qu'elles ont subie, fusiformes, constituées par un protoplasma hyalin ou faiblement granuleux. Elles paraissent plus minces quand on les voit de côté, cela tient à ce qu'elles sont très fortement aplaties. Au milieu de chaque fibre, on peut voir un noyau que le réactif a coloré avec intensité. Les granulations du protoplasma sont abondantes au voisinage du noyau et surtout à ses deux extrémités.

b. — Les fibres-cellules sont disposées de façon à former des faisceaux aplatis, des sortes de feuillets. On voit souvent des fibres qui se projettent en formant comme une palissade à l'extrémité brisée de cette bande de tissu.

10. Prenez un petit morceau de muscle lisse de la façon indiquée au § 9 et dissociez-le dans la solution salée.

Les faisceaux aplatis de fibres-cellules sont très transparents, on distingue à peine les fibres qui les composent. L'addition d'acide acétique dilué (0,1, ou 0,5 %) rend pendant un instant assez court les cellules peu visibles et les noyaux beaucoup plus distincts. Il n'est même pas rare, alors, d'apercevoir à leur intérieur, un ou plusieurs nucléoles.

3*

11. Pratiquez des coupes longitudinales et verticales des couches musculaires de l'extrémité cardiaque d'un estomac de chat ou de chien. On devra préalablement préparer la pièce de la façon suivante: le morceau d'estomac sera étalé à plat, macéré pendant deux à quatre semaines dans le liquide de Müller et traité ensuite dans l'alcool. Les coupes, colorées par le carmin ou l'hématoxyline, seront montées dans la glycérine ou dans le baume [1]. Vous observerez que:

Les cellules sont disposées par faisceaux. Vous ne reconnaîtrez sans doute cette particularité seulement que sur la couche interne (fibres circulaires), la couche externe ayant été coupée parallèlement à la direction des faisceaux. Remarquez les noyaux visibles dans quelques cellules de la couche interne. Ils apparaissent comme des taches centrales assez larges, colorées avec intensité. (Conservez cette préparation pour un examen ultérieur, leçon XVI, A, § 3.)

12. Dissociez à fond un petit fragment de muscle cardiaque conservé dans le bichromate de potasse [2]. Vous remarquerez les faits suivants:

a. — La striation est moins distincte que dans les muscles du squelette.

b. — Il n'y a pas de sarcolemme.

---

[1] Dorénavant toutes les fois qu'on n'indiquera pas spécialement le milieu dans lequel il faut monter une préparation, elle pourra l'être indifféremment dans la glycérine ou dans le baume, et, dans ce dernier cas, bien entendu après séjour dans l'alcool, éclaircissement, etc.

[2] On obtient de bonnes préparations par le procédé suivant (*Ranvier*): Des coupes minces, détachées tangentiellement à la surface d'un cœur frais et dans la direction des fibres, sont placées pendant vingt-quatre heures dans l'acide osmique à 0,2 % bien lavées à l'eau distillée, placées un ou deux jours dans le picrocarminate, lavées à nouveau et montées dans la glycérine acide.

c. — On voit de distance en distance, le long des fibres, des bandes transversales assez indistinctes d'une substance unissante hyaline, qui réunit les cellules musculaires dont les fibres sont composées. On voit un noyau à peu près central dans chaque cellule musculaire. (Ces noyaux deviennent bien plus apparents quand on traite le tissu par l'hématoxyline ou le picro-carminate.)

d. — On peut souvent très bien voir sur les cellules musculaires isolées qu'elles sont pourvues d'un prolongement court à direction oblique. Dans les fibres, ces prolongements des cellules vont rejoindre des prolongements analogues d'autres cellules auxquels ils tiennent par un peu du ciment hyalin dont nous avons parlé tout à l'heure, et c'est ainsi que se produisent les anastomoses des fibres.

NEUVIÈME LEÇON

PROPRIÉTÉS DES TISSUS CONTRACTILES·

1. Courant constant. — Prenez une grenouille et après en avoir détruit la moelle épinière et le cerveau, incisez-lui la peau de la face dorsale de la cuisse dans toute sa longueur. Vous coupez avec des ciseaux fins bien pointus le tissu conjonctif interposé aux muscles demi-membraneux et biceps (le demi-membraneux est volumineux et le biceps beaucoup plus grêle; le premier se trouve du côté interne de la cuisse, et le biceps longe le bord externe et inférieur du demi-membraneux). Vous apercevez alors le nerf sciatique et l'artère fémorale. A peu près vers le tiers supérieur de la cuisse, l'artère fémorale donne naissance à deux petites branches transversales, qui, dans la position où l'animal se trouve placé courent au-dessus du nerf. Isolez le nerf depuis ce point jusqu'à l'articulation du genou en dissociant avec un stylet le tissu conjonctif environnant. Quand ce tissu est trop résistant, il vaut mieux soulever le nerf avec le stylet et couper le tissu conjonctif avec des ciseaux fins. Évitez très soigneusement de pincer le nerf, touchez-y le moins possible et seulement quand vous ne pouvez faire autrement; en outre, gardez-vous bien de piquer l'artère.

Prenez une paire d'électrodes à pointes de platine découvertes seulement sur une de leurs faces et mettez-les en rapport avec deux éléments de Daniell arrangés en séries (zinc d'un élément réuni par un fil au cuivre de l'autre). Interposez dans le circuit une clef de

Morse ou un levier-clef du Dubois Reymond [1] disposé pour l'interruption du courant dans le circuit dérivé. On peut prendre à la place des éléments Daniell toute autre pile de même force électromotrice. Fermez (abaissez) la clef et placez les électrodes sous le nerf, de façon que le nerf, et le nerf seul, touche les pointes de platine. Maintenant ouvrez (levez) la clef pour permettre au courant de passer dans le nerf, et au bout de quelques secondes fermez-la de nouveau. Un mouvement de la jambe, causé par la contraction des muscles auxquels le nerf se distribue, se produit au moment où l'on ouvre ou bien au moment où l'on ferme la clef. Sauf dans des cas exceptionnels, il ne se produit aucun mouvement pendant que le courant passe dans le nerf, il ne s'en produit qu'aux moments où le courant est, soit lancé, soit interrompu (le courant est supposé sensiblement constant). Ne répétez pas cette expérience plus d'une ou deux fois sur le même nerf, vous l'épuiseriez au point qu'il ne pourrait plus servir aux expériences qui vont suivre.

2. Chocs d'induction séparés. — Mettez un élément de Daniell en rapport avec les vis d'en haut de la bobine primaire de l'appareil à induction de Dubois-Reymond [2], interposez dans le circuit un levier-clef destiné à in-

[1] Voy. dans l'appendice la description des instruments avec la manière de s'en servir.

[2] Pour plus de commodité, nous employons dans la description de l'expérience les mots « ouvrir » et « fermer », qui conviennent à la clef de Dubois-Reymond. Rappelez-vous toutefois qu'en *fermant* le levier-clef on *fait passer* le courant à travers lui, et qu'en l'ouvrant on empêche le courant d'y passer; cela compris, on n'aura aucune difficulté à se servir, à la place de l'appareil de Dubois-Reymond, de tout autre interrupteur.

[3] On peut remplacer l'appareil de Dubois-Reymond par l'appareil de Tripier ou même par le petit appareil de Ranvier. Pour ces appareils, voy. l'appendice.

terrompre à volonté le passage du courant et mettez les électrodes qui touchent le nerf en rapport avec la bobine secondaire de l'appareil. Placez la bobine secondaire à la marque 10 de l'échelle ; assurez-vous que la jambe de la grenouille est en repos, et alors ouvrez et fermez la clef plusieurs fois.

A chaque ouverture et à chaque fermeture, c'est-à-dire toutes les fois qu'il se produit un courant induit instantané, il se produit en même temps un mouvement vif, unique de la jambe. *Un* choc d'induction cause *une* contraction brusque, une secousse des muscles de la jambe. Si, au cours de l'expérience, le nerf venait en glissant à se séparer des électrodes, il faudrait, en le remettant en place, prendre bien garde de ne pas le pincer.

Si l'on n'obtient pas de bonnes contractions avec la bobine secondaire placée au n° 10 de l'échelle, on pourra la faire avancer peu à peu vers la bobine primaire en la poussant d'une division à chaque fois.

3. Ouvrez et fermez tour à tour la clef le plus rapidement possible pendant quelques secondes. La secousse du muscle durant plus longtemps que le courant induit, chaque secousse se produit avant que la précédente ait eu le temps de disparaître, et la jambe reste dans un état de contraction rigide, ou à peu près, aussi longtemps que l'on continue de la sorte à interrompre et à relancer le courant dans la bobine primaire ; en d'autres termes, les muscles sont en état de *tétanos*. Il est néanmoins plus commode de produire ce phénomène en s'y prenant comme il suit.

4. Courant interrompu. — Interposez dans le circuit secondaire un levier-clef disposé pour l'interruption du courant dans le circuit dérivé et enlevez les fils de la —

pile des vis d'en haut de la bobine primaire pour les insérer sur les vis d'en bas de la même bobine. L'appareil doit agir de la façon suivante : aussitôt qu'on ferme la clef du circuit primaire le marteau se met à osciller (comme l'indique le bruit). Ouvrez la clef du circuit secondaire et fermez la clef du circuit primaire ; dès qu'on entend le bruit du marteau la jambe se raidit par les contractions tétaniques des muscles et persiste dans cet état aussi longtemps que se produisent les reprises et les ruptures successives du courant. Ouvrez la clef du courant primaire, immédiatement la jambe redevient flasque et tranquille. Le courant interrompu ne doit durer que quelques secondes.

5. EXCITANTS CHIMIQUES. — Mettez le cœur à découvert (Voy. leçon II, *A*, § 1) et faites écouler le sang en sectionnant l'aorte, Coupez tous les tissus qui recouvrent le nerf sciatique à un demi-centimètre environ au delà de l'extrémité de l'urostyle. Sectionnez l'urostyle en travers et isolez le nerf jusqu'à la section pratiquée, en vous servant des ciseaux et du stylet. Faites plonger l'extrémité du nerf dans une solution saturée de chlorure de sodium ; observez la jambe.

Au bout d'un certain temps plus ou moins long, on voit survenir une crispation des doigts qui devient de plus en plus intense et à laquelle tout le membre finit par participer jusqu'à ce qu'il devienne presque aussi rigide que dans l'expérience du § 4.

6. EXCITANTS MÉCANIQUES. — Coupez la portion du nerf qui a trempé dans la solution saline, l'excitant chimique cesse ainsi d'agir et la jambe redevient flasque.

Pincez fortement et à plusieurs reprises ce qui reste du nerf. A chaque pincement les muscles de la jambe se contractent. Comme en pinçant le nerf on le tue ou qu'on le lèse d'une façon très grave, il faut dans cette expérience commencer par le point où le nerf est coupé et continuer en descendant vers le muscle.

Le muscle gastro-cnémien de cette même jambe peut servir à l'expérience décrite paragraphe 13 b.

7. Courbe de la secousse musculaire. — Placez la grenouille sur une plaque de verre ou de porcelaine. Incisez la peau de la cuisse gauche tout le long de la ligne médiane de la face dorsale et prolongez l'incision sur le dos jusqu'à hauteur de la moitié du tronc. Soulevez l'urostyle et sectionnez les muscles qui s'insèrent sur sa moitié inférieure, puis, le tenant solidement avec des pinces, sectionnez à leur tour les muscles qui s'insèrent sur sa moitié supérieure. Il faut autant que possible éviter de couper le dixième nerf spinal qui longe tous ces muscles à leur face inférieure. Vous remarquez les septième, huitième, neuvième et dixième nerfs qui, par leur réunion, donnent naissance au sciatique. Avec de forts ciseaux, vous détachez l'urostyle et sectionnez la colonne vertébrale elle-même en travers au-dessus du septième nerf. Soulevez la portion inférieure de la colonne vertébrale et, sans toucher aux nerfs du côté gauche, enlevez tous les autres tissus qui lui adhèrent. Maintenant, tenez soulevée avec des pinces la portion osseuse de la préparation sans tirer sur les nerfs et coupez avec des ciseaux tous les autres tissus qui lui adhèrent. Suivez les nerfs jusqu'au sciatique et coupez les tissus situés au-dessus et autour de ce nerf y compris les branches qu'il émet sur son parcours; vous isolerez ainsi le sciatique jusqu'à l'articulation du genou. Laissez le nerf isolé couché sur les muscles fémoraux.

Coupez la peau à la partie supérieure de la cuisse, et, saisissant le lambeau de peau avec de fortes pinces, arrachez-la tout le long du membre jusqu'au pied. Placez le nerf de façon qu'il soit couché sur les muscles situés au-dessous du genou, coupez les muscles qui s'insèrent sur la moitié inférieure du fémur et coupez le fémur lui-même en son milieu à l'aide d'une forte paire de ciseaux. Sectionnez le tendon inférieur du muscle gastrocnémien (*tendon d'Achille*) tout près de son insertion sur le calcanéum, et isolez des autres muscles en tirant sur ce tendon avec les pinces le gastrocnémien jusqu'à son insertion supérieure sur le fémur. Enfin coupez en travers le tibia et le peroné immédiatement au-dessous de l'articulation du genou. La préparation que vous avez obtenue ainsi s'appelle une PRÉPARATION DE NERFS ET DE MUSCLES, ou tout simplement une PRÉPARATION DE GRENOUILLE [1] (*ou mieux encore* PATTE GALVANOSCOPIQUE).

Maintenant fixez un petit crochet dans le tendon d'Achille, fixez le fémur dans la pince et disposez la préparation tenue par la pince et par le morceau de colonne vertébrale, dans la chambre humide de l'appareil. Chargez le levier d'un poids de 15 à 20 grammes et disposez-le de manière qu'il inscrive son mouvement sur le cylindre tournant.

Mettez les électrodes en rapport avec la machine à induction disposée pour produire des courants d'induction instantanés (cf. § 2). Imprimez au cylindre tournant

---

[1] Quand on veut obtenir d'une seule grenouille deux de ces préparations, on doit fendre la colonne vertébrale en long dans sa partie inférieure. Il vaut peut-être mieux ne pas tuer la grenouille par hémorragie avant de commencer la dissection, mais dans ce cas il faut énormément de temps et de patience si l'on veut ne pas couper de petits vaisseaux, afin de ne pas souiller le nerf avec du sang.

toute la vitesse dont il est susceptible et placez la bobine secondaire de l'appareil au numéro 10 de l'échelle. Prenez un tracé de la contraction causée par un couraut d'induction instantané. (On empêche le courant d'arriver au nerf en fermant dans le circuit secondaire la clef disposée pour l'interruption du courant dans ce circuit, avant que la clef du circuit primaire ne soit fermée. Quand on opère les fermetures dans l'ordre inverse, le courant instantané passe dans le nerf.) La courbe monte rapidement, mais d'une façon continue, atteint un maximum et redescend de la même façon, mais un peu moins vite ; les derniers moments de la chute sont sensiblement plus lents que les premiers.

Prenez un autre tracé superposé au premier, la bobine secondaire occupant cette fois le numéro 5 de l'échelle, la hauteur de la courbe est un peu plus grande.

8. Placez la bobine secondaire au numéro 25 de l'échelle, ouvrez la clef du circuit secondaire, fermez la clef du circuit primaire, et un petit moment après, rouvrez-la. Si vous n'obtenez pas de contraction, vous rapprocherez peu à peu la bobine secondaire de la primaire en renouvelant chaque fois l'excitation.

Comme le choc d'induction est plus fort quand on interrompt que quand on lance le courant, on obtient la première contraction plutôt en ouvrant qu'en fermant le levier-clef du circuit primaire.

9. TÉTANOS. — Disposez maintenant l'appareil d'induction pour donner des courants interrompus (§ 4). Vous placerez pour commencer la bobine secondaire à la division 15 ou 20.

Imprimez au cylindre un mouvement lent et prenez un tracé de la contraction tétanique du muscle. L'excitation ne devra pas se prolonger plus de trois ou quatre secondes.

La courbe pour atteindre son maximum monte rapidement tout d'abord, mais ensuite avec une lenteur croissante. Le maximum persiste tant que passe le courant interrompu, et quand il cesse la courbe redescend rapidement tout d'abord avec une lenteur croissante. Observez tant que dure le tétanos le muscle lui-même aussi bien que la courbe.

10. Mettez l'un des rhéophores d'une pile de Daniell en rapport avec l'une des vis d'en haut du circuit primaire et l'autre avec la vis de pression de la *baguette oscillante* (voy. l'appendice), prenez un fil métallique dont vous mettrez en rapport une des extrémités avec l'autre vis d'en haut du circuit primaire et l'autre extrémité recourbée avec la coupe pleine de mercure. On interpose dans le circuit secondaire une clef disposée pour l'interruption de ce circuit. Disposez la baguette de façon qu'elle oscille dans toute sa longueur, ouvrez la clef interposée dans le circuit secondaire et prenez le tracé des contractions musculaires. Réduisez par degrés la longueur de la partie oscillante de la baguette et prenez à chaque fois un nouveau tracé.

Observez la fusion graduelle d'une série de courbes de secousses en la courbe de tétanos.

11. Chargez le muscle avec un poids de 50 grammes et disposez le levier pour écrire sur le cylindre immobile. Étudiez l'élasticité du muscle. Le muscle s'allonge sous la traction du poids, mais si l'on vient à soulever le poids et à en alléger le muscle, ce dernier revient immédiatement presque à sa longueur primitive, quelquefois même il y revient tout à fait. Excitez-le par un courant interrompu (la bobine secondaire placée au nu-

méro 20-de l'échelle). Notez de combien le muscle se raccourcit. Répétez l'expérience avec des poids de 100 et de 200 grammes, en faisant agir chaque fois pendant des temps égaux des courants de même intensité. A chaque essai, vous déplacez le cylindre avec la main afin de pouvoir comparer les tracés qui se trouveront ainsi les uns à côté des autres.

Le travail du muscle (produit du poids par la hauteur à laquelle il est soulevé) est, comme vous pourrez vous en convaincre, plus considérable avec des poids moyens qu'avec des poids très lourds ou très légers.

Vous remarquerez encore que le muscle s'épuise peu à peu et que, sous l'influence du même stimulus appliqué plusieurs fois de suite, les contractions diminuent graduellement d'amplitude en même temps que leur durée augmente.

12. Après tant d'expériences, la préparation sera presque épuisée. Prenez comme au § 7, un tracé de secousse musculaire et remarquez comme cette seconde courbe diffère de la première ; l'ascension est moins rapide, la chute moins accusée, plus graduée, le muscle met un certain temps à reprendre sa longueur primitive.

13. Réaction propre du muscle. — Enlevez le muscle de la chambre humide de l'appareil, étendez-le sur une lame de verre *bien propre* et appliquez *directement* sur lui les électrodes mis en rapport avec l'appareil d'induction disposé pour produire un courant intermittent.

Le courant appliqué directement sur le muscle produit, comme vous pouvez le constater, exactement le même effet que si on le faisait agir par l'intermédiaire du nerf. (Pour éliminer complètement l'influence du système nerveux on peut opérer sur une grenouille curarisée dont ou aura détruit le cerveau.) Tétanisez le muscle par des courants de plus en plus intenses jusqu'à ce qu'il soit complètement épuisé. Vous n'avez pour cela qu'à pousser la bobine secondaire vers la primaire.

Coupez le muscle en son milieu par une incision transversale avec un scalpel *bien propre;* pressez sur l'une des surfaces de section un papier de tournesol à teinte bleue faible et sur l'autre un papier de tournesol neutre. Les deux papiers virent au rouge au contact du muscle.

b. — Enlevez le gastrocnémien de la jambe qui vous a servi dans les expériences des §§ 1 à 6 et laissez-le cinq minutes dans la solution saline normale chauffée à 50° centigrades.

Il se contracte et devient opaque (*rigor mortis*). Si l'on prend comme tout à l'heure sa réaction au papier de tournesol, on la trouve acide et même plus prononcée que celle du muscle tétanisé.

c. — Le gastro-cnémien frais, vivant encore d'une grenouille qui vient d'être sacrifiée, essayé comme en *a* et *b* avec le tournesol neutre est trouvé neutre ou faiblement alcalin.

MYOSINE.

14. Dépouillez un lapin ou un autre petit animal de ses muscles, hachez-les le plus menu possible et jetez-les dans une marmite pleine d'eau; agitez; au bout d'un quart d'heure, vous recouvrez le haut de la marmite d'une pièce de mousseline comme d'un couvercle, et renversant le vase sens dessus dessous, vous faites écouler l'eau. Vous remplissez de nouveau la marmite avec de l'eau et laissez reposer une heure, puis vous faites écouler l'eau comme tout à l'heure et en remettez encore de nouvelle dans la marmite. Quand vous avez répété une ou deux fois ces opérations, la substance musculaire est presque entièrement privée de ceux de ses principes qui sont solubles dans l'eau. Il est cependant plus simple et meilleur de laisser les muscles hachés vingt-quatre heures dans un vase plein d'eau à laquelle on aura ajouté quelques gouttes de thymol ou d'acide salicylique pour empêcher la putréfaction. Quand la substance musculaire bien-hachée mélangée à son volume d'eau est filtrée au bout d'une heure, le liquide qui passe sur le filtre ne présente pas la moindre réaction des matières albuminoïdes quand la substance musculaire a été parfaitement lavée.

Ramassez sur un linge la substance musculaire épuisée par l'eau, exprimez toute l'eau, broyez la substance musculaire avec du sable bien blanc et versez sur elle cinq fois son volume d'une solution à 10 %, de chlorure d'ammonium ou de chlorure de sodium. Mettez à part pendant une heure ou deux (plus il macérera ainsi de temps, plus vous obtiendrez de myosine) le mélange que vous aurez soin d'agiter de temps à autre. Passez-le à travers une mousseline [1], puis à travers un linge et enfin à travers un filtre de papier. Vous obtenez de la sorte un liquide légèrement visqueux. En le versant goutte à goutte ou tout simplement en le recevant à sa sortie du filtre dans une éprouvette contenant à peu près un litre d'eau, vous constaterez la formation d'un précipité de myosine.

Un moment après, vous enlevez par décantation au moyen d'une pipette le plus possible de l'eau contenue

---

[1] On devra traiter le résidu à son tour par la solution de chlorure d'ammonium à 10 %.

dans l'éprouvette. Il en reste cependant une certaine quantité, tenant de la myosine en suspension, que vous ne pouvez décanter. Vous prenez trois tubes à essai et vous versez dans chacun 5 centimètres cubes environ de cette eau, y compris la myosine précipitée qu'elle tient en suspension, et que vous avez soin de répartir d'abord le plus également possible en agitant.

ÉPROUVETTE a. — Ajoutez goutte à goutte une solution concentrée (20 %) par exemple) de sel marin, le précipité se dissout bientôt ; disposez maintenant le tube à essai dans un bain-marie à 50° centigrades à côté d'un thermomètre ; à 57° centigrades environ le liquide prend une apparence laiteuse due à la formation d'un précipité par coagulation de la myosine.

ÉPROUVETTE b. — Par l'addition de sel en poudre le précipité se redissout, mais quand le liquide est saturé de sel il se reforme un précipité floconneux.

ÉPROUVETTE c. — Ajoutez de la solution salée jusqu'à dissolution du précipité, puis essayez les réactions des matières albuminoïdes, la réaction xanthoprotéique, par exemple. (Cf. leçon III, § 16 a.)

La myosine appartient à la classe des globulines. Insoluble dans l'eau et dans les solutions saturées de sels neutres, elle est soluble dans les solutions de concentration moyenne de ces mêmes sels, et la solution ainsi produite se coagule par l'ébullition. (Cf. Leçon III, §§ 11, 13, 17, 18.)

SYNTONINE OU ACIDALBUMINE.

15. — Prenez une certaine quantité de substance musculaire lavée comme il est indiqué § 14 et traitez-la par dix à vingt fois son volume d'une solution d'acide chlorhydrique à 0,1 %, puis chauffez le mélange à l'étuve à la température d'environ 40° centigrades, en

l'agitant fréquemment. Au bout de trois ou quatre heures, presque toute la myosine du muscle, convertie en SYNTONINE OU ACIDALBUMINE, s'est dissoute. On peut encore préparer la syntonine par le même procédé avec soit le blanc d'œuf, soit le sérum du sang.

Filtrez le mélange, recueillez le liquide qui passe et neutralisez-le exactement par une solution faible de carbonate de soude. (Il faut, pour neutraliser 1 cent. cube de liqueur chlorhydrique à 0,1 $^0/_0$ environ 1 cent. cube et demi de solution de carbonate de soude à 0,1 $^0/_0$.) Il se forme un précipité abondant de *syntonine*. Si l'on a versé un excès de sel alcalin, la syntonine se convertit en albuminate alcalin et se redissout. (Cf. § 16.) Lavez à l'eau sur un filtre le précipité de syntonine, puis jetez-le dans un vase plein d'eau et agitez pour répartir également le précipité en suspension. Prenez deux tubes à essai (*a, b*) et versez dans chacun d'eux 2 centimètres cubes du mélange.

a. — Ajoutez un peu de liqueur chlorhydrique à 0,1 $^0/_0$, le précipité se redissout, l'ébullition ne le reprécipite pas. Refroidissez le tube sous un jet d'eau et essayez les réactions des matières albuminoïdes, par exemple, la réaction de l'acide acétique et du ferrocyanure de potassium. (Cf. Leçon III, § 16.)

b. — Portez à l'ébullition, refroidissez le tube sous un jet d'eau et ajoutez un peu de liqueur chlorhydrique à 0,1 $^0/_0$. Le précipité en suspension dans l'eau s'est coagulé par l'ébullition et ne se redissout plus dans l'acide dilué.

ALBUMINATE ALCALIN.

16. Prenez un peu de substance musculaire lavée comme il est indiqué paragraphe 15 et traitez-la par une solution de soude caustique à 0,1 $^0/_0$. Par neutralisation

avec la liqueur chlorhydrique à 0,1 °/₀, vous obtiendrez un précipité d'ALBUMINATE ALCALIN. Un excès de liqueur acide convertit le précipité en acidalbumine et le redissout. Prenez dans plusieurs tubes à essai (*a*, *b*, *c*) un peu du précipité d'albuminate alcalin en suspension dans l'eau.

a. — L'addition d'un peu de liqueur de soude caustique à 0,1 °/₀ redissout le précipité qui n'est pas représipité par l'ébullition et qui présente les réactions des matières albuminoïdes.

b. — Portez à l'ébullition, faites refroidir le tube sous un jet d'eau et ajoutez un peu de liqueur de soude. Le précipité en suspension dans l'eau s'est coagulé par l'ébullition et n'est plus soluble dans les alcalis étendus.

c. — Ajoutez un peu de liqueur de soude et un peu de phosphate de soude, avec une goutte de teinture de tournesol. Ajoutez goutte à goutte de la liqueur chlorhydrique. La neutralisation ne donne lieu à aucun précipité, on en obtient un par un léger excès d'acide, un excès plus considérable le redissout.

On a vu que les matières albuminoïdes en solution (à l'exception des peptones), chauffées avec des solutions acides ou alcalines très étendues donnent naissance à de l'acidalbumine ou à de l'albuminate alcalin, suivant les cas. Ces substances ne se coagulent point par l'ébullition et diffèrent ainsi de l'albumine et de la globuline; elles sont insolubles dans l'eau et par là se distinguent des peptones. (Cf. Leçon XVI, C, § 5.)

DIXIÈME LEÇON

STRUCTURE DES TISSUS NERVEUX

A. — NERFS SPINAUX

1. Coupez une longueur d'un centimètre environ d'un petit nerf parfaitement frais (par exemple, une des branches du sciatique de la grenouille) et mettez ce morceau de nerf sur une lame de verre sans ajouter aucun liquide. Maintenez-le à l'une de ses extrémités en appuyant dessus avec le manche d'un scalpel. Alors, faisant agir à l'autre extrémité une aiguille à dissection que vous promènerez dans le sens des fibres nerveuses, vous séparerez à cet endroit les fibres qui s'étaleront à la façon d'un éventail. Ajoutez une goutte de- solution saline normale et recouvrez d'une lamelle. Observez :

a. — Les FIBRES NERVEUSES A MOELLE, de dimensions variables.

b. — Le double contour dû à la présence dans chaque fibre de la GAINE MÉDULLAIRE ou substance blanche de Schwann.

c. — La GAINE PRIMITIVE. On ne la voit pas sans peine, si ce n'est là où la gaine médullaire a été disloquée par les manipulations auxquelles on s'est livré.

d. — Le tissu conjonctif (*endonèvre*) qui se trouve entremêlé aux fibres nerveuses et qui les entoure.

e. — Des gouttes et des fragments de myéline (substance qui constitue la gaine médullaire). Ces gouttes qui présentent le phénomène du double contour sortent des extrémités coupées des fibres. On voit aussi quelques fibres nerveuses dépourvues de moelle.

2. Prenez un autre morceau de nerf analogue au premier et traitez-le de la même façon ; mais, au lieu d'une goutte de solution normale, ajoutez à la préparation une goutte de chloroforme. Recouvrez d'une lamelle sous laquelle vous ferez pénétrer d'autre chloroforme au fur et à mesure que l'évaporation se produira.

Vous verrez dans l'axe de la fibre nerveuse le CYLINDRE-AXE pâle, granuleux, environné dans toute sa longueur par la gaine médullaire gonflée et partiellement dissoute.

3. Prenez un autre fragment de nerf frais et laissez-le dix minutes dans une petite quantité d'acide osmique en solution au $1/100^e$. Vous aurez soin de recouvrir le vase où s'effectue cette macération afin d'empêcher l'évaporation de se produire.

Placez le fragment de nerf sur une lame de verre et séparez-en seulement un petit faisceau de fibres, vous remettrez le reste dans l'acide osmique. Vous isolerez les fibres le plus possible et après addition d'une goutte d'eau distillée, vous recouvrirez la préparation d'une lamelle. Si vous désiriez la conserver, il faudrait laver à l'eau distillée le fragment de nerf avant de le dissocier et monter ensuite la préparation dans la glycérine diluée.

Choisissez une fibre nerveuse isolée sur une longueur assez considérable et observez :

a. — La gaine médullaire colorée en noir par l'acide osmique.

b. — Les ÉTRANGLEMENTS ANNULAIRES DE RANVIER. On les voit sous la forme de solutions de continuité de la gaine médullaire peu étendues, mais distinctes. Si l'on emploie l'objectif D de Zeiss associé à l'oculaire n° 2 du même constructeur, on voit ces étranglements se présenter à des distances qui sont généralement égales à deux fois le diamètre du champ, mais qui peuvent néanmoins varier beaucoup suivant les nerfs examinés.

On voit le cylindre-axe traverser ces nœuds sans s'interrompre.

c. — Les NOYAUX de la gaîne primitive ; il s'en trouve un dans chaque segment de nerf situé entre deux étranglements ; ils ont l'apparence de petits corps transparents allongés, qui d'ordinaire s'enfoncent plus ou moins dans la moelle nerveuse.

On peut colorer les noyaux de la gaîne primitive en mettant dans le carmin de Frey, pendant deux ou trois jours, un fragment de nerf préalablement fixé par l'acide osmique. Dans une préparation de ce genre, on voit également très bien les cellules du tissu conjonctif délicat qui entoure les fibres nerveuses.

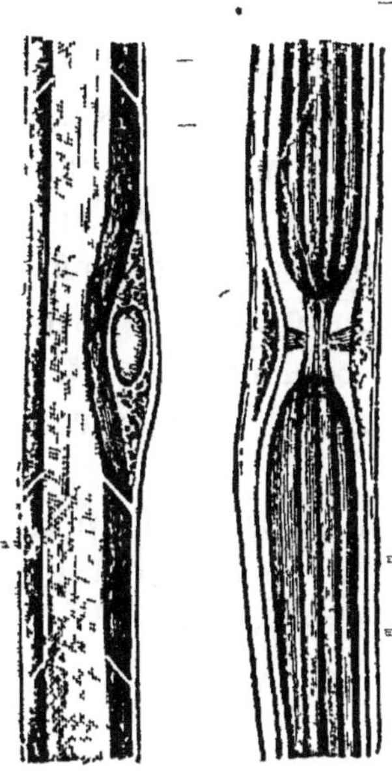

FIG. 27.
Fibres nerveuses à myéline.

A, Fibre nerveuse montrant la fragmentation de la myéline en cônes imbriqués. Entre la gaîne primitive et la myéline, on voit un des noyaux de la gaîne primitive entouré d'une mince couche de protoplasma. — *B*, Fibre nerveuse à myéline avec un étranglement de Ranvier ; le cylindre-axe passe sans interruption d'un segment à l'autre ; mais l'enveloppe médullaire est interrompue.

4. Colorez par le carmin un tronçon court d'un nerf assez épais durci dans le bichromate d'ammoniaque. (Cf. Leçon I, F, § 4, et la note 2 en bas de la page 77.)

Pratiquez, après inclusion, des coupes transversales de ce nerf que vous traiterez par le mélange de créosote et de térébentine et que vous monterez dans le baume du Canada. Observez :

a. — Le diamètre variable des surfaces de sections des fibres nerveuses.

b. — La section du cylindre-axe coloré entouré par

c. — Un anneau transparent, indice de la position qu'occupait la gaine médullaire dissoute ou rendue transparente par les manipulations du montage. Si le nerf est resté longtemps dans le bichromate d'ammoniaque, la moelle nerveuse se montre sous la forme d'une sorte de réseau indistinct de couleur jaune.

d. — La gaine primitive comme un cercle qui circonscrit le tout.

e. — La disposition des fibres en faisceaux. Le périnèvre qui entoure chacun de ces faisceaux se continue avec l'endonèvre qui pénètre entre les fibres.

B. — NERF SYMPATHIQUE

Prenez sur la rate fraîche d'un gros mammifère tel qu'un bœuf un petit tronçon de l'un des nerfs sympathiques assez volumineux qui accompagnent dans leur trajet les vaisseaux sanguins de cet organe. Après avoir enlevé sa gaine conjonctive, dissociez soigneusement ce nerf dans la solution normale. Remarquez :

a. — La rareté des fibres nerveuses pourvues de moelle.

b. — Les fibres nerveuses dépourvues de moelle qui constituent le tronc des nerfs ; elles sont presque transparentes, finement granuleuses, et leurs contours sont peu nets. On trouve sur elles des noyaux à intervalles assez rapprochés.

2. Prenez un petit tronçon de nerf sympathique sur

le cou d'un lapin qui vient d'être sacrifié, placez-le
pendant cinq à dix minutes dans une solution d'acide
osmique au $1/100^e$, et, après lavage à l'eau distillée, coloration dans le carmin de Frey en solution concentrée ou
dans le picro-carminate, dissociez-le dans la glycérine
diluée.

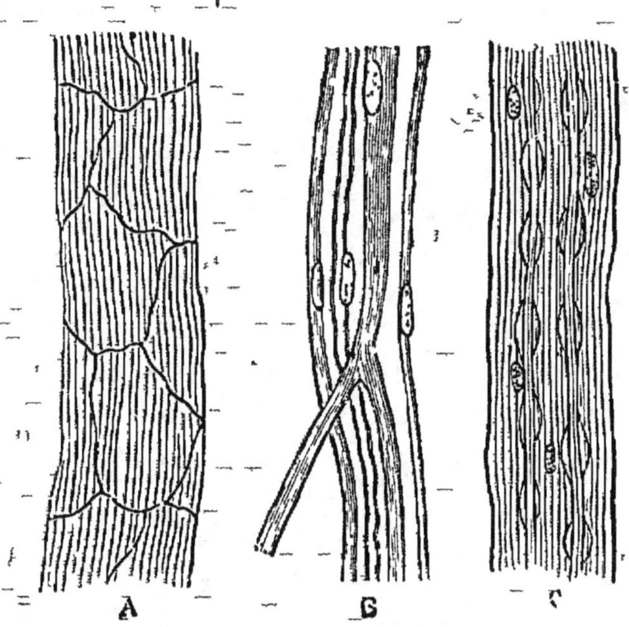

Fig. 28. — Nerfs sympathiques.

A, Un petit faisceau recouvert d'une enveloppe endothéliale de périnèvre. —
B, Fibres nerveuses à myéline, de dimensions variables, la plus large
montre une bifurcation. — *C*, Deux fibres nerveuses variqueuses.

Vous verrez de nombreuses fibres à moelle entremêlées de fibres nerveuses dépourvues de moelle, et peut-
être une ou deux cellules nerveuses.

C. — TRAJET PÉRIPHÉRIQUE DES NERFS

1. Prenez la préparation de la leçon VIII, § 6, et observez ce qui suit :

a. — Avec un grossissement faible, le trajet du nerf est perpendiculaire à la portion inférieure du muscle et émet de distance en distance des fibres ou des faisceaux de fibres qui se répandent partout sur lui.

b. — Avec un grossissement fort, là où les filements nerveux (en particulier les plus petits), partent du nerf

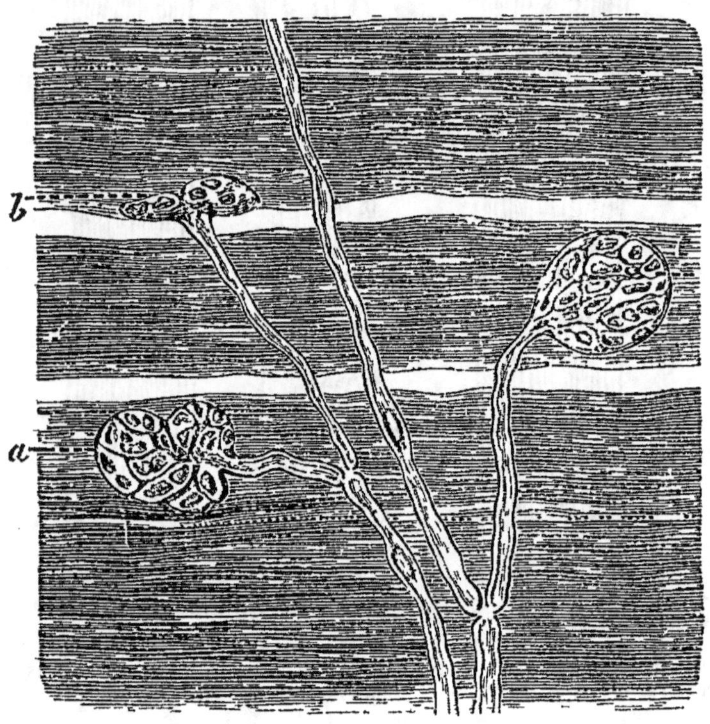

Fig. 29. — Préparation de fibres musculaires striées montrant la terminaison des fibres nerveuses à myéline.

a, La plaque terminale nerveuse vue par sa surface. — *b.* La même, vue de profil. La plaque terminale est un réseau en connexion avec le cylindre axe d'une fibre nerveuse à myéline, et contient de nombreux noyaux de dimensions et de formes variées.

principal qui leur donne naissance, on voit une ou plusieurs fibres nerveuses se diviser en deux fibres. Cette division s'opère vis-à-vis d'un étranglement annulaire. Si vous suivez un petit faisceau de fibres nerveuses, vous verrez que les étranglements sont très rapprochés les uns des autres. Chaque fibre nerveuse paraît se terminer brusquement sur une fibre musculaire. On ne peut les suivre sur cette préparation qu'aussi loin que s'étend la moelle nerveuse colorée en noir.

2. Sur une préparation au chlorure d'or d'une cornée de grenouille [1] (telle que vous en avez faite une lors de la leçon V, B, § 2), dont vous monterez un secteur dans la glycérine en ayant soin d'y comprendre la réunion de la sclérotique à la ·cornée, vous étudierez :

a. — Les petits faisceaux séparés de fibres nerveuses qui pénètrent dans la cornée à sa périphérie. Les fibres nerveuses pourvues de moelle sont, en raison même de la présence de cette dernière, plus colorées que les autres.

b. — Poursuivez aussi loin que possible le trajet d'un de ces faisceaux nerveux. La moelle nerveuse disparaît bientôt, les fibres qui présentent encore de distance en distance des noyaux, s'unissent aux fibres des faisceaux voisins pour former un plexus à larges mailles. De ce

[1] Vous pouvez prendre comme objet d'étude le mésentère de là grenouille au lieu de la cornée, mais la réussite de la préparation est alors plus chanceuse. On étale sur une plaque de liège le mésentère de l'anse inférieure de l'intestin grêle, on le fixe sur cette plaque par des épingles piquées dans l'intestin et on laisse séjourner le tout environ une demi-heure dans le chlorure d'or en solution à 0,5 %. Après un lavage minutieux à l'eau distillée, on enlève le segment d'intestin et le mésentère est exposé dans l'eau acidulée à la lumière solaire. Les troncs nerveux les plus volumineux qui contiennent quelques fibres à moelle , accompagnent les plus grosses artères et forment comme dans la cornée des plexus à mailles larges, et d'autres à mailles serrées constitués par des fibres dépourvues de moelle. Mais ici, les noyaux sont plus abondants et les fibres, même les plus petites, en présentent çà et là sur leur parcours. Il est douteux qu'on rencontre des fibrilles variqueuses analogues à celles de le cornée.

plexus procède un autre constitué par des filaments plus grêles pourvus de quelques rares noyaux. De ce dernier partent à leur tour des fibrilles nerveuses extrêmement ténues, non nucléées, variqueuses, qui traversent en ligne droite la cornée (ces fibrilles si fines forment aussi, comme on peut s'en assurer, une portion des filaments les plus délicats du plexus.

D. — GANGLIONS SPINAUX

1. Prenez un ganglion spinal de mammifère (par exemple un ganglion spinal de la région dorsale d'un chat ou d'un chien), vous le ferez macérer d'abord trois semaines dans le bichromate d'ammoniaque à 2 % et ensuite dans l'alcool, puis vous y pratiquerez des coupes intéressant à la fois le tronc du nerf, le ganglion, les racines antérieure et postérieure du nerf. Enfin, après coloration par l'hématoxyline ou le carmin, déshydratation, éclaircissement, vous monterez les préparations dans le baume du Canada.

Au moyen d'un grossissement faible, vous observez que :

a. — Les fibres de la racine antérieure se mêlent avec les fibres de la racine postérieure au-dessous du ganglion.

b. — La plupart des cellules ganglionnaires se trouvent en dehors des fibres de la racine postérieure. Quelques-unes d'entre elles forment des rangées entre ces fibres.

2. Un fort grossissement vous montrera que:

a. — Le protoplasma granuleux des CELLULES GANGLIONNAIRES renferme un gros noyau sphérique pourvu lui-même d'un ou plusieurs nucléoles distincts.

b. — La CAPSULE de chaque cellule ganglionnaire est parsemée d'un grand nombre de NOYAUX.

c. — Les cylindres-axes des fibres nerveuses se sont colorés sous l'influence du réactif. (Dans ces mêmes fibres, la moelle nerveuse peut affecter la forme d'un réseau irrégulier durci par le bichromate d'ammonium.)

d. — Les fibres nerveuses serpentent autour des cellules et vont, dans une direction plus ou moins transversale, de l'amas de cellules placé sur le côté au faisceau de fibres nerveuses central.

3. Coupez la tête d'une grenouille dont vous aurez détruit le cerveau et la moelle épinière. — Enlevez la mâchoire inférieure et divisez le crâne en deux par une incision médiane. Arrachez la muqueuse qui tapisse la voûte de la cavité buccale, vous mettrez ainsi à découvert la partie interne et inférieure de l'œil. Immédiatement en arrière de l'œil, il y a une dépression. De cette dépression sortent deux ou trois petits filets nerveux, qui sont des ramifications de la cinquième paire. Coupez à travers l'os depuis la ligne médiane jusqu'au point d'émergence des nerfs, écartez en avant le fragment osseux et grattez légèrement la substance cérébrale.

Vous voyez maintenant un filet nerveux (nerf de la cinquième paire) qui va se continuer avec les ramifications dont il est parlé plus haut. Entre le nerf principal et ses ramifications se trouve un léger renflement, le GANGLION DE GASSER, environné de tissu conjonctif et fixé à l'os par ce tissu. Coupez ce tissu et excisez le ganglion.

Commencez la dissociation du ganglion dans l'acide osmique à 0,25 0/0, laissez-le dans l'acide pendant une demi-heure environ; lavez-le à l'eau distillée et laissez-le pendant vingt-quatre heures dans le carmin de Frey; après un nouveau lavage à l'eau distillée, vous le dissocierez enfin dans la glycérine. Au cours de la dissociation, vous examinerez de temps à autre votre préparation à un grossissement faible afin d'enlever les fragments qui ne sont constitués que par du tissu conjonctif.

Au lieu du ganglion de Gasser, vous pouvez prendre un ganglion spinal de grenouille ou de souris; chez la grenouille, les ganglions spinaux sont entourés d'un amas calcaire. Une fois cet amas calcaire enlevé, le ganglion apparaît sous la forme d'un renflement grisâtre, demi-transparent, du nerf.

Examinez avec soin les cellules qui ont été le mieux isolées; on peut en voir çà et là munies de leurs prolongements; mais, dans la plupart des cellules, ces prolongements ont été brisés lors de la dissociation.

E. — GANGLIONS SYMPATHIQUES

Sacrifiez une grenouille et ouvrez-lui l'abdomen. Enlevez l'intestin en coupant le mésentère immédiatement au-dessus des reins. Soulevez un des reins, coupez le péritoine tout le long de son bord et rejetez ce rein du côté du corps opposé à celui qu'il occupait. Tirez très légèrement sur les nerfs spinaux mis à découvert afin de les écarter un peu de la colonne vertébrale; vous apercevrez une série de petits filets nerveux qui vont transversalement des nerfs spinaux (il y a un de ces filets par chaque nerf spinal) à la chaîne des ganglions sympathiques, pigmentés, demi-transparents, que l'on voit reposer sur la colonne vertébrale. Enlevez cette chaîne de ganglions et traitez-la par le chlorure d'or. (Voy. Leçon IV, § 3.) Quand elle a pris la coloration requise, vous l'étendez sur une lame de verre et vous l'examinez à un grossissement faible. Vous choisissez le ganglion où les cellules nerveuses apparaîtront le plus nettement, et vous le dissociez soigneusement dans une goutte de glycérine. Examinez la préparation à un faible grossissement, s'il reste encore des amas de cellules nerveuses, vous les dissociez de nouveau, vous enlevez les débris de tissu conjonctif et enfin vous montez la préparation.

Étudiez avec soin les cellules en employant le grossissement le plus puissant qu'il vous sera possible, elles paraissent pour la plupart pourvues d'un prolongement où se continuerait leur protoplasma. A l'endroit où la cellule émet un pareil prolongement, on peut en voir un second, PROLONGEMENT EN SPIRALE, enroulé autour du premier. La capsule qui entoure la cellule n'est pas pourvue de noyaux comme dans les ganglions spinaux.

Comparez les apparences que présentent sous l'influence (voy. C) des réactifs colorants les fibres nerveuses pourvues de moelle et celles qui en sont dépourvues.

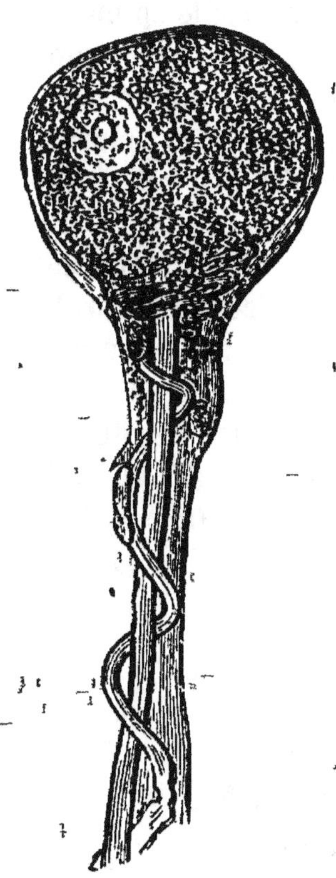

Fig. 30. — Une cellule ganglionnaire sympathique de la grenouille, montrant le prolongement droit et le prolongement en spirale; ce dernier devient une fibre à myéline.

F. — CELLULES DE LA MOELLE ÉPINIÈRE

Faites des coupes transversales de la moelle épinière d'un gros mammifère (veau ou bœuf, par exemple) que vous avez fait durcir dans le bichromate d'ammoniaque en solution à 2 0/0 et ensuite traité par l'alcool. Colorez par le carmin ou le picro-carminate dilué (mieux vaudrait encore colorer un petit fragment de moelle épinière avant de le débiter en coupes, en le laissant séjourner plusieurs jours dans le carmin de Frey concentré); éclaircissez la préparation et montez-la dans le baume. Observez :

a. — Dans la substance blanche, la section des fibres nerveuses, dont le diamètre est très variable. (Cf. A, § 4.)

b. — Le tissu conjonctif très peu abondant (*névroglie*)

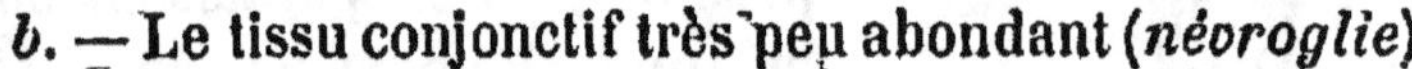

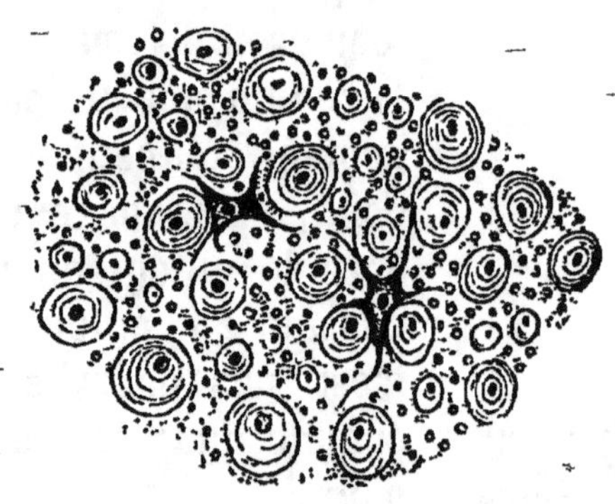

Fig. 31. — Coupe transversale de la substance blanche de la moelle montrant les fibres nerveuses à myéline transversalement coupées, et la névroglie entre elles, avec deux cellules de la névroglie ramifiées.

entremêlé aux fibres nerveuses. Il paraît finement ponctué (apparence due à la section transversale de fibres demi-élastiques), il est plus abondant au voisinage de la substance grise.

c. — Dans la substance grise de la corne antérieure,

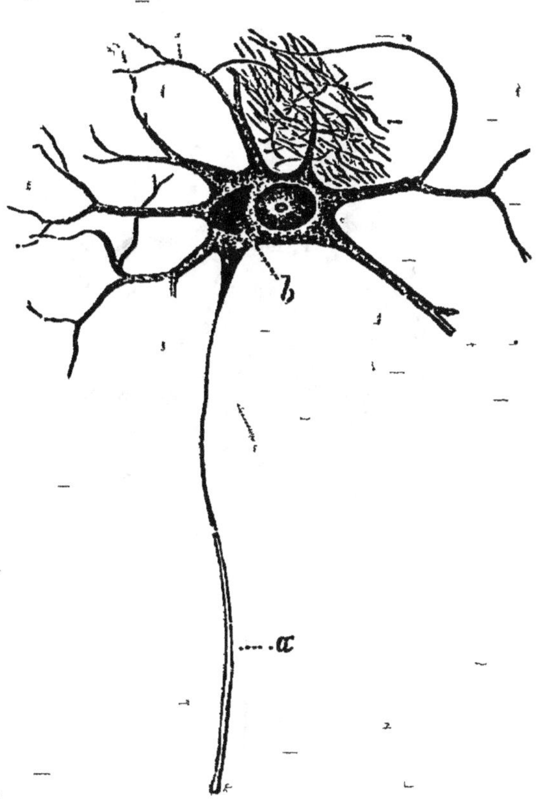

Fig. 32. — Une cellule ganglionnaire isolée d'une corne antérieur de la moelle de l'homme.

a, Prolongement cylindre-axe. — *b*, Pigment. — Les prolongements ramifiés de la cellule ganglionnaire se résolvent en un réseau délicat comme on le voit dans le haut de la figure.

les grandes cellules nerveuses multipolaires pourvues chacune d'un gros noyau et d'un nucléole distinct. Étudiez spécialement une de ces cellules et remarquez que ses prolongements se dirigent de tous les côtés. La plupart de ces prolongements se ramifient, et leurs ramifi-

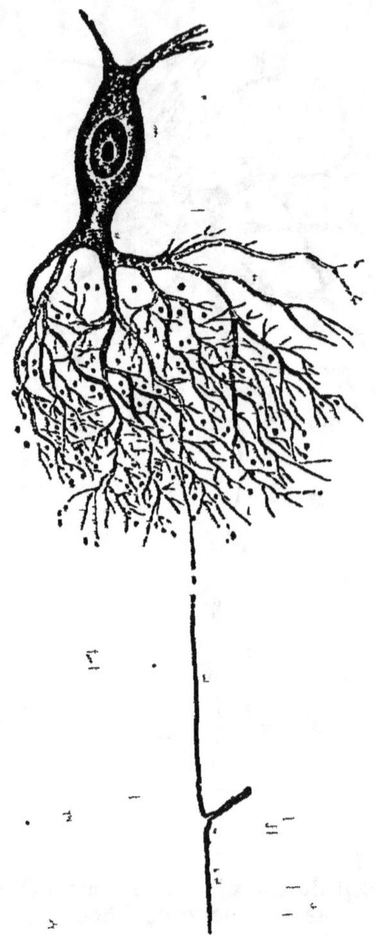

Fig. 33. — Une cellule ganglionnaire multipolaire isolée de la substance grise de la moelle.

Les prolongements ramifiés se perdent dans le délicat réseau nerveux, dans lequel on voit passer une fine fibre nerveuse dérivant d'une racine nerveuse postérieure.

cations se ramifient encore de nouveau, et ainsi de suite (prolongements protoplasmiques) ; mais on peut voir sur certaines de ces cellules un prolongement plus volumineux, qui ne se ramifie point et qui traverse la substance blanche en se dirigeant vers l'extérieur (prolongement cylindre-axe).

d. — Dans la substance grise de la corne postérieure, les cellules nerveuses plus petites, ordinairement fusiformes, pourvues de prolongements ramifiés à chacune de leurs extrémités.

ONZIÈME LEÇON

PROPRIÉTÉS GÉNÉRALES DES TISSUS NERVEUX
ACTIONS AUTOMATIQUES

A. — ACTION RÉFLEXE

1. Placez sur son ventre une grenouille préalablement privée de son cerveau par le préparateur [1]. Vous observerez que ses membres inférieurs sont retirés sous le corps, mais qu'elle diffère d'une grenouille à l'état normal par les caractères suivants :

a. — La tête est abaissée au lieu d'être redressée.

b. — Au lieu d'être tenus presque verticalement, les membres antérieurs sont étalés ou fléchis. De la sorte, l'angle que fait le corps avec la table est plus petit qu'à l'état normal.

[1] Ceci se fait en sectionnant la moelle épinière immédiatement au-dessous du crâne et en introduisant dans la cavité crânienne un stylet avec lequel on détruit complètement le cerveau. Afin de détruire également d'une façon sûre la moelle allongée, il est bon de pousser aussi un peu le stylet de l'autre côté dans le canal rachidien Avant de procéder à l'expérience, on laissera la grenouille se reposer vingt-quatre heures dans un endroit humide. On peut encore chloroformer la grenouille, lui ouvrir le crâne et enlever le cerveau ; ou bien d'un coup de ciseaux forts faire sauter la mâchoire supérieure en même temps que la portion antérieure du crâne, puis extirper la moelle allongée avec des pinces. Avec ce procédé l'action réflexe que l'on pourra produire sera très faible, à cause de la grande quantité de sang perdu par l'animal.

c. — Point de mouvements respiratoires, ni des narines, ni de la gorge.

2. Tirez doucement une des pattes de derrière jusqu'à ce qu'elle soit presque droite, et alors laissez-la aller. On la voit immédiatement reprendre sa position primitive sous le corps. Si l'expérience est faite peu de temps après l'ablation du cerveau ou si la quantité de sang perdu par l'animal est considérable, la patte se retire avec lenteur au lieu de le faire vivement.

3. Chatouillez le flanc de la grenouille avec une barbe de plume. Vous voyez se contracter les muscles du flanc du même côté.

4. Pincez-la fortement au même endroit avec une pince, vous voyez la patte du même côté qui d'abord s'étend, puis se rétracte et se promène sur le flanc par un mouvement qui tend à écarter la pince.

5. Pincez les bords de l'anus, vous voyez les deux pattes se rétracter puis s'étendre de nouveau, dans un mouvement qui tend comme tout à l'heure à repousser la pince.

Laissez reposer la grenouille pendant cinq minutes, et pendant ce temps observez-la avec soin. S'il ne survient aucune cause d'excitation, elle demeure parfaitement immobile.

6. Placez l'animal sur le dos, il ne fait aucun effort pour reprendre la position normale; en un mot, il a perdu le sens de l'équilibre.

7. Passez un crochet dans la mâchoire inférieure et fixez la boucle supérieure de ce crochet à la barre transversale d'un support, de façon à pouvoir, à votre gré, soulever ou abaisser le corps. Après quelques mouvements de flexion et d'extension, les membres postérieurs restent pendants et immobiles.

8. Pincez légèrement l'extrémité d'un doigt de l'une des pattes, la patte se retire immédiatement.

9. Prenez deux verres, remplissez l'un d'acide sulfurique dilué au $1/100^e$, et l'autre d'eau. Abaissez la grenouille jusqu'à ce que l'extrémité d'un des doigts effleure l'acide dilué. Au bout d'un certain temps, la patte se retire. Faites maintenant tremper cette patte dans le verre plein d'eau afin d'enlever l'acide. Mesurez avec un métronome à battements rapides le temps écoulé entre l'instant où le doigt effleure l'acide et l'instant où la patte se retire. Répétez trois fois cette expérience après des intervalles égaux de quelques minutes et prenez la moyenne des trois observations.

10. Coupez un petit carré de papier buvard d'un ou deux millimètres de côté, humectez-le avec de l'acide acétique concentré et posez-le sur le flanc de l'animal. La patte du même côté se rétracte aussitôt et se promène sur le flanc comme pour balayer le papier.

11. Posez en différents points du corps des morceaux de papier trempés de même dans l'acide acétique ; il se produit en conséquence divers mouvements qui tendent tous à éloigner la substance irritante.

12. Lavez la grenouille pour enlever tout cet acide et quand elle est parfaitement tranquille, placez-la dans un bassin plein d'eau. Elle s'enfonce au fond de l'eau (à moins que par hasard ses poumons ne soient très distendus par l'air) et l'on ne lui voit effectuer aucun mouvement.

Tous les mouvements auxquels donnent lieu les expériences précédentes, bien que compliqués, coordonnés et adaptés à un but, sont, comme on peut s'en assurer, purement partiels, et s'ils produisaient quelque chose d'analogue à la locomotion ce ne serait

*que par accident. On a beau le stimuler, on ne voit
faire à l'animal ni un pas ni un bond.*

*Si l'on veut que la même grenouille puisse servir
aux expériences sur les cœurs lymphatiques, c'est
en ce moment qu'il faut procéder aux exercices. (B,
I, § 1.)*

13. Faites, avec la pointe des ciseaux, une petite
incision dans la peau du dos [1], introduisez-y un tube
de verre effilé par lequel vous injecterez une goutte
de solution de strychnine à 1 %. Au bout de quelques
minutes, on voit l'excitation la plus légère, appliquée
en un point quelconque de l'animal, produire un
spasme tétanique violent de tout le corps. On a pu
également observer tout d'abord un état intermédiaire
caractérisé par un accroissement d'intensité de l'action
réflexe.

14. Détruisez toute la moelle épinière en introduisant dans le canal rachidien un stylet droit ou un bout
de fil de fer un peu fort : vous observez la cessation
immédiate du spasme.

15. Essayez n'importe laquelle des expériences précédentes (§ 2-13); il ne se produit plus d'action réflexe.

B. — ACTION AUTOMATIQUE

I. — LES CŒURS LYMPHATIQUES

1. Placez l'animal sur son ventre et observez les
mouvements des corps lymphatiques postérieurs. On
peut les voir battre de chaque côté de l'extrémité de-

---

[1] Immédiatement au-dessous de la peau du dos, chez la grenouille, se trouve le sac lymphatique dorsal. Tout liquide qu'on
y introduit pénètre rapidement dans le sang.

l'urostyle dans une dépression qui sépare cet os de l'articulation de la hanche. Les contractions sont ordinairement visibles à travers la peau, mais elles le deviennent bien davantage si l'on enlève la peau en évitant soigneusement de blesser les sacs lymphatiques eux-mêmes.

2. Vous observerez que la portion postérieure de la moelle épinière une fois détruite, les cœurs lymphatiques cessent de battre.

II. — LE CŒUR

1. Placez la grenouille sur son dos. Incisez la peau sur la ligne médiane et faites une seconde incision perpendiculaire à la première en son milieu. Soulevez avec une pince l'extrémité du sternum et coupez-le un peu au-dessus de son extrémité, de façon à éviter d'intéresser la veine épigastrique. Tenez de nouveau le sternum soulevé et fendez-le en deux dans toute sa longueur avec une forte paire de ciseaux, écartez le plus possible ces deux moitiés l'une de l'autre en coupant les muscles autant qu'il le faudra et fixez-les avec des épingles. Vous apercevez maintenant le cœur enfermé dans son péricarde membraneux et délicat. Il bat d'une façon régulière et avec force. Soulevez avec des pinces fines un pli du péricarde et coupez-le près de la surface extérieure du cœur. Si maintenant vous soulevez la pointe du cœur, vous verrez un petit tractus de tissu conjonctif allant de la face postérieure du ventricule à la paroi adjacente du péricarde. Vous prenez ce tractus avec les pinces et vous le coupez entre les pinces et la paroi péricardique; puis, tenant toujours par ce tractus la pointe du cœur en haut, vous coupez avec des ciseaux bien affilés les troncs aortiques, les veines caves supérieures, la veine cave inférieure et

4*

tous les tissus avoisinants. Vous aurez soin cependant de ne pas léser le sinus veineux. Aussitôt enlevé, le cœur est placé dans un verre de montre et humecté, si cela est nécessaire, avec la solution saline normale. Les battements ne seront pas interrompus du tout ou ne le seront que pendant un instant très court.

Par un temps très-froid, le cœur pourrait cesser de battre au moment où on l'enlève du corps, mais si l'on réchauffe le cœur en tenant quelques minutes le verre de montre qui le contient dans la paume de la main, les battements reprennent.

2. Soulevez la pointe du cœur en la tenant par le même tractus conjonctif que tout à l'heure, et coupez le ventricule en travers à la hauteur de son tiers supérieur avec des ciseaux bien affilés. Les deux tiers inférieurs du ventricule restent immobiles et ne battent plus à moins d'une excitation artificielle. Le tiers supérieur et les oreillettes continuent à battre régulièrement.

3. Par une incision longitudinale, divisez les oreillettes en même temps que les portions du ventricule qui leur sont attachées en deux moitiés latérales. Chaque moitié continue à battre.

III. — CILS

Placez la grenouille sur son dos, coupez la mâchoire inférieure sur la ligne médiane et prolongez l'incision le long de l'œsophage jusqu'à l'estomac. Étalez les parties fendues et maintenez-les étendues au moyen d'épingles. Humectez la muqueuse s'il le faut avec la solution saline normale. Vous poserez sur elle, un peu en arrière des orbites, un très petit morceau de liège. L'action des cils vibratiles amènera ce morceau de liège de l'endroit où il est placé jusqu'à l'estomac.

DOUZIÈME LEÇON

STRUCTURE ET PROPRIÉTÉS DES VAISSEAUX SANGUINS

A. — GROS TRONCS ARTÉRIELS

1. — Faites des coupes transversales et longitudinales d'un tronçon d'aorte ou de carotide de chien (ou de tout autre gros mammifère), préalablement durci dans le bichromate d'ammoniaque en solution au centième; colorez par le picro-carminate. Observez :

a. — La TUNIQUE INTERNE, mince, plissée longitudinalement par suite de la contraction de

2. La TUNIQUE MOYENNE, beaucoup plus épaisse, constituée alternativement par des couches de fibres élastiques et musculaires disposées circulairement. Ces deux sortes de fibres ont pris sous l'action du réactif une teinte jaune plus prononcée que le tissu fibreux ordinaire. La disposition e la quantité relative des tissus élastique et musculaire varient beaucoup dans les différentes artères.

3. — La TUNIQUE EXTERNE (*tunica adventitia*) est constituée surtout par du tissu conjonctif ordinaire, non sans mélange de tissu élastique, assez souvent disposé en couches surtout à la partie interne de la tunique. Remarquez les noyaux des *fibres-cellules*. (Cf. Leçon VIII, § 11.)

En général, dans la plupart des artères périphériques, la tunique moyenne est formée par des faisceaux de fibres musculaires qui ne sont séparés les uns des autres que par du tissu conjonctif lisse en très petite quantité, entremêlé de fibres élastiques.

2. Sacrifiez un lapin, prenez sa veine jugulaire, fendez-la dans toute sa longueur, étalez-la sur une plaque de liège, la surface interne en haut et fixez-la dans cette position avec des épingles. Lavez-la, d'abord en faisant tomber doucement sur elle un filet d'eau distillée, puis soumettez-la pendant cinq minutes, à l'action d'une solution de nitrate d'argent à 0,2 %, lavez-la bien à l'eau distillée et exposez-la à la lumière, toujours dans l'eau distillée, jusqu'à ce qu'elle ait pris une coloration brune. Étalez-la sur une lame de verre, la surface interne en haut et traitez-la successivement par l'alcool à 50, à 75, à 90 %, par l'alcool absolu, par les réactifs éclaircissants et montez-la enfin dans le baume du Canada.

Observez les lignes noires dentelées dues à la présence d'une substance intercellulaire qui marque les contours des cellules. Les cellules plus ou moins allongées dans le sens de l'axe du vaisseau, aplaties, forment une couche continue. Dans certaines cellules on voit des traces de noyaux. On voit aussi, par-ci, par-là, des traces des fibres musculaires de la tunique moyenne ainsi que des lignes noires à direction longitudinale ou transversale formées par le dépôt de l'argent sur le ciment qui unit les unes aux autres les fibres musculaires. Si l'on avait laissé la veine trop longtemps dans la solution de nitrate d'argent ou bien exposée trop longtemps à la lumière, l'argent se serait déposé aussi même dans la substance cellulaire.

On a pris ici comme exemple une veine, parce que, pour le commençant, elle est un peu plus facile à préparer qu'une artère. Dans les deux cas, les traits principaux sont les mêmes.

3. Fendez dans toute sa longueur un tronçon de grosse artère, par exemple d'une carotide de mouton, qu'on viendrait de sacrifier, et, grattez-en très doucement la surface interne. Dissociez dans la solution saline normale le résultat de ce grattage.

Observez de face et de profil les cellules du revêtement *épithélial* avec leurs noyaux allongés. On verra probablement aussi des fragments de tissu élastique de la membrane fenêtrée. L'addition d'acide acétique au $^1/_{100}{}^e$ permet de distinguer plus facilement les fibres élastiques des fibres du tissu conjonctif ordinaire. La coloration rend également plus distinctes les perforations de la membrane fenêtrée.

4. Arrachez un lambeau de la tunique interne d'une artère de moyenne grandeur qui aurait macéré de deux à six jours dans le bichromate de potasse. Dissociez-le dans le même liquide. Vous trouverez qu'il est presque entièrement constitué par des lamelles de tissu élastique.

Observez la transition d'une membrane perforée, élastique, presque homogène à un réseau de fibres élastiques.

B. — LES GROS TRONCS VEINEUX

1. Faites des coupes transversales d'une grosse veine, en procédant de la façon indiquée en A, § 1. L'élément musculaire est relativement moins abondant (encore ceci est-il variable), suivant les veines examinées. Il y a encore moins d'éléments élastiques, mais, par contre, plus de tissu conjonctif ordinaire.

2. Essayez de faire passer à contre-sens un courant liquide dans une veine prise sur un gros animal, afin de vous rendre compte de l'action des valvules. Fen-

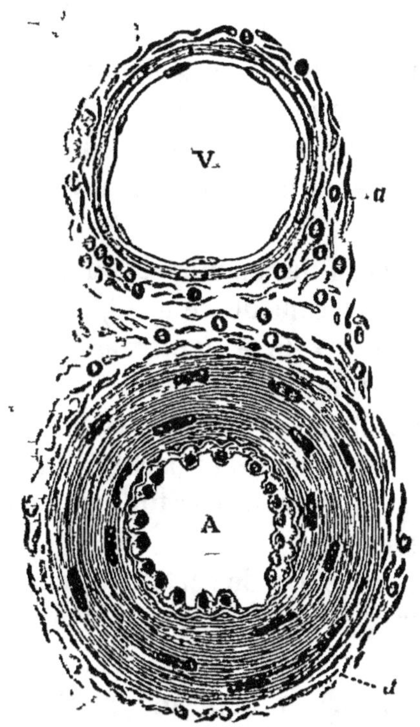

Fig. 34. — Coupe transversale d'une artère et de la veine satellite.

A, L'artère montrant l'endothélium-nuclée, la tunique musculaire circulaire, et a, la tunique adventice. — V, la veine montrant les mêmes couches, — a, la tunique moyenne est beaucoup plus mince que dans l'artère.

dez la veine afin de voir la structure et la position de ces valvules.

C. — CAPILLAIRES ET PETIT VAISSEAUX SANGUINS

Prenez la queue d'un têtard que vous avez fait macérer dans le liquide de Müller ou bien dans l'acide chromique à 0, 2 %, et ensuite traité par l'alcool, et placez-la sur une lame de verre dans une goutte de glycérine. Balayez-en l'épithélium au moyen du pinceau, ou, si cela ne vous réussit pas, brisez-la en plusieurs fragments (pas trop petits) au moyen d'aiguilles, et faites-en sorte, au cours de cette manipulation, d'en faire tomber l'épithélium. Il serait bon d'avoir préalablement coloré le tissu en le laissant un jour dans le picro-carminate dilué. Observez :

a. — Le réseau des capillaires ; dans certains d'entre eux, vous verrez sans doute des globules du sang

b. — Les noyaux de la paroi des capillaires, surtout aux points de bifurcation.

c. — Les cellules ramifiées de tissu conjonctif qui en certains endroits entourent partiellement les capillaires et leur forment comme une tunique adventice très rudimentaire.

d. — La connexion de certains de ces prolongements des cellules de tissu conjonctif avec les parois des capillaires.

2. Enlevez sur un cerveau parfaitement frais d'un chat ou d'un chien chloroformé et tué ensuite par hémorragie lente un lambeau de la pie-mère. Lavez-le dans la solution saline normale, étalez-le sur une lame de verre, et montez-le dans la même solution. Observez :

a. — Les capillaires avec leurs noyaux proéminant à l'intérieur.

b. — Les petites artères, leur tunique externe ou adventice constituée par un tissu conjonctif peu abondant. On entrevoit encore la tunique musculaire constituée par une simple couche de fibres musculaires enroulées autour de la tunique interne.

c. — Les petites veines généralement pleines encore de globules, et dont la tunique musculaire est rudimentaire ou même absente.

3. Traitez la préparation par l'acide acétique en solution au $1/100^e$. Observez :

a. — Dans les capillaires, les noyaux qui sont maintenant plus distincts.

b. — Dans les petites artères :

α. — Les cellules fusiformes et les noyaux de l'adventice avec leur disposition longitudinale et les fibres élastiques.

β. — Les noyaux de la tunique musculaire et leur disposition transversale.

En observant au moment où l'action de l'acide acétique commence à se produire, on voit très distinctement le contour des fibres musculaires et leurs noyaux.

γ. — La tunique interne ou élastique, mince, qui se trouve au-dessous de ces fibres musculaires apparaît sous la forme de plissements longitudinaux.

c. — Dans les petites veines, on voit les mêmes choses qu'en *b* pour les petites artères, seulement, les tissus élastique et musculaire sont moins abondants.

En colorant dans une solution aqueuse d'hématoxyline un lambeau de pie-mère fraîche, on peut faire apparaître plus nettement quelques-unes des particularités ci-dessus mentionnées. Il est mieux cependant de procéder comme il suit : Un cerveau frais, dont la dure-mère est enlevée au moins en partie est mis dans le bichromate de potasse en solution au $1/100^e$, pendant deux ou trois jours (davantage si l'on veut), puis lavé dans l'eau, transféré dans l'alcool à 75°, où on peut le laisser d'une demi-heure à vingt-quatre heures.

Alors on enlèvera un petit lambeau de la pie-mère, et après coloration par l'hématoxyline ou le picrocarminate, etc., on le montera comme d'habitude. Au cours de ces manipulations, il faut prendre garde de trop tirer la membrane et éviter les plis.

4. Prenez une grenouille, et, après avoir détruit le cerveau et la moelle épinière, et mis le cœur à découvert, coupez les muscles de l'abdomen dans toute leur longueur un peu à côté de la veine épigastrique. Enlevez le ventricule et coupez en travers le sinus veineux. (Cf. Leçon XI, B, II.) Épongez le sang qui coule; quand l'hémorragie a cessé, vous introduisez dans le bulbe aortique une petite canule de verre munie à l'autre extrémité d'un tube de caoutchouc et remplie de solution saline normale et vous la liez avec un fil de soie au point où l'aorte se ramifie ou tout à côté. Vous prenez maintenant une seringue pleine de la même solution normale dont vous remplissez également le tube de caoutchouc fixé à la canule; puis, adaptant la canule de la seringue au tube de caoutchouc et prenant bien gardé de ne pas introduire de bulles d'air, vous injectez doucement la solution salée. On doit recommencer cette injection jusqu'à ce que le liquide sortant du sinus veineux soit parfaitement limpide. Alors on épongera ce liquide; et on injectera cette fois de l'eau distillée, puis à une ou deux reprises une solution à $0,2\%$ de nitrate d'argent, toujours en ayant soin d'éponger le liquide qui sort par le sinus veineux. Enfin, on injecte une dernière fois de l'eau distillée pour laver le nitrate d'argent. Maintenant, on enlève l'intestin, on coupe le mésentère tout le long du bord de l'intestin, on fend ce dernier dans toute sa longueur, et on balaie la muqueuse au pinceau pour en faire partir l'épi-

thélium, puis on le met dans l'eau ou dans l'alcool à 30 % et on l'expose ainsi, à la lumière. On voit bientôt apparaître les contours de vaisseaux nombreux. Alors on en coupe une pièce qu'on étale sur une lame de verre, la face interne tournée vers le haut, et qu'on monte dans le baume du Canada après lui avoir fait subir le traitement ordinaire par l'alcool de plus en plus concentré, les réactifs éclaircissants, etc., [1].

Un grossissement peu considérable vous montrera les petites artères qui se ramifient pour former les capillaires, et les capillaires qui se réunissent pour donner naissance à des veines, lesquelles, à leur tour, forment des veines plus volumineuses par leur réunion.

Un grossissement plus puissant permet de voir les cellules épithéliales plates et allongées qui tapissent l'intérieur des petites artères, des capillaires et des petites veines. Dans les capillaires, leurs contours sont plus irréguliers que dans les artères ou dans les veines; dans les veines, ces cellules sont plus larges que dans les artères.

Dans les petites artères, le ciment intercellulaire de la tunique musculaire (réduite ici ordinairement à une simple couche de fibres-cellules), apparaît encore sous forme de lignes noires transversales. — On ne voit point ces lignes noires transversales sur les petites veines.

D. — CIRCULATION DU SANG. — INFLAMMATION

Prenez une grenouille à membrane natatoire interdigi-

Il ne faut pas laisser la pièce trop longtemps avant de la monter, non seulement le ciment intercellulaire, mais les cellules elles-mêmes se coloreraient en noir. On peut monter en préparation persistante, soit un lambeau de mésentère, soit un lambeau de la vessie ou du poumon d'une grenouille injectée de la sorte.

tale de couleur pâle, privée deux ou trois jours auparavant de son cerveau (cf. la note au bas de la page 129), et conservée depuis lors dans un endroit humide. Avec la pointe des ciseaux, faites à la peau du dos une petite incision par laquelle vous introduirez sous la peau, au moyen d'une pipette, une goutte de solution de curare au $^1/_{1000}$. Vous abandonnez la grenouille à elle-même sous une cloche jusqu'à ce qu'elle ne se remue plus quand on la pince, ce qui doit arriver au bout de trois quarts d'heure à une heure. Si l'insensibilité se produisait plus promptement, ce serait signe qu'on a injecté trop de curare, et alors les vaisseaux sanguins seraient dilatés d'une façon anormale. Installez la grenouille sur une tablette de liège échancrée (de la façon indiquée dans le *Cours élémentaire et pratique de Biologie*, p. 300). Enveloppez le corps et les membres de la grenouille de papier buvard mouillé ; déposez une petite goutte d'eau sur la membrane interdigitale et recouvrez-la d'une lamelle triangulaire. Il faut prendre garde que les bords de cette lamelle ne coupent pas les doigts de la grenouille et que l'eau ne la déborde pas.

Examinez à un grossissement faible d'abord, puissant ensuite. Observez :

a. — Le cours du sang des artères aux veines. Dans les grandes artères et parfois aussi dans les petites, on peut observer une légère pulsation.

b. — Le sang coule plus rapidement dans les artères (en raison de leur diamètre moindre) que dans les veines. Il est fort probable que ni dans les artères ni dans les veines, on ne pourra distinguer les globules.

c. — Les zones axiale et périphérique dans les artères et dans les veines. Dans la zone périphérique, qui est plus petite, un grossissement faible ne montre point de globules. Un grossissement plus considérable montre, si le courant n'est pas trop rapide, un ou deux globules blancs dans la zone périphérique des artères, et dans la zone périphérique des veines un petit nombre de globules blancs et parfois un globule rouge qui sont animés d'un mouvement assez lent.

d. — Les globules passent ordinairement un à un à travers les capillaires.

c. — Les globules rouges sont élastiques, observez la façon dont ils se déforment pour reprendre ensuite leurs dimensions anormales.

6. Enlevez la lamelle et essuyez le liquide qui recouvre la membrane interdigitale. Touchez le milieu de cette membrane avec la pointe d'une baguette de verre effilée, trempée dans la créosote [1], de façon à en déposer une petite goutte sur la membrane et replacez la lamelle. Vous pouvez étudier les premiers stades de l'inflammation. Observez successivement.

a. — La dilatation des artérioles et des veines accompagnée par une accélération de la circulation ; en même temps, les capillaires deviennent plus distincts.

b. — Un ralentissement de la circulation dû à ce que la circulation des vaisseaux persiste.

c. — L'augmentation du nombre des globules blancs dans la zone périphérique tant des artères que des veines. Les globules blancs commencent à adhérer à la paroi des veines d'une façon d'abord intermittente, puis permanente jusqu'à ce que les veines possèdent un revêtement plus ou moins complet de globules blancs.

---

[1] On peut, au lieu de créosote, prendre de l'huile d'olive contenant 1 à 2 % d'huile de croton. Dans les deux cas, on devra, si la stase sanguine s'opère promptement, laver aussitôt pour enlever toute trace du corps irritant.

Dans les capillaires aussi, les globules blancs et même, mais moins fréquemment, les rouges adhèrent aux parois et obstruent plus ou moins la lumière du vaisseau qui finit par être complètement bouché. Ainsi se produit l'arrêt de la circulation. Dans les vaisseaux où elle a lieu, remarquez la disparition graduelle des contours des globules.

d. — L'émigration des globules blancs des capillaires et des veines. D'abord la circulation se ralentit. Examinez un globule blanc qui adhère à la paroi d'un capillaire ou d'une veine et notez ce qui lui arrive de dix minutes en dix minutes.

e. — La diapédèse des globules rouges hors des capillaires; on l'étudiera surtout dans les capillaires où la circulation est presque arrêtée.

Vous remarquerez que tous ces phénomènes sont locaux. Ils se produisent avec une grande intensité au point touché par l'agent irritant, ils s'étendent à une certaine distance autour de ce point, mais dans tout le reste de la membrane la circulation a lieu comme à l'état normal. — Si les vaisseaux n'ont été que légèrement atteints par la créosote, la circulation peut reprendre aux points où elle s'était arrêtée; les globules reprennent peu à peu leur forme primitive et sont entraînés par le courant. Ceci n'a pas lieu là où la stase complète s'est produite, c'est-à-dire là où le sang s'est coagulé.

7. Étudiez maintenant la circulation de la langue. Pour cela, la grenouille étant fixée sur son ventre, attirez la langue au-dessus du trou de la platine, étalez-la et fixez-la au moyen d'épingles.

La langue, d'abord pâle, rougit bientôt sous l'afflux du sang qui remplit ses vaisseaux. Un grossissement faible, permettra sans doute de voir la couche périphérique du sang dans les artères et dans les veines mieux que dans la membrane interdigitale. C'est dans la langue ainsi étudiée ou dans le mésentère que l'on peut bien étudier le processus inflammatoire. L'œdème qui se produit en pareil cas dans le mésentère rend cependant les observations sur cette membrane moins faciles. Pour observer la circulation dans le mésentère, on place la grenouille sur son dos, on incise la peau et les muscles de la paroi abdominale, d'un côté on tire une anse de l'intestin et on la fixe de la manière convenable sur la platine, le mésentère bien étalé.

TREIZIÈME LEÇON

STRUCTURE ET ACTION DU CŒUR

A. — CŒUR DU MOUTON [1]

1. Observez l'adhérence du feuillet pariétal du péricarde aux racines des gros troncs vasculaires.

Il faut se rappeler que les parties du cœur qui étaient respectivement droites et gauches dans le corps sont encore regardées comme telles après leur enlèvement. On reconnaît la face antérieure du cœur à un sillon rempli par de la graisse (sillon interventriculaire) qui va du milieu ou à peu près de la base des ventricules à un point situé un peu au-dessous du milieu du bord droit du cœur. De plus, la face antérieure du cœur est plus convexe que la face postérieure. Si vous tenez le cœur la face antérieure tournée de votre côté vous pouvez remarquer que le ventricule droit, lequel est à votre gauche, est plus flasque que le ventricule gauche, lequel est à votre droite. Remarquez encore l'origine de l'artère pulmonaire presque sur la ligne médiane du cœur à la partie supérieure des ventricules, et, immédiatement en arrière, l'origine de l'aorte.

2. Liez un bout de tube dans la veine cave supérieure et fixez à l'autre extrémité de ce tube un tube de caout-

---

[1] Il faut acheter chez un boucher le cœur encore enfermé dans le péricarde avec les poumons y attenant. De la sorte, on est sûr d'avoir avec le cœur l'origine de tous les gros vaisseaux

chouc. Liez la veine cave inférieure et la veine azygos de gauche qui s'ouvre tout près d'elle. Liez dans l'artère pulmonaire un tube de verre d'environ deux pieds de long. Remplissez d'eau le tube de caoutchouc et faites pénétrer cette eau dans le cœur en comprimant le tube avec les doigts. Vous verrez tomber l'eau dans le tube mis en rapport avec l'artère pulmonaire ; si vous desserrez les doigts, le niveau de l'eau ne descendra que fort peu dans ce tube. Versez encore au moyen d'un entonnoir de l'eau dans ce même tube, qui doit être, avons-nous dit, très long, et observez la hauteur de la colonne d'eau supportée par les valvules semilunaires. Remarquez la distension des parois artérielles et leur bombement au point d'insertion des valvules. Quand la pression de la colonne d'eau cesse de s'exercer, l'artère reprend ses dimensions primitives en vertu de son élasticité.

3. Répétez l'expérience précédente, mais cette fois sur les veines pulmonaires et l'aorte.

4. Comparez la somme des aires de section des veines caves supérieure et inférieure distendues avec l'aire de section de l'aorte au-dessous de l'artère innominée.

Enlevez les tubes, ouvrez les veines caves inférieure et supérieure et faites se rejoindre les incisions en avant de l'oreillette. Étudiez :

a. — Les dimensions et la forme de la cavité de l'oreillette.

b. — L'appendice de l'oreillette (*auricule*) avec ses saillies musculaires.

c. — La CLOISON DES OREILLETTES.

d. — La FOSSE OVALE, vestige du *foramen ovale* du fœtus, que la croissance de la cloison des oreillettes a presque fermé.

e. — La VALVULE D'EUSTACHI, repli membraneux légèrement proéminent situé immédiatement au-dessous de l'embouchure de la veine cave inférieure dans le cœur et au-dessous de la veine cave elle-même.

f. — L'orifice d'entrée assez large de la VEINE AZYGOS DE GAUCHE.

g. — L'orifice auriculo-ventriculaire.

6. Fendez la veine azygos par une incision longitudinale et observez la VEINE CORONAIRE qui s'ouvre dans cette veine très près du cœur.

7. Enlevez l'oreillette presque en totalité et, prenant le ventricule de la main gauche, versez tout à coup de l'eau dans le cœur par l'orifice auriculo-ventriculaire. La valvule auriculo-ventriculaire flottera sur cette eau et fermera l'orifice. Remarquez la figure étoilée que forment à leur ligne de jonction les bords des trois lambeaux qui constituent la valvule.

8. — Introduisez une des lames d'une paire de ciseaux entre deux de ces lambeaux et pratiquez dans la paroi du ventricule droit une incision qui aille jusqu'à la pointe du cœur. Arrivé au fond de la cavité ventriculaire, vous donnez une autre direction aux ciseaux et vous pratiquez une seconde incision, à angle aigu avec la première, le long de la cloison interventriculaire, et dirigée vers l'artère pulmonaire que vous vous garderez néanmoins d'intéresser. En relevant le lambeau ainsi obtenu, vous remarquerez :

a. — L'épaisseur de la paroi ventriculaire, les trabécules charnues (*columnæ carneæ*) de sa surface interne. Le faisceau musculaire (*faisceau modérateur*), qui va d'une paroi à l'autre du ventricule en traversant sa cavité.

b. — La cavité du ventricule ne s'étend pas jusque dans la pointe du cœur.

c. — La VALVULE TRICUSPIDE, sa forme, son insertion sur l'anneau auriculo-ventriculaire, les *cordons tendineux* et leur insertion au sommet des muscles papillaires.

9. Si vous tenez le cœur verticalement et que vous versiez de l'eau dans l'artère pulmonaire, vous pouvez étudier, en regardant par en bas, la forme des valvules semi lunaires et leur mode de fermeture.

10. Pour observer d'en haut les valvules semi-lunaires, il faut insérer dans l'artère pulmonaire un tube de verre court et large, le remplir d'eau et le fermer hermétiquement par une plaque de verre, en évitant d'introduire des bulles d'air.

11. Prolongez l'incision du § 8 de façon à ouvrir l'artère pulmonaire. Observez :

a. — La forme et l'insertion des valvules semi-lunaires.

b. — Le petit nodule de tissu (CORPUS ARANTII), qui se trouve au milieu du bord libre de chaque valvule.

c. — Les petites dépressions *(sinus de Valsalva)* qu'on remarque dans les parois artérielles vis-à-vis de chaque valvule.

12. Ouvrez l'oreillette gauche comme vous avez ouvert l'oreillette droite. Vous remarquez que la valvule auriculo-ventriculaire de gauche, VALVULE BICUSPIDE OU MITRALE, n'a que deux lambeaux. Étudiez son mode de fermeture. (Cf. § 7.)

13. — Ouvrez le ventricule gauche comme vous avez ouvert le ventricule droit et prolongez du premier coup l'incision jusqu'à la pointe du cœur. Observez l'épaisseur des parois, la valvule mitrale, etc.

14. En ouvrant l'aorte, vous examinerez les valvules semi-lunaires, le corps d'Arantius, et les sinus de Val-

salva, qui sont ici très faciles à apercevoir. Remarquez que les ARTÈRES CORONAIRES s'ouvrent dans les deux sinus antérieurs.

B. — CŒUR DE LA GRENOUILLE

1. — Sacrifiez une grenouille et mettez immédiatement son cœur à découvert en procédant comme il est indiqué plus haut. (Leçon XI, B, II.) Sans toucher au péricarde, observez les pulsations du cœur; vous remarquerez que les oreillettes et le ventricule battent alternativement, et que les deux oreillettes battent en même temps.

2. Ouvrez le péricarde et observez :

a. — Les contractions synchrones des deux oreillettes, immédiatement suivies par :

b. — La contraction du ventricule; vous remarquez que pendant sa contraction ou systole, le ventricule devient pâle et conique et que sa poursuite se dirige en haut et en avant.

c. — La contraction légère du bulbe artériel qui suit immédiatement la systole ventriculaire.

d. — La pause ou diastole qui vient ensuite avant que l'oreillette recommence à se contracter.

e. — La coloration rouge que prend le cœur en même temps qu'il se détend immédiatement après la systole des oreillettes et avant la sienne propre.

3. Coupez le tractus conjonctif qui rattache le ventricule à la paroi postérieure du péricarde, renversez en haut la pointe du cœur et observez :

a. — La façon dont les deux veines caves supérieures se réunissent à la veine cave inférieure pour donner naissance au sinus veineux.

b. — La ligne blanche, à peu près en forme de V, à la jonction du sinus veineux et de l'oreillette droite.

c. — Les branches cardiaques du pneumogastrique qui accompagnent respectivement chacune des veines caves supérieures et pénètrent ensuite dans l'intérieur du cœur.

d. — L'onde de contraction; elle part de la veine cave, s'étend au sinus veineux, presque immédiatement après les oreillettes se contractent, puis c'est le tour du ventricule, et enfin du bulbe artériel.¹

4. Incisez maintenant la peau de la grenouille suivant une ligne transversale située immédiatement au-dessous de la mâchoire et prolongez de chaque côté l'incision jusqu'à la colonne vertébrale. Coupez tous les muscles qui vont de la tête de l'humérus et de la partie du sternum qui se trouve en rapport avec lui à gauche, à l'os hyoïde et à l'angle de la mâchoire :

Alors on aperçoit, venant de dessous l'angle de la mâchoire et se dirigeant vers l'extrémité inférieure de l'os hyoïde un faisceau musculaire étroit et mince, accompagné de deux petits filets nerveux blancs dont l'un, nerf glossopharyngien, longe son bord supérieur, et l'autre, nerf pneumogastrique, longe son bord inférieur. Séparez avec beaucoup de soin le pneumogastrique des tissus environnants et entourez-le d'une ligature lâche. Le pneumogastrique, comme vous pouvez le constater se divise en deux branches, vous pouvez sectionner la plus grêle (nerf laryngé). Il est plus sûr de ne pas essayer de disséquer le pneumogastrique aux environs du cœur.

On peut lier le nerf tout près du crâne (cette opération demande un certain soin) et le couper au-dessus de la ligature.

Faites passer dans le nerf pneumogastrique un courant intermittent. Il est bon de placer au-dessous du nerf une petite feuille mince de caoutchouc déstinée à empêcher l'électricité d'agir sur les muscles du voisinage et de les faire contracter.

a. — Tant que le courant passe et encore un moment après vous remarquez que le cœur dans toutes ses parties est en diastole. Si le courant ne produit pas d'effet, vous pousserez la bobine secondaire vers la bobine primaire.

b. — La période de repos (inhibition) peut être suivie d'une période de réaction au cours de laquelle les battements sont plus forts et plus rapides. Le cœur revient ainsi à la condition normale.

Stimulez maintenant le nerf pneumogastrique, en indiquant sur le tracé des mouvements du cœur, au moyen d'un signal (voy. l'Appendice), le moment où l'excitation commence et celui où elle finit. *Vous remarquerez que le cœur ne s'arrête pas immédiatement après que le courant est lancé dans le nerf.*

5. — Placez la grenouille sur un plateau et disposez un levier de telle sorte qu'il presse légèrement sur le ventricule du cœur et que sa pointe soit en contact avec un cylindre tournant. Prenez un tracé des pulsations du ventricule, le cylindre tournant avec une vitesse modérée.

Vous remarquez que le levier se soulève et retombe, ce qui indique un changement de forme du ventricule pendant la contraction. L'ascension de la courbe est d'abord rapide, puis plus lente, elle arrive à un maximum et la chute est de même, d'abord lente, puis rapide, et en dernier lieu se ralentit de nouveau.

6. — Retournez le cœur et excitez-le à la ligne de

réunion du sinus veineux et de l'oreillette droite. Le cœur cesse de battre exactement comme si le pneumo-gastrique était excité.

7. — Enlevez avec soin le tissu conjonctif qui entoure les gros troncs vasculaires, liez les veines caves supérieures tout près du cœur, passez un fil de soie sous le bulbe aortique et passez en deux sous la veine cave inférieure. Faites sur chacun de ces trois fils un nœud lâche que vous puissiez serrer en temps opportun. Coupez l'aorte en travers et épongez le sang qui en coule. Soulevez tout près du foie, avec une paire de pinces très fines, la paroi de la veine cave inférieure et pratiquez dans le pli soulevé une petite incision avec des ciseaux très fins et pointus. Insérez dans cette incision une canule très petite et liez-la dans la veine avec la plus bas placée des deux ligatures. Lavez le cœur en y injectant de la façon indiquée leçon XII (Cf. § 4) de la solution saline normale. Injectez ensuite une solution à 0,5 % de chlorure d'or jusqu'à ce que la solution commence à sortir par l'aorte. Alors vous liez le bulbe aortique. Vous injectez de nouveau la solution de chlorure d'or, et, quand le cœur est distendu, vous liez la dernière ligature sur la veine cave inférieure et immédiatement au delà du bout de la canule. Enlevez le cœur et plongez-le dans une solution de chlorure d'or à 0,5 %, où vous le laissez de dix à quinze minutes. Vous le mettez ensuite dans l'eau distillée, vous ouvrez les oreillettes et vous secouez bien pour enlever tout le chlorure d'or superflu. Vous transférez le cœur dans l'eau acidulée par l'acide acétique et vous le laissez là un jour entier. Quand il est bien coloré vous détachez les oreillettes et le ventricule du septum inter-auriculaire (en détachant les dernières portions d'oreillettes,

il est bon d'examiner le septum de temps à autre avec un grossissement faible) et vous montez dans la glycérine le septum une fois qu'il est bien isolé. Observez :

a. — Les deux faisceaux de fibres nerveuses qui pénètrent dans le septum et qui ont çà et là sur eux des amas de cellules (il vaut mieux les examiner à un faible grossissement). Il n'y a qu'un petit nombre de ces fibres qui soient pourvues de moelle.

b. — De ces deux faisceaux on voit partir des fibres nerveuses qui forment un plexus sur le septum. Dans ce plexus on voit des cellules nerveuses isolées ou groupées en petit nombre.

c. — Il n'est pas rare de voir ces cellules émettre un prolongement ; souvent même il est possible d'apercevoir un prolongement spiral. (Cf. Leçon X, *E.*)

d. — Le septum est constitué principalement par des fibres entrecroisées formées elles-mêmes de cellules musculaires faiblement striées. Ces cellules sont allongées ainsi que leurs noyaux et ressemblent plus aux cellules d'un muscle lisse qu'aux cellules striées d'un muscle de mammifère. (Cf. Leçon VIII, § 12.) Les contours de chaque cellule en particulier sont peu distincts.

e. — On ne voit pas de capillaires.

On peut encore voir des fibres nerveuses en grand nombre et des cellules dans le sinus et à la jonction du septum avec le ventricule (*ganglions de Bidder*). On en trouve quelques-unes dans la paroi des oreillettes et à la base du ventricule. Il faut monter dans la glycérine un fragment d'oreillette pour observer les faisceaux entrelacés de fibres musculaires, qui sont plus développés encore dans le ventricule et qui lui donnent l'apparence spongieuse que laisse voir une coupe. Là, pas plus que dans le septum et dans tout le reste du cœur de la grenouille d'ailleurs, on ne voit de capillaires.

QUATORZIÈME LEÇON

PRESSION DU SANG

A. — PETIT SCHÉMA ARTÉRIEL [1]

1. Serrez le tube de caoutchouc à son extrémité proximale voisine du sac qui fait l'office de pompe et laissez l'eau s'écouler par le tube de verre. Faites agir la pompe avec une énergie uniforme à raison de 30 à 40 coups par minutes. On peut, pour plus de régularité, compter les coups de pompe avec un métronome. L'eau sort de l'extrémité du tube de verre par jets dont chacun correspond à un coup de pompe. Il sort à chaque coup autant d'eau par l'extrémité distale qu'il en entre par l'extrémité proximale.

2. Adaptez à l'extrémité ouverte du tube de verre une canule fine qui oppose une résistance considérable à l'écoulement de l'eau. Faites agir la pompe avec la même force et la même fréquence que tout à l'heure. L'écoulement sera encore intermittent, mais comme à chaque coup il sort moins de liquide par l'extrémité distale, il en entre aussi moins par l'extrémité proximale.

3. Fermez le tube de verre à son extrémité proximale et desserrez la pince fixée sur le tube élastique. Laissez ce dernier librement ouvert à son extrémité distale.

[1] Voir l'Appendice.

Faites agir la pompe comme tout à l'heure. Comme il ne se présente à l'écoulement du liquide qu'une très faible résistance, l'élasticité du tube n'est pas mise en jeu et l'écoulement est intermittent comme tout à l'heure avec le tube de verre.

4. Adaptez la canule fine à l'extrémité distale du tube de caoutchouc et faites agir la pompe comme précédemment. L'écoulement du liquide trouve une résistance considérable, l'élasticité du tube est sollicitée et l'eau sort de son extrémité en un jet non plus intermittent, mais continu. Si le tube est suffisamment long et suffisamment élastique à proportion de la force et de la fréquence des coups de pompe, le jet sera absolument continu, sans saccades.

B. — GRAND SCHÉMA ARTÉRIEL

La pompe représente le cœur, les petits tubes offriront au passage du liquide une résistance qui représentera celle des petites artères et des capillaires. Les tubes situés près du cœur en deçà de cette résistance représentent les artères et les tubes situés au delà les veines.

I. — MANOMÈTRE A MERCURE

Le manomètre A est mis en rapport avec le tube artériel et le manomètre V avec le tube veineux.

a. — Desserrez les pinces marquées *c, c'* et *c''* de façon que la résistance interposée entre les tubes artériels et veineux soit minima. Disposez les manomètres de façon à leur permettre d'inscrire leur tracé sur le cylindre tournant, et que le tracé de V se trouve au-dessous de A sur la même ligne verticale. Faites travailler rapidement la pompe en vous réglant sur un métronome.

En A, le mercure s'élève à chaque coup de pompe et retombe de nouveau à son ancien niveau à chaque intervalle entre deux coups. (La vitesse acquise par le mercure dans sa chute l'abaisse souvent au-dessous de ce niveau, et la chute est souvent suivie en outre d'une ou deux oscillations.)

On observe en V que le mercure s'élève et s'abaisse de la même façon qu'en A et presque ou même tout à fait dans les mêmes limites.

b. — Serrez les pinces *c*, *c'* et *c"* de manière à rendre très considérable la résistance des capillaires. Le mercure s'élève rapidement en A dès le premier coup de pompe et s'abaisse quand on cesse de comprimer le sac de caoutchouc qui représente le cœur, mais avec plus de lenteur que dans l'expérience *a*. Comme il n'a pas fini de descendre au moment où l'on donne le second coup, il monte cette fois plus haut que la première. Au troisième coup, il remonte encore et toujours plus haut, mais l'accroissement d'élévation est moins considérable que tout à l'heure. Chaque nouveau coup produit un effet analogue. On atteint de la sorte, après quelques coups de pompe, la pression artérielle moyenne. A partir de ce moment, le mercure n'a plus que de petites oscillations correspondant aux coups de pompe.

Quand on cesse d'agir sur la pompe, le mercure s'abaisse peu à peu jusqu'à ce qu'il reprenne le niveau primitif.

Dans le manomètre V, le mercure s'élève moins haut que dans l'expérience *a*; la pression moyenne dans ce manomètre est beaucoup plus faible que dans A, le mercure n'y a point d'oscillations, ou bien, quand il en existe, elles sont moins fortes que dans le manomètre A.

Par suite de l'existence d'une résistance, il s'établit dans les tubes qui représentent le système artériel, entre la résistance et le sac de caoutchouc qui fait l'office de pompe et représente le cœur, une pression moyenne (pression du sang dans les artères) ; cette pression est marquée par des oscillations synchrones avec les coups de pompe. Au delà de la résistance, dans les tubes qui représentent le système veineux, la pression moyenne est moindre que dans le système artériel, les oscillations sont très légères et peuvent même ne pas se produire.

2. — Écoulement par les artères et par les veines. Enlevez les tubes effilés *a* et *v*. Tenez serrées les pinces c, c', c". Faites agir la pompe. Le liquide sort par jets en *a* du côté des artères; en *v*, du côté des veines, l'écoulement est presque ou même tout à fait continu.

3. Sphygmographe.

Disposez les leviers *Sa* (côté des artères) et *Sv* (côté des veines) pour écrire sur un tambour tournant de telle sorte que les deux tracés soient superposés.

a. — Desserrez les pinces c, c' et c", et faites agir la pompe. Les deux leviers décrivent des lignes presque droites, il ne se produit à chaque coup de pompe qu'une légère ascension de la courbe, qui a la même hauteur pour les deux tracés.

Quand la résistance est faible ou nulle dans le système capillaire, l'élasticité des parois artérielles n'est que très peu sollicitée à chaque coup de pompe.

b. — Serrez les pinces c, c' et c".

Le levier *Sa* décrit maintenant à chaque coup de pompe une courbe bien accentuée.

La courbe atteint tout de suite un maximum, puis commence à descendre, il se produit dans la chute une interruption suivie d'une légère élévation (onde dicrotique) et d'une descente finale.

Le levier *Sv* ne décrit qu'une ligne droite.

L'accroissement de pression indiqué par le mano- mètre à mercure à chaque coup de pompe, est ac- compagné par une distension des parois du tube artériel, causée par l'élévation du levier. C'est ce phénomène qui constitue le pouls.

Ce phénomène n'a pas lieu dans le tube qui repré- sente les veines.

4°. Progression de l'onde pulsatile.

Placez les deux leviers du sphygmographe, l'un *Sa* aussi près que possible de la pompe, l'autre *Sa* aussi près que possible de la résistance. Disposez les deux leviers de manière *que leurs pointes inscri- vantes se trouvent exactement superposées sur le cy- lindre enregistreur.*

(Les deux leviers devront, autant que possible, exer- cer tous les deux la même pression.)

Chaque ascension de *Sa* commence un peu avant et atteint aussi son maximum avant celle de *S'a.* En d'autres termes, le pouls se fait sentir en *S'a* un peu plus tard qu'en *Sa.*

Un diapason enregistreur permet de mesurer cet in- tervalle de temps et de déterminer, la longueur du tube comprise entre les deux leviers étant donnée, la vitesse de propagation de l'onde pulsatile.

5. Pendant que la pompe agit, les pinces à pression étant serrées, et que les manomètres A et V inscrivent

leurs tracés, diminuez graduellement la résistance en desserrant doucement c', d'abord et ensuite c''.

La courbure de pression artérielle, eucore marquée par les oscillations du pouls, tombe peu à peu, tandis que, par contre, la courbe du système veineux s'élève.

Quand la résistance des capillaires diminue, la pression diminue dans les artères et augmente dans les veines.

6. Serrez les pinces c' et c'', et prenez les tracés des manomètres, puis diminuez l'intensité des coups de pompe.

La pression diminue à la fois dans les artères et dans les veines.

Quand la pince c' est serrée, le principal tronc artériel du schéma se divise en deux branches X et Y, dont chacune est pourvue d'un système capillaire producteur de résistance et d'un tube veineux particulier.

Prenez les pinces c', c'', et placez des pinces à pressoir sur des tubes immédiatement au-dessous des points x et y.

a. — Manœuvrez la pompe avec la plus grande régularité possible, et mesurez la quantité de liquide qui s'échappe dans un temps donné (10 secondes, par exemple), du tube veineux de X et du tube veineux de Y par les tubes latéraux x et y.

b. — La pince c'' de X restant fermée, desserrez la pince c' de Y en manœuvrant exactement la pompe de la même façon que tout à l'heure, mesurez de nouveau la quantité de liquide qui s'écoule dans dix secondes.

L'écoulement par Y est plus considérable que tout à l'heure. Par contre, l'écoulement de X diminue, quoique la résistance en X soit exactement la même qu'auparavant.

L'écoulement du liquide par une artère dépend non seulement de la résistance offerte par ses propres artérioles et son système capillaire propre, mais encore de la résistance des autres artères.

QUINZIÈME LEÇON

GLANDES SALIVAIRES ET PANCRÉAS, SALIVE

A. — GLANDE SALIVAIRE MUQUEUSE

1. Faites des coupes d'une glande sous-maxillaire de chien préalablement mise à macérer une heure dans l'alcool à 75° et ensuite dans l'alcool absolu. Colorez ces coupes avec le carmin (très dilué de préférence) ou bien l'hématoxyline et montez-les dans la glycérine.

Observez à un grossissement faible.

a. La division de la coupe en compartiments irréguliers à contour anguleux par des cloisons de tissu conjonctif, qui, si la coupe a intéressé le pourtour de la glande, semblent procéder de la gaine conjonctive de cette glande. Ce sont les LOBULES primaires; on peut voir, mais d'une façon assez peu distincte, qu'ils se décomposent eux-mêmes en lobules plus petits.

b. — Les ALVÉOLES apparaissent comme de petits corps arrondis, étroitement unis les uns aux autres pour former les lobules; chacune d'elles paraît constituée par un groupe de cellules, entouré par un tissu conjonctif plus ou moins abondant continu avec celui des cloisons.

c. — Çà et là, on voit la trace de petits conduits coupés obliquement ou en travers. D'ordinaire ils ont une coloration plus intense que les alvéoles, ne sont pas entourés d'un anneau distinct de tissu conjonctif et ont une lumière bien définie.

2. Un grossissement considérable laisse voir que :

a. — Les alvéoles ont des dimensions très variables et souvent ne présentent point de lumière distincte; quand on en voit une c'est un espace irrégulier au milieu des cellules.

b. — Les cellules muqueuses sont assez grandes, la plupart d'entre elles ont un noyau discoïde situé dans la partie extérieure de la cellule aux environs de la *basement membrane* de la glande. On voit autour du noyau un petit amas de protoplasma coloré duquel part un réseau protoplasmique également coloré qui s'étend plus ou moins dans la cellule, le reste du protoplasma ne se colore que peu ou point.

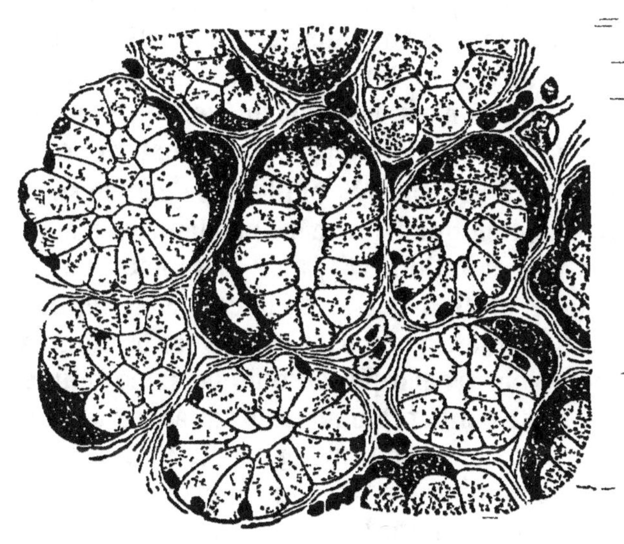

FIG. 35. — Coupe d'une glande salivaire muqueuse, état de repos.

c. — LES CELLULES EN CROISSANT se présentent souvent en groupes, situés immédiatement au-dessous de 'la membrane propre ou *basement membrane* de la glande, elles sont uniformément colorées; elles ont généralement, comme leur nom l'indique, la forme d'un croissant et possèdent souvent deux noyaux. Elles émettent souvent des prolongements qui pénètrent entre les cellules muqueuses et semblent ainsi remplir les interstices existant entre les cellules muqueuses et la membrane propre de la glande.

d. — L'épithélium des petits conduits consiste en une simple couche de cellules cylindriques dont, sur une coupe, les bords tournés vers l'intérieur du conduit paraissent soudés ensemble de façon à former une sorte d'anneau très distinct bordant la lumière du canal. A la partie externe (tournée vers la périphérie de la glande) de la cellule, on ne voit rien d'analogue à cette sorte de bordure. Les cellules présentent une striation très nette, surtout dans les préparations colorées par l'hématoxyline. Dans chaque cellule, on trouve un noyau ovale qui n'est pas situé au centre de la cellule, mais se trouve plutôt rapproché de l'extérieur.

3. Prenez un fragment très petit d'une glande sous-maxillaire de chien qui ait macéré pendant trois à six jours dans une solution à 5°/₀ de chromate neutre d'ammoniaque, et dissociez-le dans ce même liquide. Observez les cellules muqueuses et les cellules en croissant isolées. Vous remarquerez que dans les cellules muqueuses l'extrémité profondément située, celle où se trouve le noyau, donne un prolongement. Ce prolongement, ainsi qu'une portion plus ou moins considérable du protoplasma entourant le noyau, est plus granuleux et plus opaque que le reste de la cellule. On verra peut-être aussi le reticulum protoplasmique. (Cf. 2; *b.*)

4. Examinez une préparation montée de glande sous-maxillaire de chien prise après une sécrétion prolongée. Observez à un grossissement considérable que :

a. — Les cellules muqueuses et les cellules en croissant se ressemblent beaucoup ici.

b. — Les cellules muqueuses sont plus petites, une
plus grande partie de leur protoplasme est coloré, la

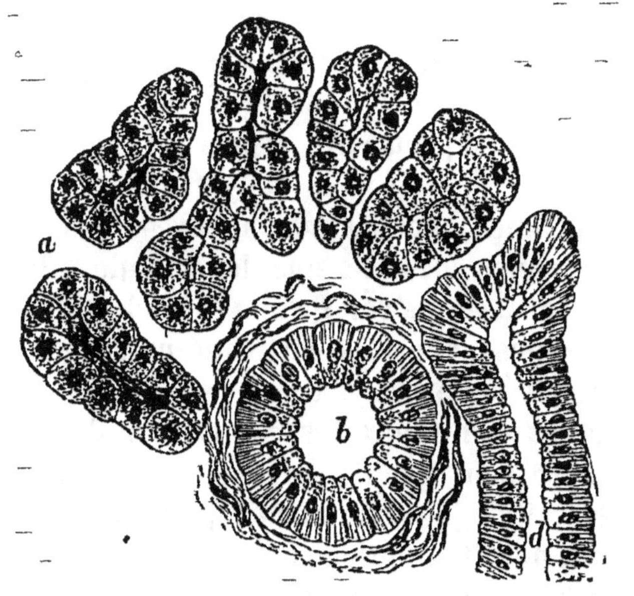

FIG. 36. — Coupe d'une glande salivaire séreuse.
a, Alvéole glandulaire. — *b*, Conduit intra-lobulaire coupé transversalement.

partie non colorée est comme tout à l'heure la plus voisine de la cavité de la glande. Leurs noyaux sont sphériques au lieu d'être discoïdes, plus rapprochés du
centre des cellules et pourvus de nucléoles bien apparents.

Dans certaines alvéoles ou dans certaines parties d'alvéoles les modifications que nous venons de mentionner apparaissent bien plus nettement qu'ailleurs. Dans
certaines, on observe seulement que les croissants sont
plus apparents et que les noyaux des cellules muqueuses
sont sphériques.

B. — Glandes salivaires a sécrétion aqueuse

1. Faites des préparations d'une glande parotide d'un mammifère quelconque ou d'une glande sous-maxillaire de lapin. Le tissu peut avoir été conservé soit dans l'alcool (Cf. A, § 1), soit dans l'acide chromique en solution à 0,2 %. Comparez ces coupes avec les coupes de glande salivaire muqueuse (A). Remarquez que dans les alvéoles :

a. — Les cellules, plus ou moins polyédriques, ont des contours moins arrondis que les cellules de la glande muqueuse. On ne voit qu'une sorte de cellule.

b. — Les cellules, qui paraissent très granuleuses, sont colorées presque uniformément.

c. — A moins d'être rétractés par l'action des réactifs, les noyaux sont sphériques et situés presque au centre de la cellule (quoique un peu plus rapprochés ordinairement du côté extérieur).

2. Dissociez dans la solution saline normale un petit morceau de glande parotide de lapin (l'animal aura été sacrifié, s'il se peut, huit ou dix heures après un repas abondant).

Observez les nombreuses granulations qui remplissent les cellules.

C. — Pancréas

1. Faites des coupes d'un pancréas *au repos* [1] (de

---

[1] Par glande *au repos* on entend une glande qui n'a pas sécrété ou n'a sécrété que fort peu plusieurs heures durant ; par glande *active*, on entend une glande qui, pendant une heure et plus vient de sécréter avec activité. Dans les deux cas, il faut que l'animal soit dans un état de nutrition satisfaisant ; le pancréas d'un ani-

chien, de lapin ou de grenouille) durci préalablement par l'acide osmique ; montez les coupes dans la glycérine diluée. Observez :

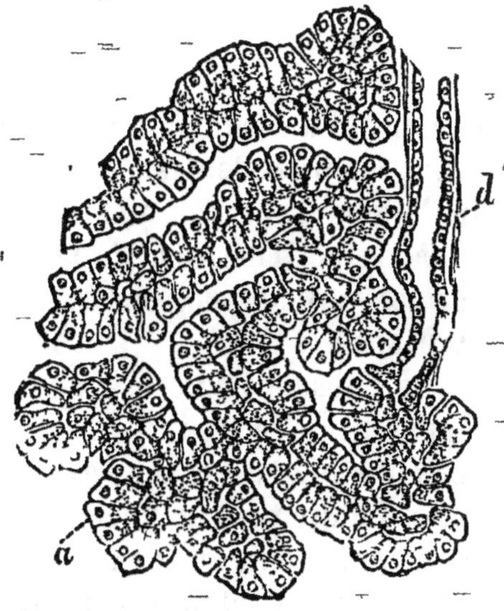

FIG. 37. — Coupe transversale du pancréas du chien.

a, Les alvéoles (tubes) de la glande ; les cellules de revêtement montrent une partie externe homogène et une partie interne qui paraît granuleuse. — *d*, un fin conduit excréteur.

a. (Grossissement faible.) — Comme les glandes salivaires que nous venons d'étudier, la glande est constituée par des lobes, des lobules et des alvéoles.

mal qui a jeûné longtemps n'est pas un pancréas au repos. Sur le chien et le lapin, on doit enlever le pancréas cinq à six heures après un bon repas si on veut l'avoir en état d'activité, douze heures environ après un bon repas si on veut l'avoir en état de repos. Sur la grenouille, on enlèvera le pancréas huit ou dix heures après un bon repas pour l'avoir en activité, un ou deux jours après pour l'avoir au repos. Les vers sont ce qu'il y a de mieux pour nourrir les grenouilles. Les cellules pancréatiques des grenouilles malades ou qui ont jeûné trop longtemps ont ordinairement à la périphérie une zone distincte dépourvue de granulations ; quoi qu'il en soit, le pancréas doit être placé dans l'acide osmique au $^1/_{100}{}^e$ de deux à vingt-quatre heures suivant les cas, puis lavé et transféré dans l'alcool à 35°.

b. (Grossissement fort.) — Les cellules contiennent un grand nombre de granulations qui les remplissent presque ou même tout à fait jusqu'au bord. Les noyaux sont plus ou moins complètement cachés par ces granulations.

2. Faites des coupes d'un pancréas en état d'activité et comparez-les avec les précédentes.

a. — Les granulations sont peu nombreuses, il n'y en a pas dans la partie périphérique de la cellule, qui possède ainsi une ZONE INTERNE GRANULEUSE et une ZONE EXTERNE NON GRANULEUSE.

b. — Par suite de l'absence de ces granulations, le noyau est plus apparent, il se trouve en grande partie ou même entièrement situé dans la zone extérieure non granuleuse, il y a ordinairement un nucléole distinct.

c. — Si la glande a été enlevée peu de temps après une sécrétion très active, les cellules sont presque entièrement débarrassées de leurs granulations, celles de ces granulations qui restent encore sont plus petites; l'on voit mieux les cavités glandulaires.

3. Préparez des coupes d'un pancréas en activité durci dans l'alcool, colorez-les par le carmin et montez-les dans la glycérine diluée.

Dans chaque cellule, on voit toujours la division en zone granuleuse et zone non granuleuse, comme pour les préparations à l'acide osmique ; toutefois la zone interne apparaît sous la forme d'une masse confusément granuleuse, au lieu d'une agrégation de granulations sphériques séparées. La zone extérieure paraît homogène et se colore avec plus d'intensité que la zone externe.

D. — SALIVE

1. Examinez un peu de salive fraîche au microscope avec un pouvoir grossissant considérable. Sans faire

5*

attention aux cellules épithéliales plates provenant de la muqueuse buccale, étudiez les corpuscules de salive ; ils sont plus volumineux que les globules blancs ordinaires, mais leur ressemblent d'ailleurs de tous points. Dans la plupart, on voit un mouvement brownien actif avoir lieu à l'intérieur du corpuscule.

2. Essayez au papier de tournesol neutre la réaction d'une goutte de salive, vous la trouverez alcaline.

3. Vous pouvez obtenir de la salive en quantité considérable, si vous excitez la sécrétion, soit en mâchant un petit bout de tube de caoutchouc, soit en vous emplissant la bouche de vapeur d'éther, soit en vous promenant sur la langue un cristal d'acide tartrique,

Si vous en avez le temps, vous laisserez la salive reposer jusqu'à ce qu'elle cesse d'être trouble par suite du dépôt d'un sédiment. Vous prenez alors quelques centimètres cubes de ce liquide et vous y versez quelques gouttes d'acide acétique concentré ; vous y verrez la mucine se précipiter sous la forme d'un coagulum filamenteux qui n'est pas soluble ou ne l'est que très difficilement dans un excès d'acide. Agitez légèrement, au bout d'une ou deux minutes, la mucine se rassemble en un amas que vous enlevez avec l'agitateur ou que vous séparez par filtration.

4. Ajoutez à la salive ainsi clarifiée une goutte ou deux d'une solution concentrée de ferrocyanure de potassium. Le léger précipité qui en résulte indique la quantité totale des PROTÉIDES présentes. (Cf. Leçon III, § 16.) Si la réaction n'a pas lieu vous pourrez essayer une autre petite quantité de la même salive avec le réactif de Millon.

5. Prenez quelques centimètres cubes d'empois d'a-

midon [1] dans un tube à essai et ajoutez-y une goutte ou deux d'une solution d'iode pas trop concentrée ; vous verrez le mélange prendre une coloration bleu indigo. Si cette coloration était trop foncée vous achèveriez de remplir le tube à essai avec de l'eau.

6. A 5 centimètres cubes d'une solution aqueuse à 5 % de dextrine [2], vous ajoutez goutte à goutte une solution d'iode concentrée. Le mélange prend une coloration rouge brun très foncée. Chauffez, la coloration rouge brun disparaît promptement et fait place à une teinte jaune brun due à la présence de l'iode ; au fur et à mesure que le mélange se refroidit, on voit la coloration rouge brun reparaître. Si maintenant vous ajoutez de l'eau, vous voyez cette coloration rouge brun s'affaiblir de nouveau, et le liquide prendre peu à peu une teinte brun jaunâtre. On peut s'assurer en chauffant le mélange que ce n'est pas à l'iode qu'il faut attribuer cette coloration.

7. Prenez 5 centimètres cubes d'une solution au $1/100^e$ de dextrose (sucre de raisin, glucose), ajoutez-leur un excès de solution concentrée de soude caustique et deux ou trois gouttes d'une solution au $1/100^e$ de sulfate de cuivre ; il se forme d'abord un précipité d'hydrate d'oxyde cuprique qui se redissout aussitôt en donnant

---

[1] Pour préparer l'empois d'amidon, vous prenez 1 gramme d'amidon et vous le délayez dans l'eau froide de façon à obtenir une pâte très molle. Versez alors cette pâte dans un vase contenant 100 centimètres cubes d'eau bouillante, faites bouillir le tout quelques minutes et laissez refroidir. L'empois ne doit pas présenter de grumeaux et doit être assez liquide pour se laisser facilement mesurer avec une pipette.

[2] On peut acheter la dextrine chez un droguiste ou la préparer soi-même en faisant bouillir un peu d'amidon dans l'acide sulfurique dilué (à environ 3 %) jusqu'à ce qu'une goutte du mélange prenne une coloration rouge brun sous l'action d'une goutte de solution d'iode.

au mélange une coloration bleue. Portez à l'ébullition ; l'oxyde cuprique se réduit et donne un précipité rouge ou jaune d'oxyde cupreux (RÉACTION DE TROMMERZ). Quand il n'y a qu'une très petite quantité de sucre dans la liqueur, il ne se forme pas de précipité distinct, mais le mélange (d'abord bleu) se décolore ou vire au jaune faible. Répétez l'expérience en ajoutant cette fois à la liqueur six gouttes d'une solution concentrée de sulfate de cuivre ; la réaction est beaucoup moins nette, en partie à cause de la coloration bleue due à l'hydrate d'oxyde cuprique dissous, en partie à cause de la présence d'un précipité brun noirâtre d'oxyde cuprique anhydre.

3. Dans cette expérience et dans les suivantes, on doit étendre la salive[1] de cinq à dix fois son volume d'eau distillée.

Mélangez des quantités (5 cent. cubes par exemple) d'amidon et de salive dans un tube à essai que vous ferez ensuite chauffer au bain-marie à la température d'environ 32°C. A des intervalles très courts (deux à trois minutes), vous prendrez une goutte du mélange que vous déposerez sur une plaque de porcelaine et à laquelle vous ajouterez une goutte de la solution d'iode. Vous obtiendrez successivement les colorations bleue, bleu violet, violet tirant sur le rouge, rouge brun et jaune brun clair, selon les quantités relatives d'amidon et de

---

[1] On peut, au lieu de salive, se servir de l'extrait aqueux d'une glande à ptyaline. Voici comment on prépare cet extrait. On broye une glande parotide de lapin préalablement débarrassée du tissu conjonctif qui l'entoure. On délaie la pâte ainsi obtenue avec 200 centimètres cubes d'eau. On laisse digérer à l'étuve une heure ou deux et on filtre. L'extrait aqueux ainsi préparé contient beaucoup de matière albuminoïde qui masque l'action réductive du sucre sur l'hydrate cuprique dans la réaction de Trommerz quand il n'y a pas beaucoup de sucre dans la liqueur.

dextrine présentes dans le mélange. Finalement, il ne se produira pas de coloration du tout, tout l'amidon et toute la dextrine (érythro-dextrine) ayant disparu. Faites maintenant deux parts du liquide.

a. (1re moitié.) — Ajoutez de l'iode, il ne se produit aucune coloration.

b. (2e moitié.) — Ajoutez un excès de solution de soude caustique et une goutte de solution au $1/100^e$ de sulfate de cuivre et portez à l'ébullition. La liqueur se colore en jaune et il se forme un précipité jaune qui dénote la présence du sucre.

9. Faites bouillir un peu de salive dans un tube à essai. Ajoutez de l'amidon et chauffez. Au bout d'une demi-heure, faites deux parts du mélange et répétez les deux expériences comparatives du § 8 (*a* et *b*). On verra la coloration bleue due à la présence de l'amidon se produire; on ne trouve pas trace de sucre; l'ébullition détruit donc le ferment (ptyaline) qui convertit l'amidon en sucre.

10. Dans le cas où la salive dont vous vous êtes servi lors des expériences du § 8 effectuerait rapidement la conversion de l'amidon en sucre, vous en prendriez une certaine quantité que vous dilueriez encore davantage en vue de l'expérience suivante. Prenez trois tubes à essai et versez dans chacun d'eux un mélange en parties égales de salive et d'amidon. Le premier (*A*) est mis à chauffer au bain-marie à la température d'environ 32° C ; le deuxième (*B*), laissé à la température ambiante (notez-la) ; le troisième (*C*) mis dans un vase entouré de glace (il vaudrait mieux refroidir l'amidon et la salive séparément avant de les mélanger). De temps à autre, à des intervalles rapprochés, vous prenez dans chaque tube, avec une baguette de verre, une goutte de

son contenu et vous mettez cette goutte en contact avec une goutte d'iode déposée d'avance sur une assiette de porcelaine, ceci afin de voir avec quelle promptitude s'opère la transformation de l'amidon en sucre dans les trois mixtures. L'amidon disparaît beaucoup plus tôt en A qu'en B. En C, il ne se produit presque pas de changement.

Quand il ne reste plus d'amidon en A, vous enlevez la glace qui entoure le tube C, vous le mettez chauffer au bain-marie, et comme tout à l'heure, vous essayez son contenu de temps en temps ; l'amidon ne tarde pas à disparaître entièrement. Une température de 0° arrête donc l'action du ferment salivaire, mais sans détruire ses propriétés.

11. Prenez 5 centimètres cubes de salive préalablement neutralisée et mélangez-les à 5 centimètres cubes d'une solution à 0, 2 % de HCL [1] ; la mixture ainsi formée contient 0,1 % de HCL. Chauffez pendant dix minutes à la température de 32° C. [2], ajoutez 3 ᶜᶜ, 5 d'une solution à 0,4 % de Ma² CO³ et complétez la neutralisation s'il en est besoin par l'addition de quelques gouttes d'une solution plus diluée du même sel. Ajoutez quelques centimètres cubes d'empois d'amidon et faites chauffer à la température de 37° C. Au bout d'une demi-heure, essayez les réactions de l'amidon et du sucre. On trouvera de l'amidon, mais point de sucre, donc l'acide a détruit la ptyaline.

---

[1] L'acide chlorhydrique pur concentré du commerce contient environ 33 % de HCL.
[2] Dans cette expérience, comme dans celles qui lui sont analogues (Leçon XVI), on indique la température de 32° C. parce qu'elle est très voisine de la température normale du corps de l'homme, mais il n'y a aucun inconvénient à employer une température un peu plus basse ou un peu plus élevée.

12. Mettez dans un dialyseur [1] (A) 15 centimètres cubes d'empois et dans un autre (B) 10 centimètres cubes d'empois et en outre un peu de salive.

Vous essayez de temps à autre la réaction de l'eau du vase extérieur de chaque appareil. Dans l'eau de l'appareil A, point de trace d'amidon ni de sucre, dans l'eau de l'appareil B, du sucre, mais point d'amidon. Preuve que le sucre dialyse, ce qui n'a pas lieu pour l'amidon.

13. Mélangez ensemble un peu d'amidon cru (par exemple de l'arrow-root) et une petite quantité de salive et faites chauffer doucement en ayant soin d'agiter fréquemment. L'amidon met beaucoup de temps à se convertir en sucre. Ce n'est guère qu'au bout d'une heure ou même davantage qu'on y peut découvrir des traces de sucre.

---

[1] On fera un dialyseur très convenable avec un petit bout de tube de papier-parchemin (Papier Darme) tel qu'en vend Carl Brandegge, à Ellwangen (Wurtemberg). (Voy. Gamgee, *Physiological Chemistry*, vol. I, p. 6.)

SEIZIÈME LEÇON

ESTOMAC. — SUC GASTRIQUE. — LAIT

A. — STRUCTURE DE L'ESTOMAC

1. Pratiquez des coupes dirigées dans le sens à la fois transversal et vertical par rapport à l'organe, de la paroi

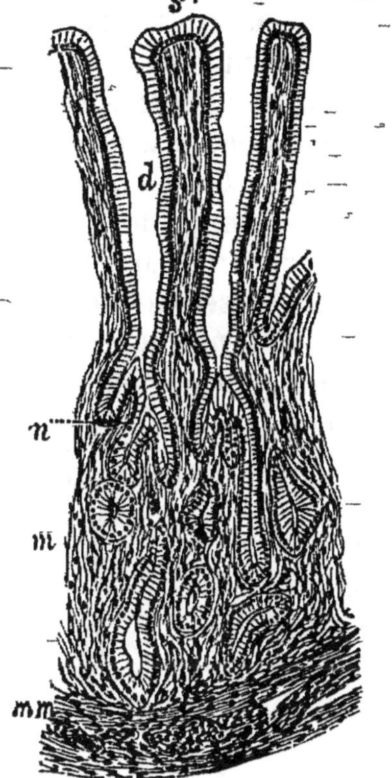

Fig. 38. — Coupe verticale de la membrane muqueuse de l'extrémité pylorique de l'estomac.

s, Surface libre. — d, Conduits des glandes pyloriques. — m, les tubes glandulaires. — mm, muscularis mucosæ.

d'un estomac de lapin, dans la région dite grande courbure de l'estomac. L'estomac aura préalablement macéré dans l'alcool (cf. p. 38 F. § 1) ou dans l'acide chromique au $^2/_{1000}$e. Colorez les coupes par le carmin ou le bleu d'aniline (on obtient les plus belles colorations en laissant séjourner les coupes un jour ou deux dans une solution diluée du réactif colorant). Observez à un grossissement faible.

a. — En dehors, la tunique péritonéale, mince, constituée par du tissu conjonctif. — Viennent ensuite :

b. — La TUNIQUE MUSCULAIRE, constituée par une couche externe de fibres longitudinales et une couche interne de fibres circulaires ; les fibres des deux sortes sont lisses. Si les coupes ont exactement la direction indiquée, la première couche montre les sections transversales d'un grand nombre de faisceaux musculaires séparés les uns des autres par un tissu conjonctif provenant du péritoine, la seconde couche paraît continue. En dedans de cette dernière, on peut encore voir une couche musculaire beaucoup plus mince constituée par des fibres obliques.

c. — La TUNIQUE SOUS-MUQUEUSE, de nature conjonctive. Si la muqueuse est plissée, on voit la tunique sous-muqueuse, mais non pas la tunique musculaire, pénétrer dans les replis.

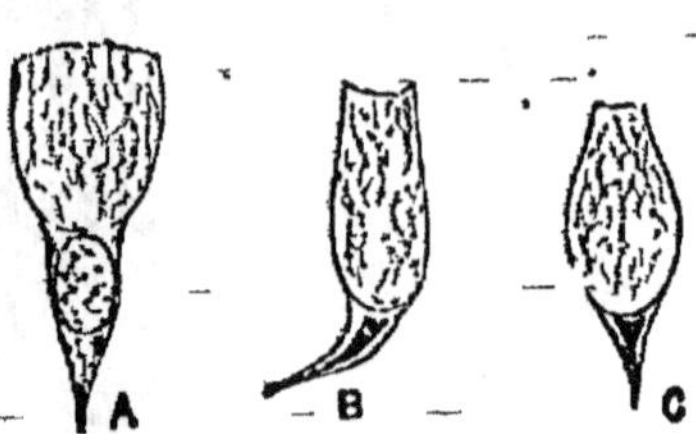

FIG. 39. — Trois cellules caliciformes sécrétant le mucus.

d. — La MUSCULARIS MUCOSÆ, tunique mince de fibres musculaires lisses située un peu au-dessous des glandes ; elle se laisse diviser de façon plus ou moins distincte en une couche externe de fibres longitudinales et une couche interne de fibres circulaires.

e. — La MUQUEUSE. On y remarque les glandes gastriques avec leurs orifices et les crêtes qui se trouvent entre ces orifices. Vous pourrez sans doute apercevoir la façon dont quelques-unes de ces glandes se bifurquent.

2. Observez à un fort grossissement :

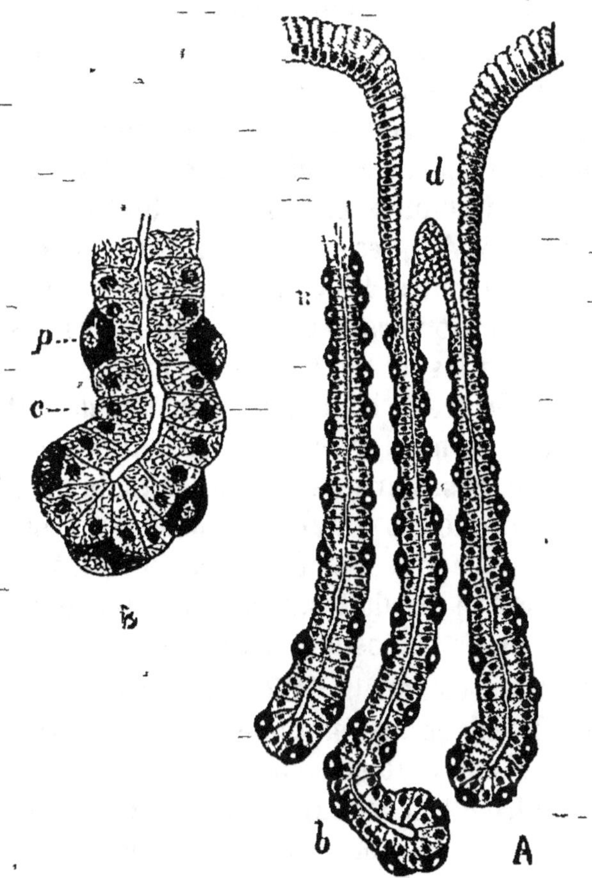

Fig. 40. — Glandes peptiques.

A, A un grossissement moyen. — B, Portion d'un tube glandulaire à un fort grossissement. — p, Cellules pariétales. — c, Cellules principales.

a. — Les cellules muqueuses ou caliciformes, cylin-driques, qui bordent les orifices glandulaires et tapissent les portions de la muqueuse laissées libres entre ces glandes. Ce sont de longues cellules étroites qui sont plus courtes aux alentours des orifices glandulaires.

Le tiers supérieur de la cellule est d'habitude beaucoup plus transparent que le reste et le noyau se trouve à peu près vers son tiers inférieur. Si le tissu n'est pas enlevé presque aussitôt après la mort de l'animal, ces cellules peuvent se détacher.

b. — Les grandes cellules ovoïdes ou cellules de bordure colorées d'une façon plus intense avec leurs noyaux ovoïdes, et les cellules CENTRALES, cylindriques mais courtes, ou polyédriques avec leurs noyaux sphériques. A la base des glandes, les cellules centrales sont ordinairement plus nombreuses; les cellules ovoïdes sont situées entre elles et la *basement membrane*. Aux environs de l'orifice de la glande, le nombre des cellules ovoïdes s'accroît, mais ces cellules sont alors beaucoup moins volumineuses que dans le corps de la glande. Il arrive souvent que ces cellules ovoïdes font en certains points proéminer vers l'extérieur la basement membrane. Ce fait se produit surtout quand l'animal est sacrifié peu après l'ingestion des aliments.

c. — Le tissu conjonctif délicat qui se trouve immédiatement en dedans de la muscularis mucosæ; il entoure les glandes à leur base et émet des prolongements qui pénètrent entre elles. Aux approches de la surface, ces fibres sont plus serrées et apparaissent sous la forme de bandes étroites relativement sombres, qui se colorent avec intensité. Remarquez la rareté des leucocytes.

3. Comparez la coupe longitudinale et verticale précédemment faite (Leçon VIII, § 11) de la tunique musculaire de l'estomac d'un chien avec la coupe verticale et transversale de la tunique musculaire d'un estomac

de lapin (§ 1). Les couches musculaires de la première sont plus épaisses.

4. Sur un petit morceau de la muqueuse gastrique prise dans la grande courbure de l'estomac du lapin, vous pratiquerez des coupes parallèles à la surface de la muqueuse et intéressant le corps des glandes. Vous remarquerez :

a. — Les cellules centrales qui forment un tube à lumière très étroite.

b. — Les cellules ovoïdes relativement rares, en dehors des cellules centrales.

5. Faites des coupes verticales de l'extrémité pylorique de l'estomac et après les avoir colorées par l'hématoxyline, comparez-les aux coupes de l'extrémité cardiaque. Notez :

a. — La plus grande épaisseur des couches musculaires tant longitudinales que circulaires.

b. — Les conduits excréteurs des glandes glandulaires plus larges et plus longs, fréquemment ramifiés et dépourvus de cellules ovoïdes.

Si la coupe intéresse la partie supérieure de la région pylorique, on peut voir quelques cellules ovoïdes. Les cellules situées au-dessous des orifices glandulaires (cellules sécrétantes des glandes pyloriques) ressemblent dans leurs traits généraux aux cellules centrales des glandes de la région cardiaque de l'estomac.

B. — STRUCTURE DE L'ŒSOPHAGE

1. Pratiquez des coupes transversales et verticales à travers le tiers inférieur d'un œsophage de lapin préalablement durci par le bichromate de potasse au $^1/_{100}{}^e$ et comparez-les aux coupes analogues de l'estomac. Elles en diffèrent par les points suivants.

a. — Les couches musculaires externes contiennent des fibres striées aussi bien que des fibres lisses. Dans les coupes de la portion supérieure de l'œsophage, on ne trouverait point de fibres lisses.

2. — Le tissu sous-muqueux renferme de nombreuses petites *glandes séreuses* (à sécrétion aqueuse) et *muqueuses* (cf. Leçon XV). Chacune d'elles est constituée par un conduit excréteur qui se ramifie et dont les ramifications se terminent par des dilatations qui sont les alvéoles.

c. — Il n'y a que des traces d'une muscularis mucosæ.

d. — La membrane muqueuse présente des papilles.

e. — L'épithélium comprend plusieurs couches de cellules (*épithélium stratifié*). Dans les couches profondes, les cellules sont sphériques ou cylindriques, elles sont aplaties à la surface. (Cf. Épiderme, leçon XXIV.)

C. — SUC GASTRIQUE

1. SUC GASTRIQUE ARTIFICIEL.

a. Prenez l'estomac d'un mammifère : arrachez-en la muqueuse, à l'exception de la muqueuse pylorique (vous pouvez à cet effet vous procurer chez un boucher un estomac de porc). Hachez menu cette muqueuse et mettez la pulpe ainsi obtenue avec deux cents fois son volume d'une solution à 0,2 % d'acide chlorhydrique dans un flacon que vous porterez au bain-marie à la température d'environ 40° centigrades. Au bout de quelques heures, cette pulpe sera en grande partie dissoute. Décantez et filtrez le liquide obtenu par décantation. Vous obtiendrez ainsi une solution de pepsine dans l'acide chlorhydrique, qui ne sera pourtant pas sans mélange d'une quantité considérable de peptone.

b. — Hachez menu une autre muqueuse stomacale. Enlevez avec du papier buvard l'excès de liquide, mélangez la pulpe ainsi obtenue à cinq fois son volume de glycérine et mettez de côté le mélange que vous aurez soin d'agiter de temps à autre. Il est bon d'abandonner ce mélange pendant quelques jours à lui-même avant de commencer à s'en servir. On peut le conserver presque indéfiniment.

Quand on en a besoin il suffit de le passer à travers un linge et de lui ajouter dix à vingt fois son volume d'une solution d'acide chlorhydrique à 0,2 °/o et de filtrer.

2. ACTION DU SUC GASTRIQUE. *a.* — Prenez quatre tubes à essai. Dans le premier (*A*), vous versez 5 centimètres cubes d'une solution d'acide chlorhydrique à 0,2 °/o, dans le second (*B*) 5 centimètres cubes de suc gastrique artificiel, dans le troisième (*C*) 5 centimètres cubes du même suc exactement neutralisé par le carbonate de soude dilué, dans le quatrième (*D*) 5 centimètres cubes du même suc préalablement porté à l'ébullition. Ajoutez au contenu de chacun de ces tubes une égale quantité de fibrine et faites chauffer au bain-marie à la température d'environ 37° centigrades. Examinez de temps à autre.

A. — La fibrine se gonfle et devient transparente, mais sans se dissoudre ; en neutralisant l'acide, on voit qu'elle n'a subi aucune modification.

B. — La fibrine est digérée.

C. — La fibrine reste telle quelle.

D. — La fibrine se comporte comme en A.

Ces expériences montrent que l'acide seul (*A*) de

même que la pepsine seule (*C*) ne peuvent digérer la fibrine, et que la température du point d'ébullition fait perdre à la pepsine ses propriétés. Si maintenant vous versez dans le flacon C un peu d'acide et que vous remettiez le tout à l'étuve, la digestion va s'opérer. La neutralisation n'a donc fait que suspendre l'action de la pepsine sans la détruire.

b. — Prenez deux tubes à essai (*A* et *B*) contenant chacun 5 centimètres cubes de suc gastrique artificiel et un morceau de fibrine. Mettez A à l'étuve et entourez B de glace ou tout au moins mettez-le au froid.

En A la fibrine est promptement digérée, en B elle ne l'est que peu ou même point du tout.

3. Prenez 5 centimètres cubes d'un suc gastrique artificiel éprouvé et trouvé capable de digérer promptement la fibrine, neutralisez-le, filtrez et ajoutez un égal volume d'une solution à 2 $\frac{0}{0}$ de carbonate de soude. Vous obtenez ainsi un mélange où la pepsine se trouve en présence d'un léger excès de sel alcalin. Portez le tout à l'étuve à la température de 40° centigrades pendant une demi-heure à une heure. Versez maintenant dans le mélange quelques gouttes d'acide chlorhydrique jusqu'à ce qu'il présente une réaction nettement acide, ou ce qui revient au même, neutralisez d'abord et ajoutez un égal volume d'une solution à 0,4 $\frac{0}{0}$ d'acide chlorhydrique. Ajoutez un flocon ou deux de fibrine et chauffez. La digestion ne s'opère point ou ne s'opère que fort peu. La pepsine a été détruite par le sel alcalin.

4. Mélangez dans une capsule 50 centimètres cubes de suc gastrique artificiel avec une certaine quantité de fibrine ou de tout autre albuminoïde et faites chauffer le tout jusqu'à ce qu'il ne reste plus que peu d'albumi-

noïde non dissous. Filtrez et neutralisez avec soin,
vous obtiendrez un précipité d'acidalbumine (parappp-
tone (cf. Leçon IX, § 15). Si maintenant vous filtrez,
le liquide qui passe sur le filtre consiste en peptones.

5. La solution obtenue dans l'expérience du § 4 vous
permet de déterminer les caractères suivants des peptones.

a. — Essayez les réactions des substances albuminoïdes (Leçon III, § 16); vous obtenez la réaction de
Millon et la réaction xanthoprotéique, mais il ne se
produit pas de précipité par l'acide acétique et le ferrocyanure de potassium.

b. — L'ébullition ne produit pas de coagulation.

c. — L'addition de soude caustique en excès et d'une
goutte ou deux de sulfate de cuivre en solution diluée
fait prendre à la solution une coloration rose qui tourne
au violet quand on augmente la proportion de sulfate
de cuivre. Comparez cette teinte avec celle que prend
sous l'influence des mêmes réactifs le sérum ou le blanc
d'œuf. (Leçon III, § 16, *c.*)

d. — Versez dans un dialyseur A une solution de
peptones et dans un autre B du sérum dilué ou du blanc
d'œuf. Au bout d'une heure ou deux essayez la réaction
xanthoprotéique sur le liquide qui se trouve en dehors de chaque dialyseur. Le dialyseur A seul donne
un résultat. La peptone a dialysé, mais non l'albumine.

D. — LAIT

1. Examinez au microscope, à un grossissement considérable, une goutte de lait frais, de lait de vache par
exemple. Il consiste en un liquide clair tenant én sus-

pension un grand nombre de globules graisseux très-réfringents et de dimension variable. Faites agir sur la préparation une goutte d'acide osmique, les globules prennent en quelques minutes une coloration brun-noirâtre.

2. Au papier de tournesol, le lait de vache frais donne une réaction alcaline; quelquefois la présence d'acide lactique libre le rend acide.

3. Prenez un peu de lait et étendez-le de cinq à dix fois son volume d'eau; neutralisez exactement le mélange par l'acide acétique dilué, il ne se produit aucun précipité. Si vous continuez à verser goutte à goutte de l'acide acétique, il se produit un précipité abondant de caséine qui entraîne avec lui presque toute la graisse. Quand il s'est produit un précipité floconneux distinct, on ne doit plus verser d'acide, car la caséine est soluble (peu soluble il est vrai) dans un excès d'acide. La neutralisation pure et simple ne la précipite pas à cause de la présence de phosphates alcalins dans le lait. (Cf. leçon IX, § 16 c.) Si l'on veut précipiter toute la caséine, il faut étendre beaucoup le lait.

4. Filtrez le mélange. Le liquide qui résulte de cette opération doit être clair, à moins que l'on n'ait versé trop ou trop peu d'acide acétique. Il faudrait alors ajouter, suivant le cas, un peu plus d'acide acétique ou verser quelques gouttes d'une solution diluée de carbonate de soude et filtrer de nouveau.

Si l'on fait bouillir le liquide obtenu par filtration, il se forme un précipité constitué par l'albumine (mélangée d'un peu de globuline); filtrez de nouveau et essayez sur le liquide que vous obtenez ainsi la réaction de Trommerz (leçon XV, D, § 7), il se produit un précipité jaune qui dénote la présence du SUCRE DE LAIT.

5. Laissez à l'étuve deux ou trois jours une petite quantité du même liquide ; au bout de ce temps, il présente une réaction acide ; elle est due à une fermentation, par suite de laquelle le sucre de lait se convertit en acide lactique.

6. ACTION DU SUC GASTRIQUE SUR LE LAIT.

Prenez un peu de suc gastrique artificiel et neutralisez-le (de la façon indiquée en C, § 2 *a*) avec un peu de carbonate de soude dilué. Après l'avoir filtré, vous en prenez 5 centimètres que vous mélangez à un égal volume de lait frais et vous placez le tout à l'étuve.

Observez de temps en temps dans quel état se trouve le lait. Il se prend bientôt en un caillot épais, si bien qu'on peut sans danger renverser le tube à essai sens dessus dessous. Ensuite ce caillot se contracte et il en suinte un liquide presque limpide ; il continue ainsi à se contracter pendant quelque temps.

La pepsine contenue dans le suc gastrique artificiel a fait cailler le lait, en coagulant la caséine, et celle-ci en se coagulant a entraîné avec elle la plupart des globules graisseux.

Si la quantité de pepsine que contient l'extrait est considérable le caillement peut être presque instantané. Dans ce cas, on répète l'expérience en ne prenant qu'une petite quantité d'extrait et sans chauffer. On doit neutraliser l'extrait, parce qu'un excès d'acide suffirait à précipiter la caséine. (Cf. § 4.)

7. — Ajoutez au lait caillé par l'action de la pepsine 5 centimètres cubes d'acide chlorhydrique à 0,1 % et chauffez pendant une heure à peu près. Sous l'influence de la pepsine, la caséine se convertit en peptone en présence de l'acide. Les globules graisseux remis en liberté flottent encore dans le liquide, mais le lait est moins blanc qu'il ne l'était primitivement.

DIX-SEPTIÈME LEÇON

INTESTIN. — BILE. — SUC PANCRÉATIQUE

A. — STRUCTURE DE L'INTESTIN

Les tuniques externes de l'intestin présentent les même caractères généraux que les tuniques correspondantes de l'estomac (leçon XVI, A, § 1 *a*, *d*), avec cette différence néanmoins qu'elles n'ont pas de couche musculaire oblique.

1. Préparez des coupes verticales d'un intestin grêle de chat ou de chien durci par l'acide chromique à 0,2 %. (Cf. p. 38, F. § 2.) Colorez par l'hématoxyline (on doit colorer la pièce tout entière avant de pratiquer les coupes, en la laissant séjourner vingt-quatre heures dans l'hématoxyline). Observez dans la *tunique muqueuse:*

a. — Les proéminences ou VILLOSITÉS de la muqueuse, qui sont ou bien étalées et longues ou bien contractées et courtes, et qui, dans ce cas, sont plissées à la surface. Remarquez :

α. — Leur épithélium, constitué par des cellules cylindriques assez allongées. Chacune d'elles montre un bord libre transparent, strié d'une façon plus ou moins distincte par des lignes verticales ; un protoplasma granuleux ; un noyau ovale situé à peu près au tiers inférieur de la cellule. Il arrive fréquemment que ces plateaux transparents et striés des cellules épithéliales unis entre eux forment une sorte de bande étroite très réfringente qui se continue sur toute la villosité.

β. — Les cellules MUQUEUSLS OU CALICIFORMLS, irrégulièrement parsemées parmi les précédentes, sont parfois abondantes, parfois rares ou même absentes; leur portion supérieure, ovoïde, à contours bien définis, est transparente et peut être vide; leur portion basilaire inférieure est granuleuse et contient le noyau.

γ. — Le tissu ADÉNOÏDF, qui forme la substance de la villosité; il consiste en un fin réseau de fibres entrelacées, avec des noyaux ou des cellules aplaties à quelques-uns des points d'entrecroisement. Les mailles de ce réseau sont bondées de leucocytes.

On peut encore apercevoir d'une façon plus ou moins distincte :

δ. — Les capillaires sanguins avec les noyaux de leurs cellules constituantes; ils sont parfois pleins de globules sanguins.

ε. — Le vaisseau chylifère d'origine sous forme d'un espace creusé au centre de la villosité.

η. — Des fibres musculaires lisses, sous forme de bandes étroites qui courent sur la villosité.

b. — Les dépressions assez profondes de la muqueuse, GLANDES INTESTINALES OU GLANDES DE LIEBERKÜHN. Notez que :

α. — L'épithélium qui les tapisse consiste en cellules courtes, cylindriques. Observez la façon dont ces cellules passent aux cellules qui recouvrent les villosités; comme ces dernières, elles sont fréquemment pourvues d'un plateau transparent.

β. — Il y a ordinairement une *basement membrane* distincte, au-dessous de l'épithélium. Elle est constituée par des cellules de tissu conjonctif très aplaties et fusionnées de façon à former un sac membraneux ; on ne peut distinguer sur une coupe le contour des cellules, mais les noyaux se laissent assez facilement apercevoir.

γ. — Sur des coupes minces, on voit distinctement la lumière des tubes glandulaires.   —

c. — Le tissu adénoïde qui entoure à leur base les glandes de Lieberkuhn et qui se trouve entre elles et la *muscularis mucosæ*. Au rebours du tissu adénoïde de l'estomac (leçon XVI, A, § 2, c), il a dans ses mailles des leucocytes en grand nombre.

d. — LES FOLLICULES LYMPHATIQUES. Ils sont tantôt isolés, tantôt agrégés en PLAQUES DE PEYER. Les follicules sont des masses rondes ou ovales de tissu adénoïde bourrées de leucocytes qui sont situées immédiatement au-dessous de l'épithélium superficiel, et qui s'enfoncent ordinairement dans le tissu sous-muqueux situé au-dessous. On les trouve au milieu des glandes de Lieberkuhn. Au-dessus d'elles, il n'y a point de villosités. Nous les étudierons plus en détail avec les lymphatiques. (Leçon XVIII, §§ 1, 2, 3.)

2. Enlevez avec les ciseaux quelques villosités de la surface d'un intestin frais. Les unes seront immédiatement dissociées dans la solution saline normale, les autres, après un séjour d'une demi-heure dans l'acide osmique au centième, seront dissociées dans l'eau ou dans la glycérine diluée.

Vous observerez alors d'une façon plus complète les caractères des cellules (§ 1 a [α] [β]). Sur quelques cellules cylindriques qui auront pu être isolées, on constatera qu'elles se ramifient à leur extrémité inférieure, et l'on verra le prolongement isolé dont sont ordinairement pourvues les cellules caliciformes. Sur une portion

de la muqueuse qui serait vue de face, les cellules caliciformes apparaîtraient comme des espaces clairs et
arrondis.

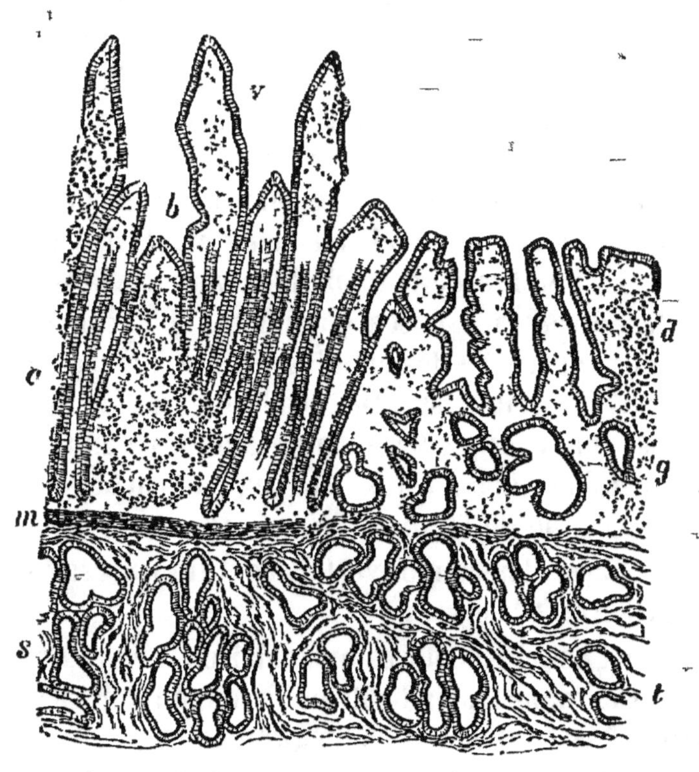

Fig. 41. — Coupe verticale de la membrane muqueuse de l'extrémité
de l'estomac et du commencement du duodénum.

v, Villosités du duodénum. — *b*, un follicule lymphatique. — *c*, Cryptes de
Lieberkuhn. — *d*, Muqueuse de l'extrémité pylorique de l'estomac. — *g*, les
alvéoles de glandes pyloriques. — *t*, les mêmes dans la sous-muqueuse ; ils
sont continues dans le duodénum par les glandes de Brünner. — *m*, la muscularis mucosæ.

3. Préparez des coupes de l'iléon ou du jéjunum parallèles à leur surface et intéressant les glandes de Liber-
kuhn, et comparez ces coupes avec les coupes verticales précédemment obtenues (§ 1, *b*, *c*).

4. Préparez des coupes verticales du duodénum

prises à son origine près du pylore. Outre les villosités et les glandes intestinales vous étudierez :

Les GLANDES DE BRÜNNER. Chacune d'elles est pourvue d'un conduit excréteur avec *basement membrane*, épithélium cylindrique à cellules courtes et ordinairement lumière distincte. Le conduit s'enfonce dans le tissu sous-muqueux situé au-dessous de lui et alors se divise et se subdivise ; à leur extrémité, les tubes ainsi produits se dilatent légèrement et forment ainsi des sortes d'acini. Le nombre de ces subdivisions varie beaucoup chez les diverses espèces d'animaux. La forme des tubes et l'apparence des cellules glandulaires est également très variable suivant l'espèce. En général, les cellules sont presque les mêmes dans les conduits et dans les tubes. Les noyaux occupent la partie de ces cellules voisine de la *basement membrane*.

5. Préparez des coupes verticales et transversales du GROS INTESTIN. Observez :

a. — La couche de fibres musculaires longitudinales mince, sauf dans les endroits où la coupe intéresse l'un des trois faisceaux de fibres longitudinales.

b. — La couche de fibres musculaires circulaires, épaisse et bien développée.

c. — La muqueuse, qui forme souvent des crêtes longitudinales, sortes de replis, dans lesquels pénètre le tissu sous-muqueux.

d. — L'absence de villosités.

e. — Les glandes intestinales (glandes de Lieberkühn) ; elles sont plus volumineuses ici que dans l'intestin grêle ; à cause de l'absence des villosités, leurs caractères sont aussi plus faciles à étudier. L'épithélium qui tapisse la surface libre de l'intestin et les crêtes situées entre les glandes consiste en longues cellules-

cylindriques pourvues d'un plateau transparent strié. Les cellules glandulaires sont plus courtes et n'ont pas de plateau transparent, leur noyau est situé dans la partie de la cellule qui avoisine la *basement membrane*. Chez quelques animaux (le chien, par exemple), on reconnaît nettement la présence d'un certain nombre de cellules caliciformes.

6. Examinez des coupes d'intestin grêle dont les vaisseaux sanguins auront été injectés et observez le réseau capillaire qui entoure les glandes de Lieberkuhn, ainsi que la petite artère qui pénètre dans chaque villosité et qui produit, en se ramifiant, un réseau capillaire situé immédiatement au-dessous de l'épithélium.

7. Vous faites manger à une grenouille un petit morceau de lard [1]. Le lendemain, vous tuez l'animal, vous enlevez l'estomac avec l'intestin, vous fendez le tube digestif dans toute sa longueur et vous le fixez avec des épingles, étalé sur une plaque de liège, la muqueuse en-dessus, et vous layez cette dernière doucement avec la solution saline normale.

Vous remarquez que la muqueuse de l'estomac est jaunâtre, demi-transparente, tandis que la muqueuse de l'intestin est d'un blanc opaque. Cette teinte est plus marquée dans la partie supérieure que dans la partie inférieure de l'intestin. La muqueuse du rectum est grisâtre et à demi-transparente. Dissociez dans la solution saline normale un petit lambeau de la muqueuse opaque et blanchâtre de l'intestin grêle. Vous voyez que

[1] La différence de teinte entre l'estomac et l'intestin est encore plus marquée si, deux jours après ce repas, on en fait faire à la grenouille un pareil et qu'on la tue le jour d'après. On donnera à manger à la grenouille en lui introduisant le morceau de lard dans l'œsophage. Elle l'avalera tout d'un coup.

les cellules épithéliales sont pleines de gouttelettes de graisse, à tel point qu'on ne distingue guère qu'elles.

La graisse est absorbée par les cellules de l'intestin grêle, elle ne l'est que peu ou point par les cellules de l'estomac.

8. Étalez sur des plaques de liège et fixez avec des épingles des lambeaux d'intestin (toujours la muqueuse en dessus). Les uns seront placés une heure dans l'alcool à 75 %, puis dans l'alcool fort ; les autres, après un séjour d'une demi-heure dans l'acide osmique au centième, seront lavés et placés dans l'alcool à 75 %.

Sur des coupes de ces pieces on constate l'absence de villosités et de véritables glandes de Lieberkuhn. La muqueuse est néanmoins soulevée en plis assez considérables. Dans les préparations à l'acide osmique, il est probable que les cellules seront pleines de gouttelettes graisseuses colorées en noir intense par l'osmium à tel point qu'on ne distinguera guère que le bord libre hyalin de ces cellules. Dans le tissu conjonctif sous-muqueux on ne voit que peu ou point de ces gouttelettes graisseuses.

Dans les préparations à l'alcool, les gouttelettes graisseuses se sont dissoutes et le corps de la cellule paraît alors distinctement constitué par une sorte de réticulum spongieux.

B. — BILE

1. Essayez au papier de tournesol la réaction de la bile [1]. La bile fraîche est neutre ou légèrement alcaline.

2. Prenez une petite quantité de bile et ajoutez-y goutte à goutte de l'acide acétique concentré. Il se

---

[1] On peut se procurer chez un boucher de la bile de bœuf ou de mouton.

forme un précipité de mucine coloré par le pigment biliaire. Comme la mucine contenue dans la bile n'est pas formée dans le foie, mais dans les glandes et cellules muqueuses de la vésicule biliaire et des conduits excréteurs du foie, il s'ensuit que plus longtemps la bile aura séjourné dans la vésicule biliaire, plus abondant sera le précipité obtenu.

Dans les essais (§§ 4-5) il vaut mieux, mais ce n'est pourtant pas absolument nécessaire, précipiter la mucine par l'acide acétique, puis filtrer et employer le liquide obtenu par filtration. Avant de filtrer, on étendra la bile de quatre ou cinq fois son volume d'eau.

. On peut encore précipiter la mucine par un excès d'alcool, puis filtrer; le liquide ainsi obtenu est évaporé jusqu'à siccité et le résidu est dissous dans l'eau.

3. PIGMENT BILIAIRE. — RÉACTION DE GMELIN. — On prend dans un tube à essai une petite quantité de bile et on y ajoute goutte à goutte de l'acide nitrique coloré en jaune par les vapeurs nitreuses, en ayant soin, à chaque nouvelle goutte, d'agiter le tube. La coloration jaune verdâtre de la bile tourne d'abord au vert sombre, puis au bleu, ensuite au violet, ensuite au rouge et finalement au jaune sale. Les couleurs bleue et violette sont moins franches que les autres. Répétez cette expérience sous une autre forme; déposez une goutte de bile sur une plaque de porcelaine et à côté une goutte d'acide nitrique qui soit en contact avec elle par le bord. Au point où les deux liquides se mélangent, on voit des zones colorées en vert, bleu, violet, rouge et jaune se produire dans cet ordre en allant de la bile à l'acide.

4. ACIDES BILIAIRES[1]. — RÉACTION DE PETTENKOFER. —

---

[1] On peut préparer les sels de la bile comme il suit. On broie de la bile de bœuf avec du noir animal jusqu'à consistance de

On prend un peu de bile dans un tube à essai. On y ajoute une goutte de solution au dixième de sucre de canne (ou bien tout simplement un petit morceau de sucre) et l'on agite. On ajoute un volume d'acide sulfurique concentré égal au volume de la bile qui se trouve dans le tube, en ayant soin d'incliner ce dernier à droite et à gauche pour que l'acide aille au fond. On agite légèrement le tube. Quand le mélange des deux liquides s'est presque complètement opéré, on voit se produire une coloration d'un pourpre intense. Si l'on a mis trop de sucre, le liquide tourne au brun ou au noir; si l'on a mis trop peu d'acide sulfurique, on n'obtient pas la température nécessaire (70° c. environ) à la production de cette coloration.

5. Versez, dans un tube à essai 10 centimètres cubes de bile et ajoutez-y quelques gouttes d'acide oléique ; agitez le tube et prenez une goutte du mélange que vous monterez en préparation microscopique afin d'observer séance tenante les gouttelettes graisseuses qui s'y trouvent en grand nombre. Mettez chauffer au bain-marie le tube qui contient la bile pendant une heure ou deux, puis agitez-le bien et montez de nouveau en préparation microscopique une goutte du mélange. L'examen de cette préparation ne fait voir qu'un assez petit nombre de gouttelettes graisseuses. L'acide oléique s'est combiné avec la base des sels biliaires pour former un savon.

6. Prenez trois tubes à essai et mettez dans le pre-

pâte molle. On évapore au bain-marie jusqu'à siccité complète et l'on traite par l'alcool absolu. On sépare par filtration l'extrait alcoolique ainsi obtenu qui doit être incolore. On y verse de l'éther anhydre aussi longtemps qu'il se forme un précipité et on laisse reposer. Le précipité cristallise ou se rassemble au fond du vase en un liquide sirupeux, visqueux, épais, qui n'est autre chose qu'un mélange de glycocholate et de taurocholate de soude.

mier (*a*) 10 centimètres cubes de bile et deux ou trois gouttes d'acide oléique ; dans le second (*b*) 10 centimètres cubes de bile pure ; dans le troisième (*c*) 10 centimètres cubes d'eau ; vous ajouterez dans chacun 2 cent. cubes, 5 de beurre frais fondu, et, après avoir bien agité, vous les ferez chauffer tous les trois au bain-marie. L'émulsion persiste en *a* plus longtemps qu'en *b*, en *b* plus longtemps qu'en *c*. *La bile n'a qu'un faible pouvoir émulsif, mais en présence des acides gras elle forme des savons* (Cf. § 5) *qui ont un pouvoir émulsif beaucoup plus considérable.*

Si l'on se servait dans cette expérience d'huile d'olives au lieu de beurre fondu, comme l'huile d'olives contient des quantités variables d'acides gras, il pourrait n'y avoir pas de différence entre *a* et *b*.

7. Montez dans l'eau quelques cristaux de CHOLESTÉRINE et examinez-les au microscope. Ils consistent en tablettes de forme rhombique.

8. L'action de l'acide sulfurique concentré fait prendre à ces cristaux une coloration rouge.

9 Versez un peu de chloroforme dans un tube à essai; ajoutez quelques cristaux de cholestérine et secouez, la cholestérine se dissout ; ajoutez de l'acide sulfurique concentré et secouez légèrement, la couche de liquide qui surnage (chloroforme) se colore en rouge.

10. Faites digérer un peu de fibrine dans 10 centimètres cubes de suc gastrique artificiel ; quand la fibrine est dissoute, vous ajoutez goutte à goutte de la bile préalablement décolorée par filtration sur le noir animal; il se forme un précipité qui consiste en peptone, parapeptone et acides biliaires (si l'on a versé un excès de bile, surtout si elle contient de l'acide taurocholique,

la peptone et les acides biliaires se dissoudront plus ou moins complètement).

11. Ajoutez au mélange ci-dessus 5 centimètres cubes d'acide chlorhydrique très dilué (0,4 %) et quelques flocons de fibrine gonflée : la fibrine se contracte et n'est point digérée du tout ou ne l'est que fort peu. *Les acides biliaires empêchent la digestion des matières albuminoïdes par le suc gastrique.*

C. — SUC PANCRÉATIQUE

1. SUC PANCRÉATIQUE ARTIFICIEL. — Hachez menu le pancréas d'un animal qui vient d'être sacrifié, broyez-le avec du sable bien pur ou du verre pilé, délayez le tout avec cent fois environ son volume d'une solution à 0,2 % de carbonate de soude et quelques gouttes de thymol. Faites chauffer cette pâte au bain-marie pendant un temps qui peut varier de quelques heures à un jour entier, et passez-la d'abord sur une mousseline, ensuite sur un linge et enfin sur un filtre de papier.

2. Humectez un pancréas avec de l'eau et abandonnez-le à lui même pendant un jour, hachez-le menu et versez sur lui dix fois son volume de glycérine. Quand vous aurez besoin de vous en servir, vous prendrez un peu de cet extrait à la glycérine, vous y ajouterez de dix à vingt fois son volume d'une solution à 1,5 % de carbonate de soude, et après avoir agité un moment, vous passerez le mélange d'abord sur une mousseline et ensuite sur un filtre de papier.

3. Vous hachez menu un pancréas, vous le broyez avec du sable et pour chaque gramme de substance pancréatique vous ajoutez à la pâte 1 centimètre cube d'acide acétique au $^1/_{100}$° et vous mélangez intimement le tout dans le mortier pendant dix minutes environ;

enfin vous ajoutez au mélange dix fois son volume de glycérine. Au bout d'un ou deux jours, vous ajoutez encore au mélange assez d'une solution concentrée de carbonate de soude pour le rendre légèrement alcalin. Au moment de s'en servir on le dilue avec une solution étendue de carbonate de soude, ainsi qu'il est indiqué au § précédent.

PROPRIÉTÉS DU SUC PANCRÉATIQUE

Prenez 5 centimètres cubes d'eau distillée dans un tube à essai, ajoutez une goutte d'acide oléique et secouez le tube, vous voyez les gouttelettes graisseuses monter à la surface de l'eau ; ajoutez 5 centimètres cubes d'une solution à 1 % de carbonate de soude ; il se forme un précipité blanc constitué par du savon. En secouant le tube, on voit ce précipité se dissoudre en partie et se dissoudre encore plus complètement et même entièrement si l'on vient à faire bouillir.

Examinez au microscope une goutte de ce liquide, vous n'y voyez point de gouttelettes graisseuses.

5. Mettez au bain-marie deux tubes à essai contenant chacun 5 centimètres cubes d'une solution à 1 % de carbonate de soude ; faites fondre un peu de beurre frais dans une capsule de porcelaine et au moyen d'une pipette chauffée ajoutez au contenu de chaque tube à essai une égale quantité de beurre fondu (environ un centimètre cube, 5 dans chacun). Dans l'un d'eux (a), vous ajouterez, en outre, deux ou trois gouttes d'acide oléique. Secouez les deux tubes à essai et remettez-les au bain-marie ; de temps à autre, vous aurez soin de les examiner. L'émulsion fine qui s'est formée dans chaque tube par suite de l'agitation persiste bien plus long-

temps en (*a*) qu'en (*b*). Dans cette expérience, l'émulsion est beaucoup plus grande qu'avec la bile (cf. B, § 6).

6. Avec l'un ou l'autre des extraits du § 1 ou du § 2, faites des expériences sur le ferment amylolytique du pancréas analogues aux expériences de la leçon XV, §§ 8 et 13 sur le ferment amylolytique de la salive.

7. Essayez l'action protéolytique de l'un ou l'autre des extraits du § 4 ou du § 3 de la même façon que vous avez essayé celle du suc gastrique artificiel (Leçon XVI, C, 2) en substituant, bien entendu, à l'acide chlorhydrique dilué que vous employiez alors la solution de carbonate de soude à 1 %.

Dans les tubes à essai *A* et *D*, la fibrine reste telle quelle, en *C* elle se dissout très lentement, en *B* elle se dissout promptement. Ces expériences démontrent que le carbonate de soude à lui seul ne digère pas la fibrine (*A*), que la trypsine seule la digère avec une extrême lenteur (*C*), que la trypsine en présence du carbonate de soude la digère très promptement (*D*) et enfin que l'ébullition fait perdre à la trypsine ses propriétés digestives (*B*).

On peut aussi faire des expériences correspondantes à celles des §§ 4 et 5 de la leçon XVI ; mais dans ce cas, au lieu d'acidalbumine il se forme un albuminate alcalin.

8. A 10 centimètres cubes de l'extrait du § 1 vous ajoutez 5 centimètres cubes d'une émulsion d'huile d'amandes douces et un peu de tournesol, puis vous faites chauffer. Au bout de quelques minutes, le tournesol tourne au rouge. Le ferment émulsif du pancréas a dédoublé la graisse neutre en glycérine et acide gras.

DIX·HUITIÈME LEÇON

LE SYSTÈME LYMPHATIQUE

A. — GLANDES LYMPHATIQUES

1. Préparez des coupes verticales d'une PLAQUE DE
PEYER de l'intestin du lapin préalablement durcie par
le bichromate d'ammoniaque à 5 $^0/_0$ et colorez-les par

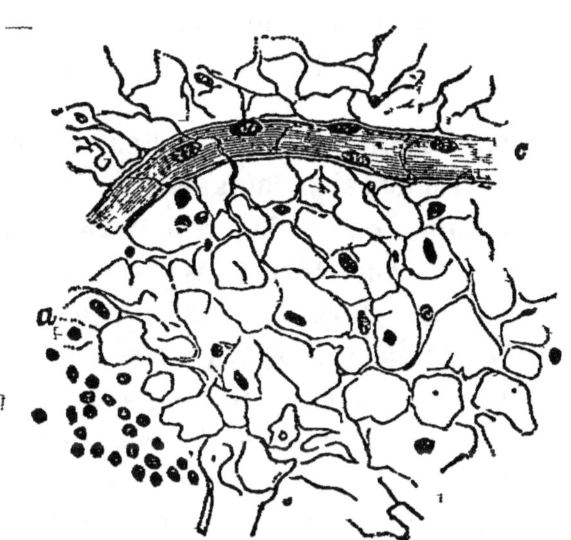

Fig. 42. — Réticulum adénoïde. La plupart des corpuscules
lymphatique sont déplacés.

a, le réticulum. — *c*, un vaisseau capillaire sanguin.

le carmin. Après coloration, vous monterez une de ces
coupes et vous observez le nombre immense des leu-

cocytes qu'elle contient. Les autres seront secouées dans un tube à essai rempli d'eau. Examinez-les alors à un grossissement faible pour voir si vous avez réussi à vous débarrasser presque complètement des leucocytes ; s'il en est ainsi, montez les coupes dans la glycérine. Sur un follicule relativement isolé, vous ob_serverez :

a. — Le TISSU ADENOÏDE DU FOLLICULE [cf. Leçon XVII, § 1, *a* (γ)] qui se continue d'une façon plus ou moins distincte avec le tissu adénoïde environnant et qui lui ressemble à tous égards excepté en ce que ses fibres sont en général plus fines et ses mailles plus étroites.

b. — On voit çà et là, autour du follicule, des espaces étroits entre lui et le tissu environnant ; ces espaces représentent les SINUS LYMPHATIQUES situés à l'extérieur du follicule.

c. — Les leucocytes clairsemés à l'extérieur du follicule, mais particulièrement abondants à son intérieur.

2. Examinez des coupes d'une plaque de Peyer dont les vaisseaux sanguins auront été injectés. Vous remarquez qu'à l'intérieur du follicule le réseau capillaire présente en général une disposition rayonnée.

3. Examinez des coupes d une plaque de Peyer dont le système lymphatique aura été injecté. Vous remarquerez que la matière à injection enveloppe dans une étendue plus ou moins grande les follicules séparées ; elle occupe les sinus lymphatiques qui entourent le follicule et dont nous avons parlé tout à l'heure, mais ne pénètre pas à l'intérieur du follicule lui-même.

4. Prenez une petite glande lymphathique (*ganglion lymphatique*) une de celles par exemple qui chez le chat ou le chien se trouvent aux environs de la glande sous-maxillaire. Après avoir fait durcir cette glande

lymphatique par le bichromate d'ammoniaque[1] à 2 ou 5 % vous y pratiquez des coupes intéressant toute la glande et passant par le hile. Vous secouez ces coupes dans un tube à essai plein d'eau pour les débarrasser autant que possible des leucocytes, et après coloration, soit au carmin, soit au picro-carmin, vous les montez dans la glycérine.

a. — Observez à un grossissement faible.

α. — Le tissu conjonctif (CAPSULE) qui entoure la glande et qui envoie à son intérieur.

β. — Les trabécules qui divisent la portion externe de la glande ou SUBSTANCE CORTICALE en compartiments — ALVEOLES ; et qui, plus à l'intérieur, se divisent en tractus lesquelles forment un réseau à mailles étroites et allongées — SUBSTANCE MEDULLAIRE.

γ. — Dans les alvéoles de la substance corticale, on voit des masses de tissu arrondies, bourrées de leucocytes, FOLLICULES de l'écorce ; dans les espaces inter-trabéculaires de la substance médullaire, on voit des masses allongées d'un tissu similaire, ce sont les CORDONS MEDULLAIRES. Remarquez la continuité qui existe entre les follicules et les cordons médullaires.

δ. — Autour des follicules et autour des cordons médullaires et les séparant d'avec les trabécules, on

[1] La méthode suivante permet d'obtenir avec plus de certitude de bonnes préparations. Un chat ou un chien est tué (de préférence par hémorragie après chloroformisation) et l'on fait passer dans son système circulatoire pendant un quart d'heure à une demi-heure un courant de solution saline chaude. Alors on enlève les ganglions lymphatiques du cou, et on les plonge dans le bichromate d'ammoniaque à 5 %, où ils restent quelques jours. On pratique les coupes à l'aide de microtome a congélation et on les agite dans un tube à essai plein d'eau. Sur des coupes ainsi préparées les canaux lymphatiques sont presque complètement libres de leucocytes. En continuant à agiter plus longtemps et avec soin, on finit même par en débarrasser presque complètement les follicules et les cordons médullaires.

voit les CANAUX LYMPHATIQUES relativement libres de
leucocytes.

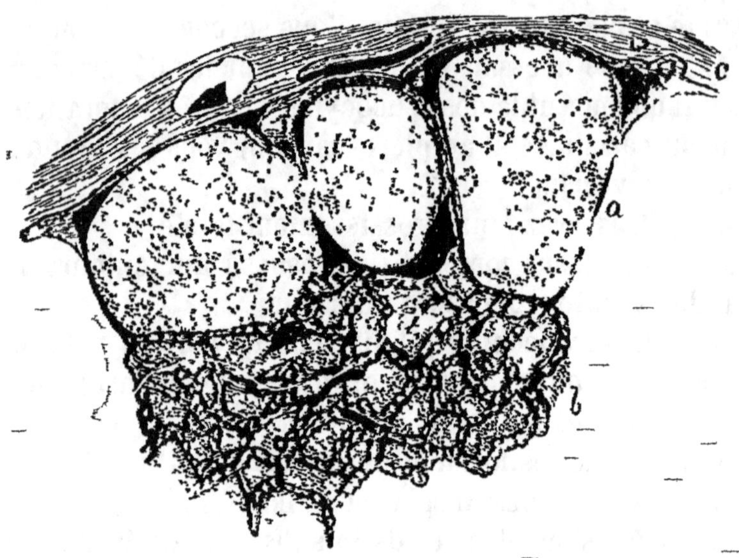

FIG. 43. — Coupe verticale au travers d'une glande lymphatique
dont les lymphatiques ont été injectés

c, la capsule externe avec les vaisseaux lymphatiques en coupe. — a, les follicules corticaux lymphatiques, autour d'eux sont les sinus lymphatiques
corticaux. — b, la substance médullaire; les sinus lymphatiques injectés
entre les masses du tissu adénoïde

b. — Observez à un grossissement faible.

α. — Le tissu conjonctif de la capsule et des trabécules (chez certains animaux tels que le bœuf, il renferme des fibres musculaires lisses). Ce tissu conjonctif
se continue avec :

β. — Le réticulum des canaux lymphatiques.

γ. — A la limite des follicules et des cordons médullaires on perçoit ordinairement l'apparence d'une ligne
mince avec des noyaux de distance en distance, c'est
l'indice des cellules plates qui limitent le canal lymphatique.

δ. — Le tissu adénoïde des follicules et des cordons

médullaires; ses fibres sont plus fines et ses mailles plus étroites que dans les canaux lymphatiques. Si les coupes n'ont pas été suffisamment agitées dans l'eau, on le trouvera presque entièrement caché par les leucocytes.

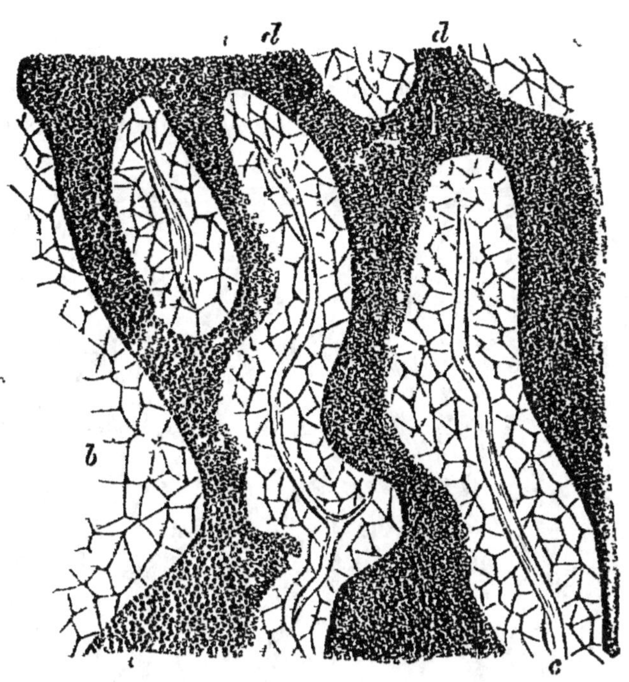

Fig. 44. — Coupe au travers de la subs'ance médullaire d'une glande lymphatique.

a, Transition des cylindres médullaires du tissu adénoïde dans les follicules corticaux. — *b*, les sinus lymphatiques occupés par un réticulum. — *c*, les trabécules du tissu fibreux. — *d*, les cylindres médullaires.

5. Examinez des coupes de ganglions, lymphatiques dont les vaisseaux sanguins auront été injectés.

Les artères sont entourées à leur entrée dans le hile par du tissu conjonctif; elles se ramifient dans les trabécules de la glande. De leurs branches les plus ténues de petites artérioles se détachent pour se rendre aux follicules et aux cordons médullaires dans lesquels elles donnent naissance à un réseau capillaire. La distribution des veines est analogue à celle des artères.

B. — RATE

1. Faites durcir une rate de chat dans le bichromate d'ammoniaque à 5 %, et détachez-en une pièce par une

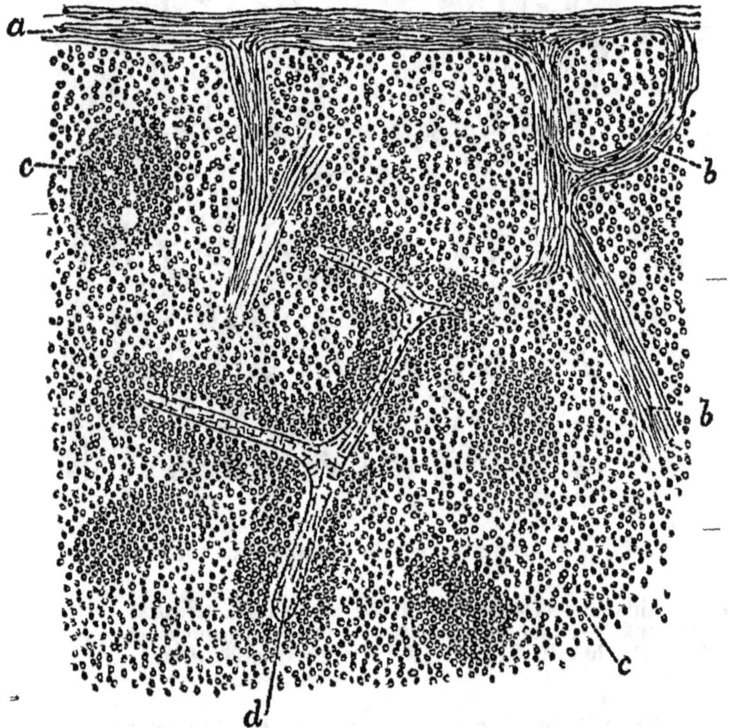

Fig. 45. — Coupe verticale au travers de la rate du singe. a, la capsule. — b, les trabécules — c, Corpuscules de Malpighi. — d, Artère engaînée dans un corpuscule de Malpighi. — e, Tissu pulpeux.

incision perpendiculaire au grand axe de la rate. Vous préparez des coupes à l'aide du microtome congelant (voy. l'Appendice), ou, si vous ne pouvez faire autrement, à main levée après inclusion. Les meilleures coupes seront colorées au picro-carmin et montées dans la glycérine. Observez à un grossissement faible :

a. — La gaine fibreuse externe ou CAPSULE qui émet à l'intérieur :

b. Des TRABÉCULES volumineuses très visibles. En pénétrant dans la rate, ces dernières se ramifient en faisceaux arrondis qui s'anastomosent avec d'autres faisceaux similaires et forment ainsi dans toute la rate un réseau trabéculaire irrégulier. On voit çà et là dans la préparation la section sous toutes les incidences de ces trabécules et faisceaux.

c. — On voit au centre de la plupart des trabécules des espaces considérables, ce sont les VEINES qui peuvent encore contenir des globules sanguins ; elles sont dépourvues de tuniques musculaire et conjonctive

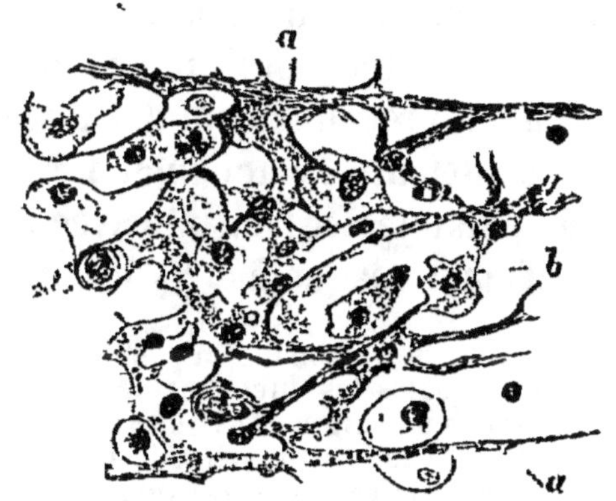

FIG. 46. — Coupe au travers de la rate du porc.

a, Dernières subdivisions des trabécules musculaires. — b, les cellules aplaties formant la substance criblée de trous de la pulpe ; dans les mailles de cette substance sont contenues des cellules lymphoïdes de différentes dimensions.

propres. Au centre des sections transversales ou obliques des trabécules les plus volumineuses, on verra probablement non seulement des veines, mais des artères. Si la coupe passe par le point d'entrée des vais-seaux, on verra que ces derniers se dirigent vers le centre et sont entourés par un tissu conjonctif qui se continue avec celui de la capsule.

d. — La PULPE SPLÉNIQUE qui occupe les mailles du réseau trabéculaire. Elle ressemble assez à la sub-stance folliculaire des glandes lymphatiques. Elle en diffère par son apparence bigarrée. On y distingue des masses de tissu arrondis, les CORPUSCULES DE MALPIGHI, colorés par le carmin d'une façon plus intense que le reste de la pulpe splénique. Les petites artères sont entourées par un tissu analogue plus ou moins abon-dant.

e. — L'examen avec un grossissement considérable de la pulpe splénique montre que l'apparence bigarrée est due à la présence de globules sanguins rouges qui s'y trouvent irrégulièrement clairsemés.

2. Préparez une coupe aussi mince que possible d'une rate de chien, préalablement débarrassée de tout le sang qu'elle contenait par une injection de solution saline normale, puis injectée [1] ensuite avec une solution de bichromate d'ammoniaque à 5 $^0/_0$ et conservée dans

[1] Aussitôt après avoir tué l'animal (par hémorragie après chloroformisation), on lie toutes les branches de l'artère cœliaque à l'exception de la branche splénique, et l'on injecte dans cette der-nière un courant de solution saline chaude que l'on fait passer jusqu'à ce que la rate soit décolorée. On injecte alors la solution de bichromate d'ammoniaque; quand la rate a pris une couleur jaune, on lie les veines spléniques, on continue à pousser l'injec-tion pour distendre la rate et on lie enfin l'artère elle-même. La rate est alors placée dans le bichromate d'ammoniaque à 5 $^0/_0$. Au bout de deux jours on la divise en morceaux que l'on conserve huit jours et plus longtemps si l'on veut dans la même solution. Les pièces sont alors placées dans l'alcool à 30 $^0/_0$ renouvelé de temps à autre jusqu'à ce qu'il ne se décolore plus. On peut alors procéder à la confection des coupes (de préférence avec le micro-tome congelant) ou conserver les pièces dans l'alcool à 75 $^0/_0$

la même solution. Colorez les coupes par le picro-carmin dilué et après les avoir agitées dans un tube à essai plein de liquide, montez-les dans la glycérine diluée. Observez-les à un fort grossissement.

a. — On ne voit point de canaux lymphatiques distincts.

b. — L'apparence offerte par le réticulum de la pulpe splénique varie avec les endroits examinés ; là c'est un réseau de cellules munies de proéminences qui s'effilent et vont rejoindre les prolongements similaires des cellules voisines ; ailleurs il n'y a point ou presque point de ces cellules et l'on ne voit qu'un réticulum de fines fibrilles. On trouve encore quelques leucocytes et quelques globules rouges dont le lavage n'a pas suffi à débarrasser le réticulum.

c. — Le réticulum des corpuscules de Malpighi ressemble à celui des follicules des ganglions lymphatiques ; on voit dans ces mailles beaucoup de leucocytes, mais point de globules rouges.

d. — Les petites artères, les capillaires et les veines de la pulpe splénique ; les veines se ramifient à partir des trabécules, elles ont des contours bien définis et eurs parois présentent de distance en distance des noyaux (on les reconnaît ordinairement chez le chien à la ligne spiralée que présentent ces mêmes parois).

e. — Les trabécules sont principalement constituées par du tissu musculaire lisse (plus ou moins abondant suivant les animaux examinés, chez quelques-uns il y en a très peu).

3. Préparez une coupe de rate injectée[1] au bleu de

---

[1] Le chien, et, à son défaut, le chat ou le rat sont les animaux qui donnent les meilleures préparations. Chez le chien, les diverses artères et veines qui vont à la rate sont assez grosses pour qu'on puisse sans difficulté les injecter séparément, et comme

Prusse par l'artère splénique sous une pression assez faible. Vous la monterez dans le baume après lui avoir fait subir les manipulations ordinaires. Étudiez à un grossissement faible.

a. — Les petites artères qui se ramifient dans le corpuscule de Malpighi. Ordinairement l'artère entre dans le corpuscule à quelque distance du centre de ce dernier et alors ou bien se divise en capillaires qui forment un réseau dans le corpuscule même, ou bien le traverse pour se rendre dans la pulpe splénique et émet sur son passage une branche qui elle-même se ramifie en capillaires dans le corpuscule.

b. — Les capillaires de la gaine de tissu adénoide des artères. Ils sont moins nombreux que dans le corpuscule de Malpighi.

c. — Les petites artères qui se ramifient en capillaires dans la pulpe splénique.

d. — Les petites houppes formées à l'extrémité des capillaires de la pulpe par la pénétration du bleu dans la pulpe splénique.

e. — Des masses irrégulières de pulpe splénique injectée, en dehors des corpuscules de Malpighi et du

la masse à injection (surtout dans une injection artérielle) n'a aucune tendance à s'échapper au delà de la portion de la rate spécialement desservie par le vaisseau, on peut procéder à un certain nombre d'injections sur le même animal. La rate entière doit d'abord être lavée par une injection dans le tronc cœliaque. Pour empêcher la formation de caillots dans le système circulatoire, on peut, avant de saigner l'animal, injecter dans la veine jugulaire une solution de peptone a 10 %. — La meilleure injection qu'on puisse faire est celle de nitrate d'argent à 0,2 %. Une fois l'injection terminée, on coupe la rate en morceaux qui sont mis un jour ou deux dans l'alcool à 75 % puis coupés au microtome congelant et exposés à la lumière. La disparition de l'épithélium des capillaires et des veinules de la pulpe splénique démontre de la façon la plus claire que ces vaisseaux s'ouvrent dans les espaces lacunaires de la pulpe.

tissu adénoïde des artères, à l'endroit où les capillaires s'ouvrent dans la pulpe.

Si l'on a développé dans l'injection une pression trop considérable, au lieu de voir à l'extrémité des capillaires ces houppes bleues formées par l'injection on ne voit plus que des champs irréguliers dus à la pénétration du bleu dans la pulpe qui parfois même est envahie tout entière par le bleu. L'injection ne pénètre point dans les corpuscules de Malpighi ni dans le tissu adénoïde des artères à moins que la pression développée dans l'injection ne soit très grande.

4. Préparez des coupes d'une rate injectée au bleu de Prusse par la veine splénique sous une pression légère. Observez :

a. — Les veines des trabécules remplies par la matière à injection.

b. — Les veines de la pulpe qui partent des trabécules en se ramifiant d'une façon plus ou moins distincte.

c. Les masses irrégulières formées dans la pulpe par la matière à injection au sortir des veines.

Si l'on emploie une pression considérable la pulpe splénique est entièrement pénétrée par le bleu comme elle l'est dans une injection artérielle sous forte pression.

5. Coupez en travers une rate fraîche et de préférence une rate dont vous aurez chassé le sang au moyen d'un courant d'eau injecté par l'artère splénique. Examinez à l'œil nu la surface de section. Vous remarquerez les corpuscules de Malpighi qui sont blancs. Au moyen des ciseaux courbes, vous enlevez l'un d'eux en même temps qu'un peu du tissu qui l'environne et vous le dissociez de votre mieux dans une goutte de solution saline normale. Observez les leucocytes qui nagent en grand

nombre dans la préparation et qui sont de dimensions très variables. Il en est d'absolument semblables aux globules blancs du sang, d'autres sont deux ou trois fois aussi volumineux. Dans certaines des cellules éparses

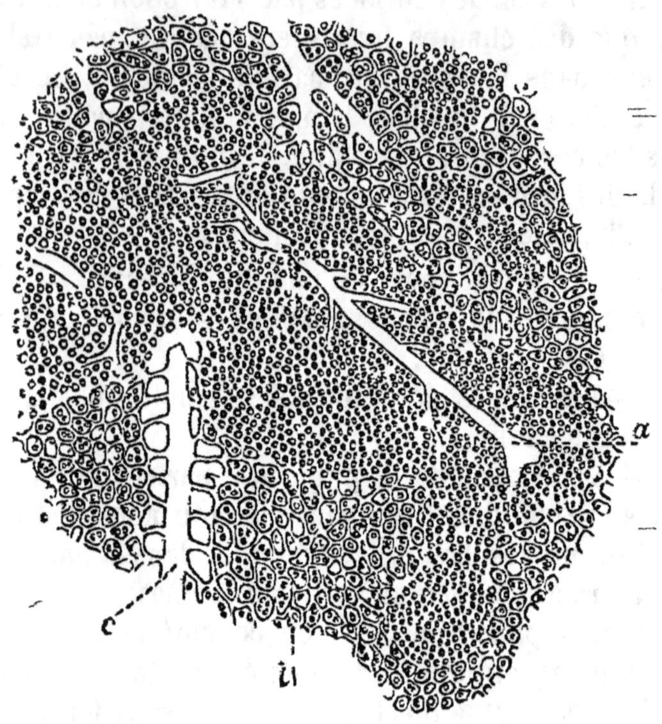

FIG. 47. — Coupe transversale de la rate du cobaye; les vaisseaux sanguins ont été injectés (l'injection n'est pas visible dans la figure).

a, Artère d'un corpuscule de Malpighi. — *b*. Pulpe; entre ses cellules sont situés les fins vaisseaux sanguins s'ouvrant dans *c*. les radicules des veines.

dans la préparation, l'on voit des fragments rouge-brun provenant de globules rouges en voie de destruction. Essayez de distinguer les éléments du réticulum (§ 2, B).

C. — CAPILLAIRES LYMPHATIQUES

Il n'est pas besoin de parler ici des gros troncs lymphatiques, puisqu'ils ont essentiellement la même structure que les veines (leçon XII).

1. Prenez une grenouille et enlevez-lui l'intestin (et, s'il le faut, les oviductes) comme dans la leçon XII, E. Vous remarquerez qu'au-dessus et en dehors du rein, le péritoine n'adhère pas aux muscles lombaires, mais en est séparé par un espace, *la grande citerne lymphatique*. Retournez la grenouille le dos en dessus, soulevez avec des pinces la colonne vertébrale près de son extrémité, coupez-la en travers. Sectionnez les parois abdominales de chaque côté de la colonne vertébrale, parallèlement à cette dernière et à un centimètre d'elle de chaque côté, en prenant bien garde de ne pas léser la paroi péritonéale sous-jacente de la citerne. Coupez la colonne vertébrale en travers à trois centimètres à peu près en avant de la première incision transversale. Vous apercevrez alors la face dorsale de la paroi péritonéale de la citerne lymphatique : elle s'insère aux reins sur la ligne médiane et sur les côtés aux parois abdominales. Placez sous les reins et la membrane qui leur est attachée un anneau de liège et coupez les parois abdominales tout près du bord de la membrane, qu'à chaque coup de ciseau vous fixerez sur l'anneau de liège au moyen d'un piquant de hérisson, de manière à la tenir étalée, mais non tendue. Ayant, de la sorte, isolé cette membrane, vous l'arrosez d'abord avec de la solution saline normale, puis avec de l'eau distillée (un temps très court), puis enfin sur ses deux faces avec la solution de nitrate d'argent à 0,5 %. On peut encore mettre la pièce dans un petit vase contenant cette solution et l'y laisser cinq à dix minutes. Lavez à l'eau distillée et exposez à la lumière. Au bout de vingt-quatre heures, vous divisez la membrane en deux

pièces que vous montez toutes deux dans la glycérine,
l'une (*a*) la face péritonéale en dessus, l'autre (*b*) la face
qui sert de paroi à la citerne en dessus. Observez sur *a* :

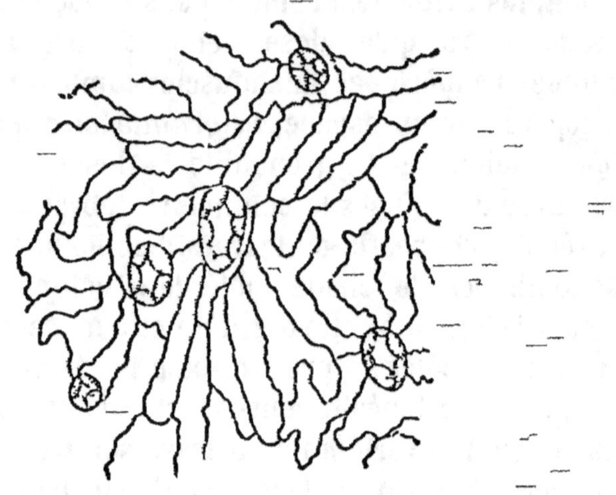

Fig. 48. — Endothélium et stomates de la surface péritonéale du
septum de la grande citerne lymphatique de la grenouille.

α L'épithélium péritonéal. Il est constitué par de
grandes cellules plates à coutours légèrement sinueux.
C'est le caractère habituel des cellules qui tapissent
des cavités séreuses.

β. — Dans les endroits où plusieurs cellules plus ou
moins triangulaires semblent rayonner d'un point commun, vous remarquerez tout autour de ce point, aux
sommets des cellules triangulaires, les petites cellules
granuleuses, nucléées qui entourent le *stomate*, orifice
qui fait communiquer ensemble la cavité du péritoine
et la citerne.

Sur *b* :

α. — L'épithélium lymphatique. Il est constitué par
des cellules plates, plus petites que celles de l'épithélium péritonéal et à contour sinueux très irrégulier.

β. — Les stomates ; même apparence qu'en *a*.

2. Traitez par le nitrate d'argent [1] la face péritonéale du diaphragme d'un cobaye. Une fois l'imprégnation

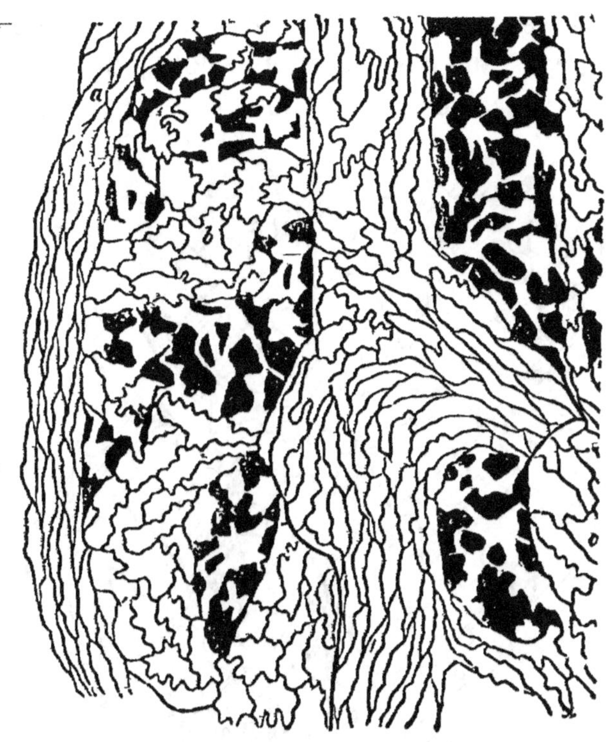

Fig. 49. — Préparation nitratée du centre phrénique du diaphragme du lapin, montrant l'union directe du système canaliculaire lymphatique avec les capillaires lymphatiques,

a, Vaisseaux lymphatiques. — *b*, Capillaire lymphatique doublé par l'endothélium « sinueux ».

obtenue, détachez-en un lambeau que vous monterez dans le baume du Canada, la face péritonéale en-dessus. Observez :

[1] L'étudiant doit être dès maintenant assez familier avec la méthode des imprégnations d'argent pour n'avoir pas besoin d'instructions plus détaillées.

a. — La disposition sur deux couches des faisceaux tendineux du diaphragme. Les espaces inter-fasciculaires sont généralement occupés par les capillaires lymphatiques du tendon (cf. § 3).

b. — Au-dessus des faisceaux tendineux, l'épithélium péritonéal constitué par des cellules polygonales plates. Au-dessus des faisceaux tendineux, les cellules sont

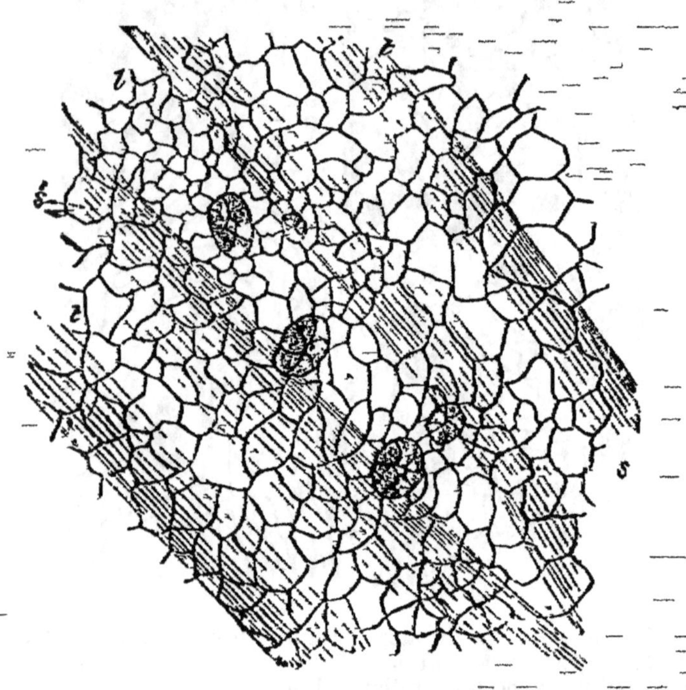

Fig. 50. — Portion de la surface péritonéale du tendon central du diaphragme du lapin, préparé au nitrate d'argent.

S, Stomates. — *l*, Canaux lymphatiques. — *t*, Faisceau tendineux. La surface est couverte par l'endothélium. Les stomates sont environnés par les cellules endothéliales germinatrices.

plus grandes qu'au-dessus des espaces interfasciculaires. Au-dessus des espaces intertendineux et communiquant avec eux, on aperçoit des stomates semblables à ceux décrits au § 1 (α, *6*). Il n'est pas rare non plus de voir, au point de rencontre de plusieurs cellules, de *faux stomates*, lesquels ne sont pas autre chose que des taches irrégulières dues à un dépôt accidentel d'argent.

3. Brossez ferme avec un pinceau de poil de chameau la face pleurale d'un diaphragme de cobaye ou de lapin ; puis, après l'avoir traité par le nitrate d'argent, montez-le en préparation persistante dans le baume du Canada, la face pleurale en dessus.

a. — Les petits vaisseaux lymphatiques ; ils courent

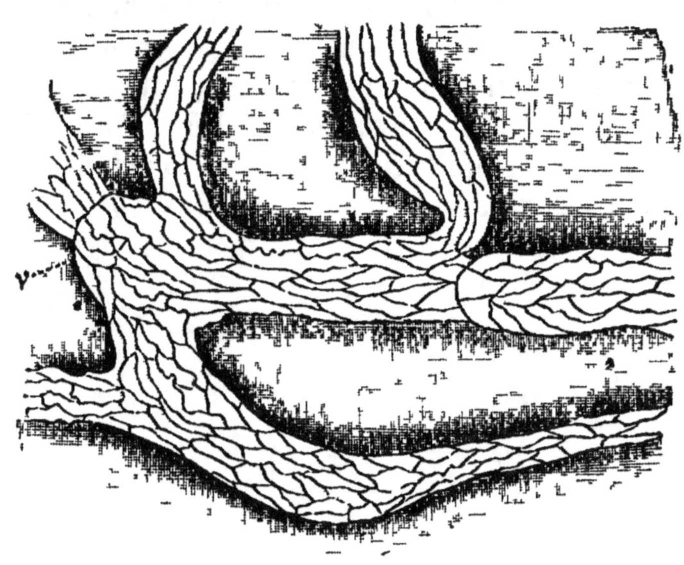

Fig. 81. — Vaisseaux lymphatiques du diaphragme du chien, imprégnés par le nitrate d'argent.

L'endothélium formant la paroi des lymphatiques est bien apparent.—v, Valvules.

un peu au-dessus des faisceaux tendineux. Les cellules épithéliales qui les tapissent sont fusiformes et légèrement irrégulières. On aperçoit çà et là en travers du vaisseau un trait courbe qui est l'indice d'une valvule.

b. — Les capillaires lymphatiques superficiels avec leur épithélium sinueux caractéristique. Ils se continuent avec les capillaires lymphatiques des espaces interfasciculaires des tendons.

c. — L'origine des lymphatiques. Elle se voit mieux sur les préparations colorées par le nitrate d'argent d'une façon intense au point de donner ce qu'on appelle une image négative. Vous remarquerez des espaces clairs, irréguliers dont le contour sinueux ressemble au contour d'une cellule épithéliale de capillaire lymphatique. Ces espaces clairs, cavités qui contiennent des corpuscules de tissu conjonctif non colorés par l'argent, contrastent d'une manière frappante avec la substance fondamentale environnante très colorée. Çà et là, on peut voir un capillaire lymphatique communiquer avec l'un de ces espaces.

DIX-NEUVIÈME LEÇON

STRUCTURE DU FOIE. — GLYCOGÈNE

$A.$ — STRUCTURE DU FOIE

1. Préparez des coupes d'un foie de grenouille, de couleuvre ou d'oiseau traité préalablement, d'abord par l'acide osmique à $^1/_{100}°$, ensuite par l'alcool. Montez les coupes dans la glycérine diluée. Un grossissement faible montre que la glande, considérée indépendamment de son système de canaux et de canalicules excréteurs, est constituée par des TUBES ANASTOMOSÉS entre lesquels circulent les capillaires sanguins.

A l'aide d'un grossissement considérable, on observe :

a. — LES TUBES. Sur des coupes transversales, on peut voir qu'ils sont constitués par quatre ou six cellules hépatiques, pourvue chacune, en général dans sa portion externe, d'un gros noyau.

b. — LES CAPILLAIRES BILIAIRES ; ce sont les lumières des tubes.

c. — LES GRANULATIONS des CELLULES. Suivant les conditions où se trouvait l'animal dont on étudie le foie, elles occupent toute la cellule ou se groupent plus spécialement dans la portion de cette cellule qui avoisine la lumière du tube, c'est-à-dire le capillaire biliaire.

d. — LES GRANULATIONS GRAISSEUSES, colorées en noir par l'osmium, de grandeur et de position très variables, suivant l'état où se trouvait l'animal dont on étudie le foie.

e. — Le contenu GLYCOGÉNIQUE DES CELLULES. Montez une de vos coupes dans l'eau, et faites pénétrer sous la lamelle une petite goutte de solution iodée. Les parties de la cellule qui contiennent du glycogène prennent une coloration rouge brun très foncée. (Cf. B, § 2, *a*.)

2. Préparez des coupes d'un foie de mammifère, de préférence d'un foie de porc durci dans le liquide de Muller ou dans la solution de bichromate de potasse à 2 %. Les coupes seront pratiquées parallèlement à la surface du foie. Colorez-les par l'hématoxyline et montez-les dans la glycérine.

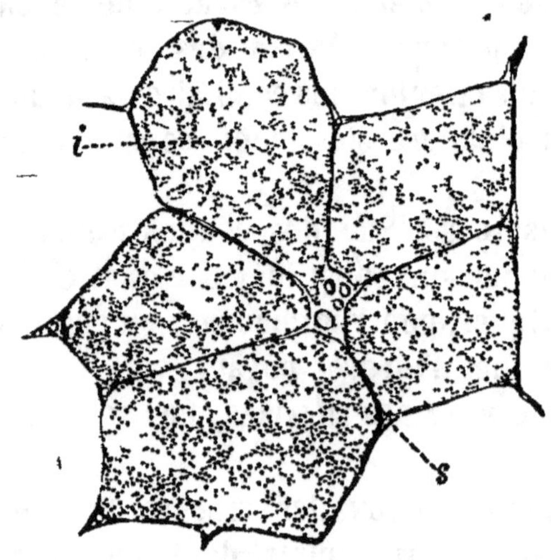

Fɪɢ. 52. — Coupe au travers du foie du porc; cinq lobules sont visibles. Ils sont bien séparés les uns des autres par du tissu interlobulaire.

s, Tissu conjonctif interlobulaire, contenant les vaisseaux sanguins interlobulaires — i, e, les branches de l'artère hepatique et de la veine-porte et les conduits biliaires intra-lobulaires; — ι, Veine centrale ou intra-lobulaire.

a. — Un grossissement faible vous montre :

α. — La division en LOBULES.

β. — Au centre de presque tous les lobules, la VEI-NULE HÉPATIQUE OU INTRA-LOBULAIRE, à parois très minces. Les lobules dans lesquels on n'en voit point ont été intéressés par le rasoir tout près de leur extrémité la plus voisine de l'extérieur de l'organe.

γ. — Entre les lobules, les ramifications de la VEINE-PORTE OU VEINULES INTER-LOBULAIRES, à parois également très minces (certaines de ces veinules sont assez larges); et les ramifications de l'ARTÈRE HÉPATIQUE plus étroite, mais à parois relativement épaisses.

δ. — On peut encore voir entre les lobules les petits CONDUITS BILIAIRES, tapissés d'un épithélium à cellules cubiques ou prismatiques, et à lumière distincte.

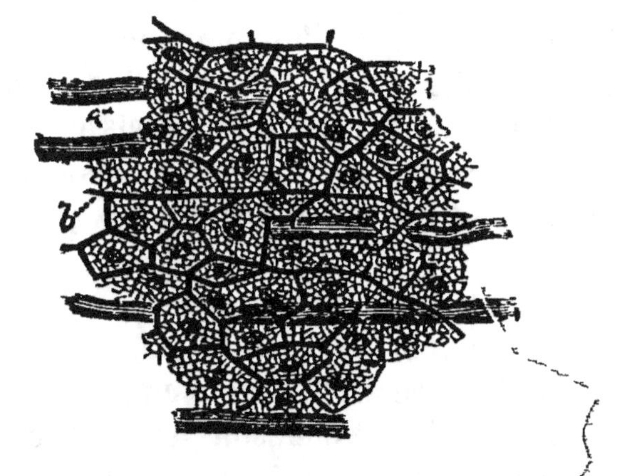

FIG. 53. — Coupe d'un lobule du foie du lapin, dont les vaisseaux sanguins et biliaires ont été injectés.

b, Capillaires biliaires entre les cellules du foie; les cellules sont bien visiblement des cellules polygonales nucléées, chacune avec un réticulum distinct.— c, Vaisseaux capillaires sanguins.

ε. — Les CELLULES HÉPATIQUES, disposées en séries rayonnantes autour de la veinule hépatique.

b. — Un grossissement plus considérable montre :

α. — Le contour polygonal des cellules hépatiques,

leur protoplasma granuleux entourant un ou plusieurs noyaux arrondis.

β. — Les capillaires sanguins qui partent du centre du lobule, passent entre les rangées de cellules et s'anastomosent parfois par des branches transversales ; il est facile de les reconnaître aux globules sanguins qu'ils contiennent.

γ. — Les conduits biliaires, leur épithélium prismatique à noyaux très nets. Sur certaines coupes, on voit les cellules de cet épithélium se raccourcir et tendre vers la forme cubique à mesure que le conduit se rapproche du lobule. On voit souvent le conduit se terminer brusquement au bord d'un lobule.

3. Préparez des coupes d'un foie, dont les vaisseaux sanguins auront été injectés à la gélatine colorée par le bleu de Prusse ou le carmin. Éclaircissez ces coupes par l'essence de girofle et montez-les dans le baume du Canada. Etudiez-les en les comparant aux préparations non injectées.

a. — La veinule hépatique apparaît, selon le plan suivant lequel le lobule a été coupé, soit en section plus ou moins transversale et alors circulaire, plus ou moins oblique et alors ovale, soit en son entier ; on voit alors que c'est une courte veinule qui va du centre du lobule à la veine sub-lobulaire.

b. — La veinule-porte fait le tour du lobule.

c. — Le réseau capillaire qui relie la veinule-porte à la veinule hépatique, ses nombreuses anastomoses transversales. Entre deux de ces capillaires disposés suivant des rayons autour du centre du lobule, on ne voit ordinairement qu'une seule rangée de cellules.

4. Montez dans le baume une coupe de foie de mam-

mifère préalablement injecté par le canal hépatique.
Les capillaires biliaires apparaissent dans l'intérieur
des lobules comme un réseau à mailles fines de filaments très déliés. Ces filaments sont formés par la
masse à injection qui a pénétré entre les cellules, lesquelles s'y trouvent, pour ainsi dire, plongées.

5. Grattez avec un scalpel un morceau de foie très

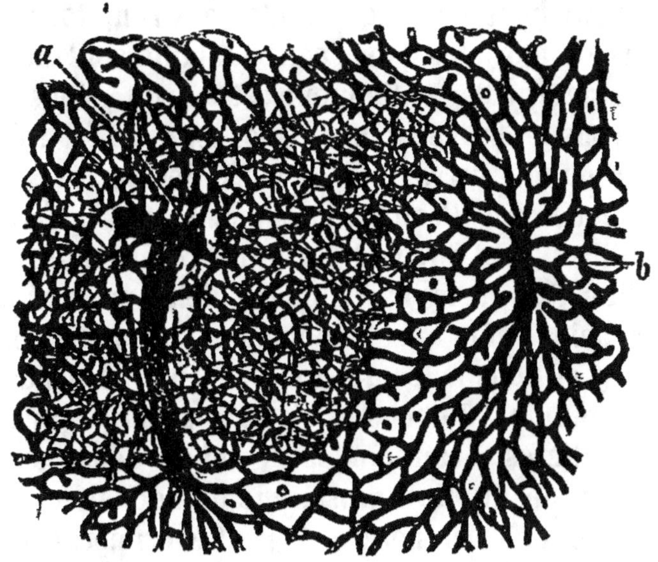

FIG. 54. — Coupe verticale au travers du foie du lapin ; les vaisseaux sanguins et les vaisseaux biliaires sont injectés.

a, Veines interlobulaires entourées par les conduits biliaires interlobulaires :
ces derniers reçoivent un reseau de délicats capillaires biliaires intra-lobulaires ; les mailles de ce reseau correspondent aux cellules du foie. — b, la
veine centrale ou intra lobulaire.

frais, et étudiez les cellules hépatiques pâles, granuleuses, souvent chargées de gouttelettes graisseuses.
(Gf. § 2, *b*.)

B. — GLYCOGÈNE

1. Tuez un lapin par décollation six heures environ

après lui avoir donné un bon repas [1]. Prenez-lui son foie le plus tôt possible.

Enlevez la vésicule biliaire, et faites deux parts du foie. Vous coupez l'une en petits morceaux que vous jetez immédiatement dans environ deux cents fois leur volume d'eau bouillante, tenue à l'avance toute prête. Vous placez l'autre dans un endroit chaud et humide. (Cf., § 3.) Au bout de cinq minutes environ, tous les morceaux de foie jetés dans l'eau bouillante sont durcis et le ferment qu'ils contiennent est détruit. Vous les prenez, vous les broyez dans un mortier avec du sable bien pur ou du verre pilé et vous délayez la pâte ainsi obtenue avec l'eau dans laquelle vous les avez fait bouillir. Vous versez dans la pâte de l'acide acétique dilué tout juste assez pour qu'elle prenne une réaction acide (afin que l'albumine se coagule complètement) et vous faites de nouveau bouillir pendant quelques minutes. Enfin vous laissez reposer jusqu'à ce que les matières albuminoïdes se soient déposées et vous passez sur un filtre grossier le liquide laiteux qui surnage. Pour ne rien perdre, on peut exprimer le sédiment dans un nouet de linge, et recevoir le liquide exprimé sur le filtre. Le liquide opalescent qui résulte de cette filtration est une infusion impure de glycogène. Il y en a suffisamment pour servir aux expériences de plusieurs étudiants.

Si ce liquide contenait trop de matières albuminoïdes, il faudrait le neutraliser soigneusement, le faire bouillir encore et le filtrer une fois de plus.

2. *a.* — Prenez dans un tube à essai quelques centimètres-cubes de ce liquide, et ajoutez-y une ou deux gouttes d'une solution d'iode. Le mélange prend la co-

---

[1] On peut nourrir les lapins de son et de carottes

loration du vin de Porto. Cette coloration disparaît bientôt, s'il y a dans la liqueur un excès de glycogène; mais on peut. en ajoutant de l'iode à nouveau, la rendre permanente. Elle disparaît encore si l'on vient à chauffer légèrement, mais reparaît par le refroidissement (à moins qu'il n'y ait beaucoup de matières albunoïdes dans le mélange.)

b. — Essayez la réaction de Trommerz pour déceler la présence du sucre (Cf. leçon XV, D, § 7); vous n'en trouverez que des traces.

c. — Prenez 10 centimètres cubes de liquide, ajoutez-y un peu de salive ou de suc gastrique artificiel, et faites chauffer à l'étuve. Le liquide perd son opalescence et devient transparent.

α — Vous en prenez la moitié: l'addition de quelques gouttes d'une solution d'iode ne produit pas la coloration du vin de Porto, preuve que le glycogène a disparu.

ε. — Et sur l'autre moitié vous essayez la réaction de Trommerz, qui décèle la présence du sucre en plus grande quantité que tout à l'heure.

3. Quand elle a chauffé quelques heures, vous prenez l'autre moitié de foie mise en réserve, et vous en faites de même une décoction. Cette décoction, qui sera probablement acide, devra être neutralisée par le carbonate de soude et filtrée.

a. — La décoction sera plus transparente que dans le cas précédent, plus limpide et non laiteuse.

b. — La coloration qu'y donne l'iode est encore celle du vin de Porto, mais moins foncée.

c. — Elle contient du sucre en abondance.

Par un changement produit *post mortem*, le glycogène qui se trouvait dans le foie au moment de la mort s'est converti en dextrose.

VINGTIÈME LEÇON

STRUCTURE DU POUMON, MÉCANISME DE LA RESPIRATION

1. Décapitez un triton. Fendez-lui la peau et la couche musculaire sous-jacente le long de la ligne médiane ventrale du corps et mettez à découvert les poumons. Sectionnez l'aorte en travers. Passez un fil de soie sous la partie antérieure de l'un des poumons et enfin placez sous le poumon et en même temps sous le fil un petit morceau de carton mince. Saisissez avec des pinces fines un point de la paroi du poumon et faites en ce point une petite incision avec la pointe des ciseaux fins. Maintenant, en faisant glisser une canule de verre sur le morceau de carton vous l'introduisez dans le trou ainsi pratiqué. Vous serrez le fil de soie afin de lier le poumon sur la canule. Au moyen d'une pipette, vous remplissez la canule d'une solution de chlorure d'or à 0,5 % et en pressant sur le petit bout de tube de caoutchouc que vous aurez eu soin de fixer préalablement à la canule, vous distendez, mais pas trop, le poumon. En soulevant la canule et en comprimant et décomprimant alternativement le tube de caoutchouc, vous faites passer bulle à bulle dans la canule tout l'air que contenait le poumon. Fermez le tube de caoutchouc au moyen d'une pince à ressort de façon à avoir le poumon bien distendu. Jetez une autre ligature sur le poumon et liez-la au delà mais tout près du bec de la canule. Coupez maintenant le poumon entre le bec de la

canule et cette ligature, et, tenant le poumon par sa seconde ligature, plongez-le dans une solution de chlorure d'or à 0,5 %, où vous le laisserez environ quinze minutes. Au bout de ce temps, plongez-le dans l'eau, fendez-le en long et débarrassez-le du chlorure d'or en excès en le secouant légèrement dans l'eau renouvelée deux ou trois fois. Enfin, pour opérer la réduction de l'or, vous l'exposerez, pendant vingt-quatre heures environ, à la lumière solaire dans l'eau acidulée par un peu d'acide acétique.

En fendant le poumon, vous observerez que c'est un simple sac à surface interne lisse.

Montez dans la glycérine un morceau de ce poumon, la surface interne en dessus, et étudiez à l'aide d'un grossissement considérable.

a. — Les NOYAUX des CÉLLULES ÉPITHÉLIALES que l'on voit au nombre de deux à quatre dans les espaces laissés libres par les capillaires. On voit quelquefois autour de ces noyaux une petite quantité de protoplasma colorée en violet ou en rouge pourpre comme le noyau, mais il est rare de pouvoir distinguer les contours des cellules.

b. — Le réseau serré de capillaires dont ces groupes de noyaux occupent des mailles. Dans les capillaires, on verra sans doute des globules sanguins avec leurs noyaux très colorés. En abaissant le foyer du microscope on voit les noyaux allongés, également très colorés, qui appartiennent à la couche des fibres musculaires lisses.

2. Distendez avec de l'alcool à 30 % les poumons d'une grenouille. Liez chaque poumon près de son origine. —Placez maintenant l'un (*A*) dans l'alcool à 30 % pendant une heure ou deux, puis dans l'alcool fort pen-

dant une heure environ ; laissez l'autre (B) dans l'alcool à 30 % pendant deux ou trois jours.

Fendez A et observez :

a. — La grande cavité centrale.

b. — Les cloisons primaires assez courtes qui s'élèvent de la paroi pulmonaire vers l'intérieur et forment un certain nombre de chambres polygonales, lesquelles s'ouvrent toutes dans la cavité centrale.

c. — Les cloisons secondaires très courtes qui s'élèvent des cloisons primaires dans les chambres formées par celles-ci. Il est nécessaire, pour les voir distinctement, d'avoir recours à la loupe.

3. Grattez la surface interne de la préparation B et montez le produit du grattage dans une goutte de solution d'iode. Étudiez à l'aide d'un grossissement considérable.

Les cellules épithéliales isolées. Elles sont plates, minces, pourvues, près de leur bord, d'un noyau entouré d'un protoplasma peu abondant coloré par l'iode.

4. Faites des coupes transversales de la partie postérieure de la trachée d'un petit mammifère, préalablement durcie dans l'acide chromique à 0,5 %. La coupe doit être faite de telle sorte que le plan de section intéresse les deux extrémités d'un anneau de la trachée et la portion membraneuse qui leur est interposée. Observez :

a. — A l'extérieur, la TUNIQUE FIBREUSE de tissu conjonctif lâche qui devient de plus en plus dense à mesure qu'on se rapproche du tube trachéen. Dans ce tissu, on voit les extrémités de l'anneau de cartilage.

b. — Entre ces deux extrémités cartilagineuses, on

voit une BANDE TRANSVERSALE constituée par des FIBRES
LISSES. En dehors de cette bande, on aperçoit encore la
section de fibres musculaires longitudinales.

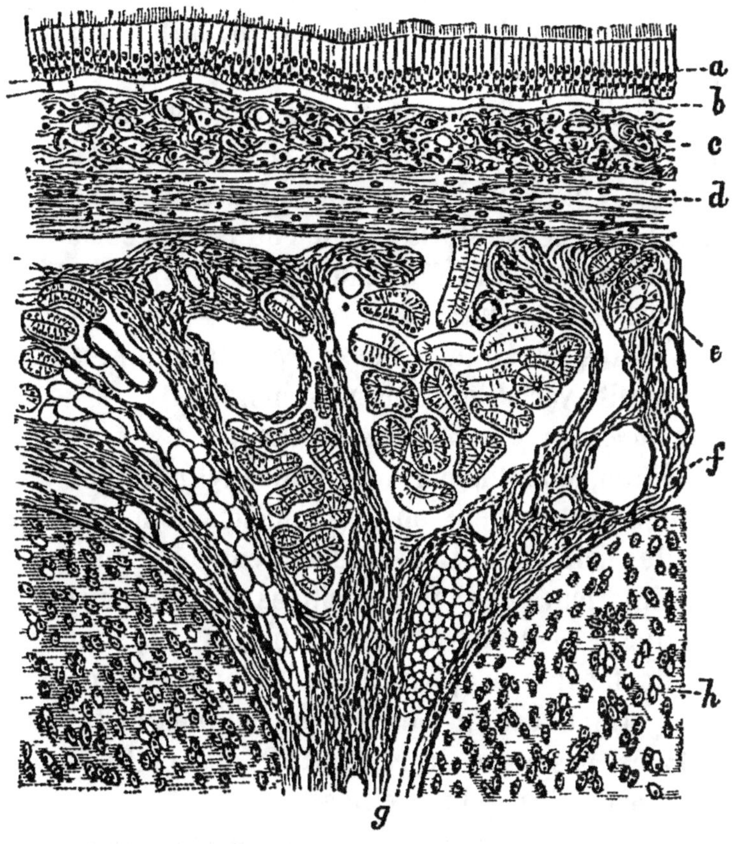

FIG. 55 — Coupe longitudinale au travers de la trachée d'un enfant.
a, Épithélium cilié, prismatique, stratifié de la surface libre. — *b,* la *basement
membrane.* — *c,* la muqueuse. — *d,* les réseaux de fibres elastiques longitudinales; les noyaux ovales entre ces réseaux indiquent les corpuscules du
tissu conjonctif. — *e,* le tissu sous-muqueux contenant les glandes muqueuses.
— *f,* larges vaisseaux sanguins. — *g,* Cellules graisseuses. — *h,* Cartilage
hyalin des anneaux de la trachée,

c. — La COUCHE SOUS-MUQUEUSE, qui se continue avec
la couche fibreuse, mais qui est formée de fibres plus
fines.

d. — Les petites GLANDES séreuses et muqueuses, dont les acini forment dans le tissu sous-muqueux une couche presque continue. Leurs conduits excréteurs sont moins apparents, mais on peut néanmoins les voir se diriger vers la surface de la muqueuse et même les voir s'y ouvrir.

e. — La section des fibres élastiques longitudinales qui forment une couche distincte en dedans du tissu sous-muqueux. Cette couche est plus apparente dans la portion membraneuse de la trachée où ces fibres se réunissent pour former des faisceaux.

f. — La COUCHE MUQUEUSE. On y voit :

α. — Des fibres élastiques fines, très nombreuses avec une quantité variable de tissu adénoïde.

β. — Une *basement membrane* distincte.

γ. L'épithélium, constitué par des cellules cylindriques longues, ciliées, et par deux ou trois couches ou même plus de petites cellules qui se trouvent entre les prolongements intérieurs des cellules ciliées. Si la trachée n'a pas été durcie et préparée avec soin, les cils sont confondus de façon à n'apparaître plus que comme une bordure granuleuse surmontant les cellules cylindriques. Il n'est pas rare de rencontrer des cellules caliciformes parmi les cellules ciliées.

5. Faites des coupes longitudinales et verticales de la trachée intéressant les anneaux trachéens et comparez-les aux coupes transversales surtout en ce qui concerne les éléments élastique et musculaire.

6. Prenez un morceau d'un poumon de mammifère qui aura été distendu par l'injection dans la trachée d'une solution d'acide chromique à 0,2 %, puis durci dans le même liquide (le mieux serait de prendre un poumon de fœtus ou d'animal nouveau-né). Après avoir

purgé la pièce d'acide chromique par un séjour dans l'alcool, vous la laissez deux ou trois jours dans l'hématoxyline diluée jusqu'à ce qu'elle se soit fortement colorée. De là, vous la faites passer dans l'alcool à $75^0/_0$ ou dans le liquide où vous aviez fait dissoudre l'hématoxyline (cf. l'Appendice) en ayant soin de changer l'alcool de temps à autre jusqu'à ce qu'il ne se colore plus, puis dix minutes ou davantage dans l'alcool concentré et enfin dans l'alcool absolu. Après en avoir enlevé l'excès d'alcool avec du papier buvard, vous laissez la pièce pendant une heure ou deux dans l'essence de girofle ou l'essence de bergamote. Après avoir débarrassé la pièce de l'essence en excès, vous la laissez pendant deux ou trois heures dans la paraffine fondue à une température à peine plus élevée que le point de fusion, ou bien encore dans un mélange de spermaceti (1 partie) et d'huile de castor (4 parties). Après inclusion dans la même matière, confection des coupes avec le rasoir mouillé d'huile d'olive. Enfin les coupes traitées par la créosote et la térébenthine sont montées dans le baume du Canada. Observez :

a. — Les sections des vaisseaux sanguins. (Cf. leçon XII.)

b. — Les sections des bronches. Vous remarquez que les sections des bronches ressemblent aux sections de la trachée, sauf en ce que :

α. — Les cartilages de forme irrégulière sont parsemés sans ordre dans la couche fibreuse.

ϐ. — Les fibres musculaires transversales forment maintenant dans la tunique sous-muqueuse un anneau complet.

Dans les plus petites bronches, on ne voit plus de

cartilages, mais il y a toujours de distance en distance des fibres musculaires circulaires.

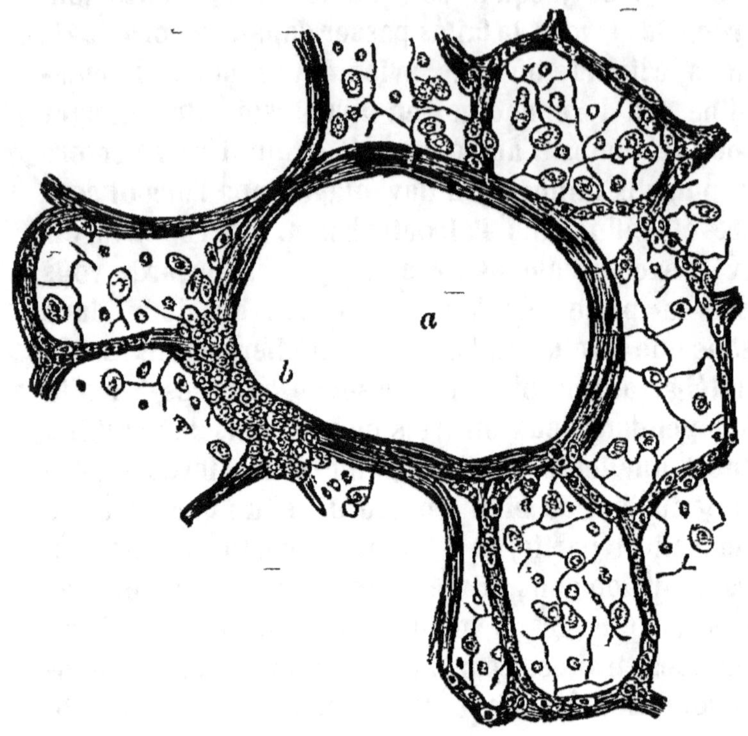

Fig. 56. — Coupe transversale du poumon du chat imprégné au nitrate d'argent.

a, Un infundibulum ou conduit alvéolaire en coupe transversale. — b. Groupes de cellules polyédriques doublant une partie de l'infundibulum, le reste est doublé par des squames épithéliales, transparentes, aplaties. — c, les alvéoles doublées par des squames épithéliales aplaties; çà et la, entre elles, on voit une cellule épithéliale, granuleuse, polyédrique.

c. — La transition d'un petit tube bronchique à une vésicule pulmonaire. Vous remarquez que :

α. — Les cellules cylindriques ciliées deviennent plus courtes et perdent leurs cils.

β. — Les fibres musculaires paraissent ne plus exister.

γ. — Les fibres longitudinales ne forment plus qu'un réseau irrégulier.

d. — Sections des alvéoles.

α. — Contour des alvéoles. Leur *basement membrane* distincte.

ε. — L'épithélium plai, pavimenteux [1]; très visible quand par hasard sur la coupe une portion de la paroi de l'alvéole est vue à plat. On peut aussi le voir de profil.

γ. — Les fibres élastiques de la paroi alvéolaire.

δ. — Les noyaux et les parois affaissés des capillaires.

7. Prenez un morceau de poumon de mammifère injecté. Traitez-le de la façon indiquée au 25, mais sans colorer. Observez le réseau serré de vaisseaux capillaires qui s'étale sur la paroi de chaque alvéole et l'artériole qui forme un cercle au niveau de chaque orifice alvéolaire.

---

[1] On peut mettre en évidence par la méthode des imprégnations d'argent les contours des cellules épithéliales des alvéoles : on sacrifie un petit mammifère, on lie une canule dans la trachée, on ponctionne le thorax des deux côtés ou bien même on enlève les parois thoraciques et l'on distend les poumons avec une solution à 0, 2 % de nitrate d'argent. En injectant le liquide sous pression, puis le faisant sortir par compression du poumon et recommençant ainsi plusieurs fois, on remplace peu à peu l'air par la solution de nitrate d'argent. Une fois ce résultat atteint, on remplace à son tour le nitrate d'argent par de l'alcool à 30 %, en s'y prenant de la même façon. L'alcool à 30 % est remplacé à son tour par de l'alcool à 50, ce dernier par de l'alcool à 70, et ainsi de suite jusqu'à ce qu'enfin on injecte de l'alcool absolu avec lequel on distend les poumons. On lie la trachée et l'on coupe le poumon en morceaux qui sont placés dans l'alcool absolu. Les coupes (exécutées de préférence au microtome congelant) sont exposées à la lumière et subissent le traitement ordinaire.

VINGT-ET-UNIÈME LEÇON

COULEUR DU SANG. — RESPIRATION

---

1. Versez un peu de sang défibriné [1] dans plusieurs tubes à essai (*A*, *B*, *C*, *D*).

A est laissé tel quel, il servira de témoin;

à *B*, vous ajouterez un égal volume d'eau et vous chaufferez jusqu'à 50° C.;

à *C*, vous ajouterez quelques gouttes d'éther ou de chloroforme. — Agitez;

à *D*, vous ajouterez un peu de bile ou d'une solution de sels biliaires. — Agitez.

Dans les tubes *B*, *C*, *D*, le sang se laque, c'est-à-dire devient relativement transparent tout en gardant sa coloration, apparence due à la dissolution de l'hémoglobine des globules: comparez avec la coloration de *A*, rendez-vous compte également de la transparence relative des deux liquides *A*, *C*, en déposant une goutte de chacun sur une lame de verre et en essayant de lire, au travers, des caractères d'imprimerie.

2. Placez un rat ou un cochon d'Inde sous une cloche à côté d'une éponge imbibée de chloroforme. Quand l'animal est complètement anesthésié, ouvrez rapidement le thorax et coupez le cœur en travers. Recueillez le sang dans un verre à boire et défibrinez-le. Versez le sang défibriné dans un creuset de platine entouré

---

[1] On peut se procurer du sang dans un abattoir.

d'un mélange de sel marin et de glace pilée. Laissez-le se congeler puis retirez-le du mélange réfrigérant pour le faire dégeler. De cette façon, les globules du sang sont détruits, et le sang se laque. (Cf. § 1.) Si le sang ne devient pas suffisamment transparent, on le fait congeler et dégeler de nouveau.

Laissez de côté le sang laqué ainsi obtenu, dans un endroit frais (entouré de glace s'il se peut) pendant vingt-quatre heures. Il se forme un sédiment constitué en partie par des cristaux d'hémoglobine [1], en partie par des fragments de globules. Montez en préparation un peu de ce sédiment et examinez-le au microscope à un fort grossissement. Observez:

a. — Les CRISTAUX D'HEMOGLOBINE (oxyhémoglobine): ceux du rat sont des plaquettes rhombiques très minces, ceux du cochon d'Inde ont l'apparence de tétraèdres mais en réalité appartiennent aussi au système rhom-

---

[1] On peut obtenir des cristaux du sang, autant qu'on en désire, par un des deux procédés suivants :

a. — On ajoute peu à peu de l'éther à du sang défibriné, en agitant constamment jusqu'à ce que le sang se laque (pour dix volumes de sang, on prend environ un volume d'éther), puis on expose le tout au froid pendant deux ou trois jours. Il n'est pas rare de voir le sang du chien, traité de cette manière, donner des cristaux dès qu'il commence à se refroidir.

b. — On traite du sang de la façon indiquée dans le texte au § 3, mais on réitère le lavage à plusieurs reprises. On prend 10 centimètres cubes de la solution impure d'hémoglobine ainsi obtenue; on y ajoute goutte à goutte de l'alcool concentré et on agite continuellement jusqu'à ce qu'il se produise un précipité. On note la quantité d'alcool employée et dans le reste de la solution d'hémoglobine, on verse pour autant de fois 10 centimètres cubes autant de fois la quantité d'alcool notée moins un demi-centimètre cube, en agitant toujours à mesure qu'on verse de l'alcool. Enfin on entoure le tout d'un mélange de glace pilée et de sel. Au bout de quelques heures, on décante le plus de liquide qu'on peut et on jette le reste sur un filtre. On lavera les cristaux qui restent sur le filtre d'abord avec de l'alcool a 30 %/_0 et ensuite avec de l'eau; ces deux liquides devront être à la température de 0.

bique. Regardez un groupe de cristaux afin de mieux voir leur couleur d'un rouge éclatant.

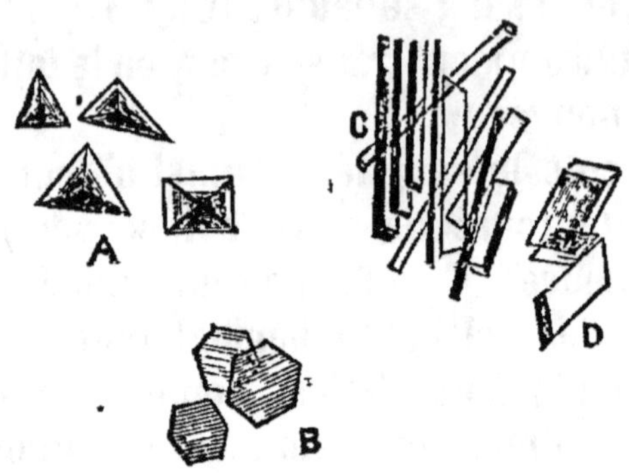

Fig. 57. — Cristaux d'hémoglobine.
A, du cobaye. — B, de l'écureuil. — CD, de l'homme

b. — Les globules sanguins décolorés ; on en voit quelques-uns qui ont l'apparence d'anneaux incolores mélangés à beaucoup de débris granuleux. Parfois le sang défibriné du cochon d'Inde donne des cristaux quand on se borne à mélanger sur le porte-objet une goutte de ce sang à une goutte de chloroforme. Il n'est pas rare non plus d'obtenir ces cristaux sans avoir besoin de laisser le sang exposé au froid tout un jour, simplement en mettant un peu de sang congelé sur une lame de verre, recouvrant la préparation d'une lamelle et chauffant légèrement pendant une demi-minute, puis laissant refroidir ; des cristaux se séparent du sang aussitôt qu'il se refroidit.

3. — Laissez du sang (en assez grande quantité si c'est possible) se coaguler dans un verre. Abandonnez-le à lui-même pendant vingt-quatre heures, puis rejetez le sérum, hachez menu le caillot et agitez doucement après avoir ajouté un égal volume d'eau froide. Recouvrez le verre d'une mousseline et passez le liquide.

Passez-le encore deux ou trois fois à travers un linge,
puis traitez le résidu par trois fois son volume d'eau
(à la température de 40° qui est la plus favorable) et

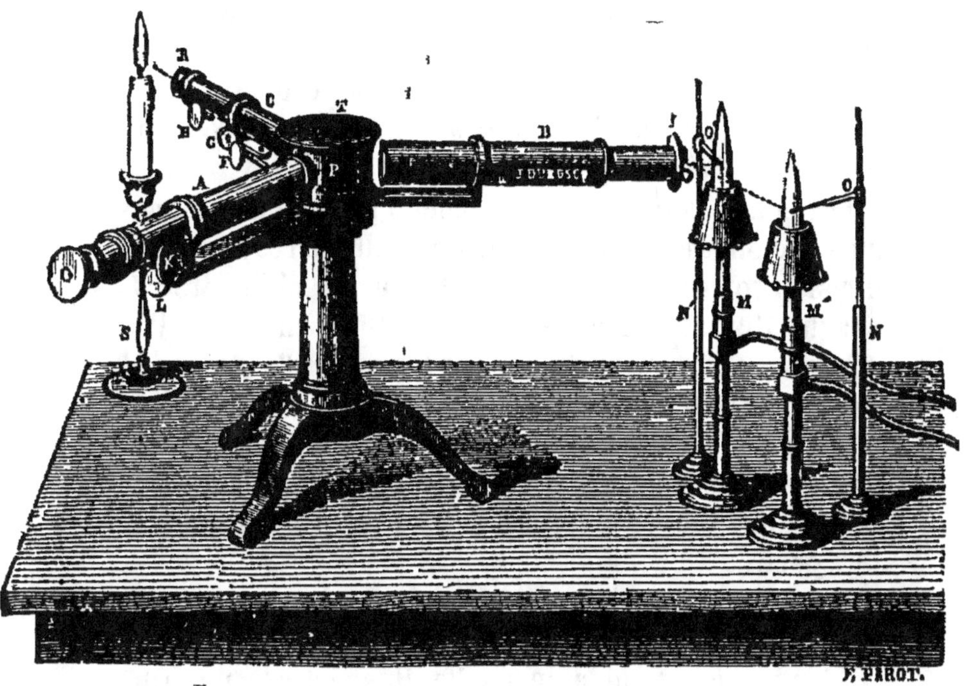

Fig. 58. — Spectroscope.

En *P* se trouve le prisme, il est installé sur un support et recouvert d'un
tambour de cuivre *T*. Ce dernier, noirci à l'intérieur, est percé de trois
ouvertures. En face de chaque ouverture est placé un des trois tubes *A, B, C*.
Le tube *B, collimateur,* porte à son extrémité une fente verticale étroite
qu'on peut élargir ou rétrécir à volonté au moyen d'une vis, et en face de
laquelle se place la source lumineuse à analyser. Le tube *A* est la lunette
par laquelle regarde l'observateur.
A l'extrémité du tube *C,* on place un micromètre, qui est éclairé par derrière
par une bougie.
La partie inférieure de la fente du collimateur est recouverte d'un petit prisme
à réflexion totale, au moyen duquel les rayons lumineux qui émanent d'une
source de lumière *M* (placée sur le côté, peuvent être envoyés dans le tube *B*
parallèlement aux rayons émanant de *M*; ce qui permet de superposer les
deux spectres de *M* et de *M'*. On dispose la cuvette de verre à faces parallèles, dans laquelle se trouve le liquide à étudier, entre la fente du collimateur et la source de lumière *M*.

exprimez-le à travers un linge. Vous obtenez de la sorte
une solution impure d'hémoglobine.

4. — Disposez le spectroscope de façon à voir distinctement en même temps le spectre de la flamme et l'échelle divisée (*micromètre*). Vous maintiendrez dans la flamme un fil de platine trempé dans le sel de cuisine en poudre. Observez la brillante raie jaune du sodium (D). Disposez l'échelle de manière que la raie du sodium soit à la division 58,9 de l'échelle et fixez en place les tubes du spectroscope.

Les nombres inscrits sur l'échelle indiquent les longueurs d'onde en cent millièmes de millimètres; chaque division correspond à 1 cent millième de millimètre et chaque dixième de division à 1 millionième de millimètre, — en longueur d'onde. La longueur d'onde de la raie D est 589 millionièmes de millimètre. Il en résulte que, quand cette raie est superposée à la division marquée 58,9 sur l'échelle, on peut lire facilement sur cette échelle les longueurs d'onde de toutes les parties du spectre.

Les spectres décrits plus loin devront être soigneusement dessinés sur une échelle tracée sur une feuille de papier blanc et semblable à celle du spectroscope. On notera sur ce dessin la position des raies B, C, D, E, F de Frauenhofer d'après le tableau suivant, où les longueurs d'onde de ces raies sont exprimées (approximativement) en millionièmes de millimètre : —

$$B = 687$$
$$C = 657$$
$$D = 589$$
$$E = 527$$
$$F = 486$$

Vous observerez ces lignes sur un spectre solaire, si c'est possible.

Interposez entre la flamme et le spectroscope une solution très diluée d'hémoglobine. Remarquez :

a. — Les deux bandes d'absorption situées toutes les deux entre D et E. La première (α), voisine de D, est plus étroite et plus obscure que l'autre (β) voisine de E. Avec une solution extrêmement diluée, on ne voit que la bande α.

b. — Longueur d'onde du milieu de $\alpha = 578$
     Longueur d'onde du milieu de $\beta = 540$
     Approximativement bien entendu.

5. Renforcez peu à peu la concentration de la solution.

a. — Le spectre est de plus en plus interrompu à la fois dans le bleu et dans le rouge, mais surtout dans le bleu. Les bandes d'absorption deviennent de plus en plus noires et larges.

b. — A mesure que la solution se concentre, les deux bandes se fusionnent. L'absorption se produit aussi aux extrémités du spectre. Il n'y a plus qu'une bande brillante dans le vert (longueur d'onde de son milieu environ 507) et une bande plus large dans le rouge (longueur d'onde de son milieu environ 650).

c. — Avec une solution encore plus concentrée, la bande brillante verte est aussi absorbée, il ne reste plus que la rouge, qui finit par disparaître à son tour.

6. Réduisez la solution d'oxyhémoglobine, soit à froid par la liqueur de Stokes, soit par l'addition de quelques gouttes de sulfure d'ammonium, en chauffant légèrement.

a. — Comparez la teinte *vin de Bordeaux* de l'hémoglobine réduite à l'écarlate foncé de la solution primitive.

b. — Examen spectroscopique : — présence d'une

large bande d'absorption qui occupe une position intermédiaire entre celles des deux bandes d'absorption de l'oxyhémoglobine. Celles-ci ont disparu. Celle qui les remplace ne se trouve pas tout à fait au milieu de la distance qui les séparait. Le milieu de cette nouvelle bande, plus voisine de D que de E, a pour longueur d'onde environ 565. Cette bande unique est beaucoup moins obscure que n'importe laquelle des deux bandes produites par la même quantité d'oxyhémoglobine.

c. — Avec des solutions plus concentrées, il y a moins d'absorption dans le bleu et plus dans le rouge (entre B et D) qu'avec une solution d'oxyhémoglobine.

7. Agitez fortement la solution d'hémoglobine réduite. Transvasez-la deux ou trois fois d'un récipient dans un autre, afin de bien l'exposer à l'action de l'air. Vous observerez qu'elle a repris sa couleur écarlate vif et à l'examen spectroscopique, vous retrouverez le spectre de l'oxyhémoglobine.

8. Examinez le spectre des cristaux du sang au microspectroscope ou bien en plaçant devant le spectroscope ordinaire une lame de verre sur laquelle vous aurez étendu une couche mince de ces cristaux. Vous reconnaissez le spectre de l'oxyhémoglobine.

9. Faites passer pendant quinze à trente minutes un courant d'oxyde de carbone à travers une solution d'oxyhémoglobine.

a. — Remarquez la teinte bleuâtre spéciale que prend la solution. Examinez le spectre : on voit deux bandes (α, ϵ) pareilles à celles de l'oxyhémoglobine, mais toutes deux plus rapprochées du bleu ;

Longueur d'onde du milieu de α, à peu près 572.

Longueur d'onde du milieu de ϵ, à peu près 535.

A défaut d'un spectroscope à longueur d'onde, voici

comment vous opérerez pour comparer les spectres de l'oxyhémoglobine et de cohémoglobine. Placez une cuve pleine de la solution d'oxyhémoglobine devant le spectroscope, amenez le fil du micromètre de la lunette au milieu de l'une des deux bandes et fixez la lunette dans sa position. Remplacez la solution d'oxyhémoglobine par la solution de CO-hémoglobine et mettez l'œil à la lunette. Le milieu de la bande sur laquelle tombe le fil du micromètre est plus voisin du bleu que le fil.

b. — Si l'on traite la solution de CO-hémoglobine par l'un des agents de réduction dont on s'est servi tout à l'heure, la réduction n'a pas lieu.

10. Prenez quelques centimètres cubes d'une solution de cristaux d'hémoglobine.

a. — Faites bouillir ; la matière albuminoïde qui entre dans la constitution de l'hémoglobine se coagule.

b. — Versez goutte à goutte de la solution chlorhydrique à 1 %, l'hémoglobine se dédouble et la matière albuminoïde se précipite. Ajoutez un égal volume d'éther et secouez, la matière colorante (HÉMATINE) se dissout dans le mélange d'éther et d'acide. Enlevez avec une pipette la couche inférieure du liquide, ajoutez quelques gouttes de la solution chlorhydrique et portez à l'étuve, à la température de 40° C. environ. Le précipité albuminoïde, converti en acidalbumine, se redissout. On le reprécipite par la neutralisation et l'on peut constater qu'il présente tous les caractères de l'acidalbumine.

11. Déposez une goutte de sang sur une lame de verre et chauffez doucement pour la faire évaporer à siccité. Ajoutez-y un grain de sel de cuisine que vous broyez et mélangez intimement avec le sang desséché. Recouvrez le tout d'une lamelle sous laquelle vous

faites pénétrer un peu d'acide acétique cristallisable. Chauffez doucement la préparation sur la flamme d'une lampe à alcool, jusqu'à ce que des bulles de vapeur apparaissent sous la lamelle. Laissez refroidir et examinez au microscope à un fort grossissement. On voit en grand nombre des prismes rhombiques rouge brun qui sont des CRISTAUX D'HÉMINE.

VINGT-DEUXIÈME LEÇON

STRUCTURE DU REIN

1. *a.* — Prenez un rein de mouton et divisez-le en deux par une coupe longitudinale, remarquez l'URETÈRE qui s'épanouit de façon à former le BASSINET et les CALICES dans lesquels s'avancent les PYRAMIDES.

b. — Sur la surface de section du rein ainsi coupé observez la SUBSTANCE MÉDULLAIRE interne ou centrale constituée par les pyramides de Malpighi; à l'extérieur, la SUBSTANCE CORTICALE, zone d'un rouge brun rayée de stries radiales minces et pâles (Cf. § 2, *c*) qui n'atteignent point du reste la surface de l'organe; entre la moelle et la substance corticale, la COUCHE INTERMÉDIAIRE qui forme une zone rouge-sombre, mal définie, surtout du côté de l'écorce, et rayée de stries pâles (Cf. § 2, *b*) qui se continuent avec celles de l'écorce et qui la traversent en rayonnant à partir de la moelle.

c. — Retournant maintenant à l'uretère, notez la connection de sa tunique externe de tissu conjonctif avec le revêtement fibreux du rein; suivez le trajet de l'artère et de la veine rénale. Elles se trouvent dans le tissu conjonctif en dehors de l'uretère et du bassinet. L'artère aussi bien que la veine se divisent en plusieurs branches qui pénètrent dans la substance du rein entre les extrémités des calices, à la base des pyramides et à l'extérieur de ces mêmes calices. On les suivra jusqu'à la région externe de la couche intermédiaire (*b*) et là on les verra se ramifier. Leurs branches se recourbent en arcs dans la substance du rein et forment ainsi un réseau (plus complet pour les veines que pour les artères) qui s'étale à travers la substance du rein dans la surface courbe formée par la portion externe de la couche intermédiaire.

2. — Préparez des coupes radiales d'un rein de mammifère durci dans le bichromate d'ammoniaque à 5 %. Ces coupes devront intéresser toute l'épaisseur du rein depuis la surface jusqu'au sommet d'une papille. Il sera bon de les exécuter à l'aide d'un microtome. Après les avoir colorées, observez à un grossissement faible.

a. — La MOELLE ou substance médullaire avec ses tubes droits ; on peut voir ces derniers se diviser à mesure qu'on les suit vers l'extérieur.

b. — La COUCHE INTERMÉDIAIRE, les tubes droits des pyramides de Malpighi séparent en faisceaux les rayons médullaires (*pyramides de Ferrein*); entre les faisceaux on voit de nombreux vaisseaux sanguins et quelques tubes de Henle. (Cf. § 3 *b.*)

c — L'ÉCORCE ou substance corticale ; les rayons médullaires se dirigent presque en droite ligne vers la surface libre de l'organe. Entre eux, on aperçoit les tubes contournés et les capsules terminales avec leurs glomérules qui alternent avec les pyramides et dont l'ensemble forme une double rangée. Cette disposition alternativement symétrique des tubes contournés (et des glomérules) avec les rayons médullaires ne peut être vérifiée sur des coupes obliques. Dans la région externe de l'écorce on ne voit que des tubes contournés.

3. Observez à un fort grossissement.

a. — Dans la moelle.

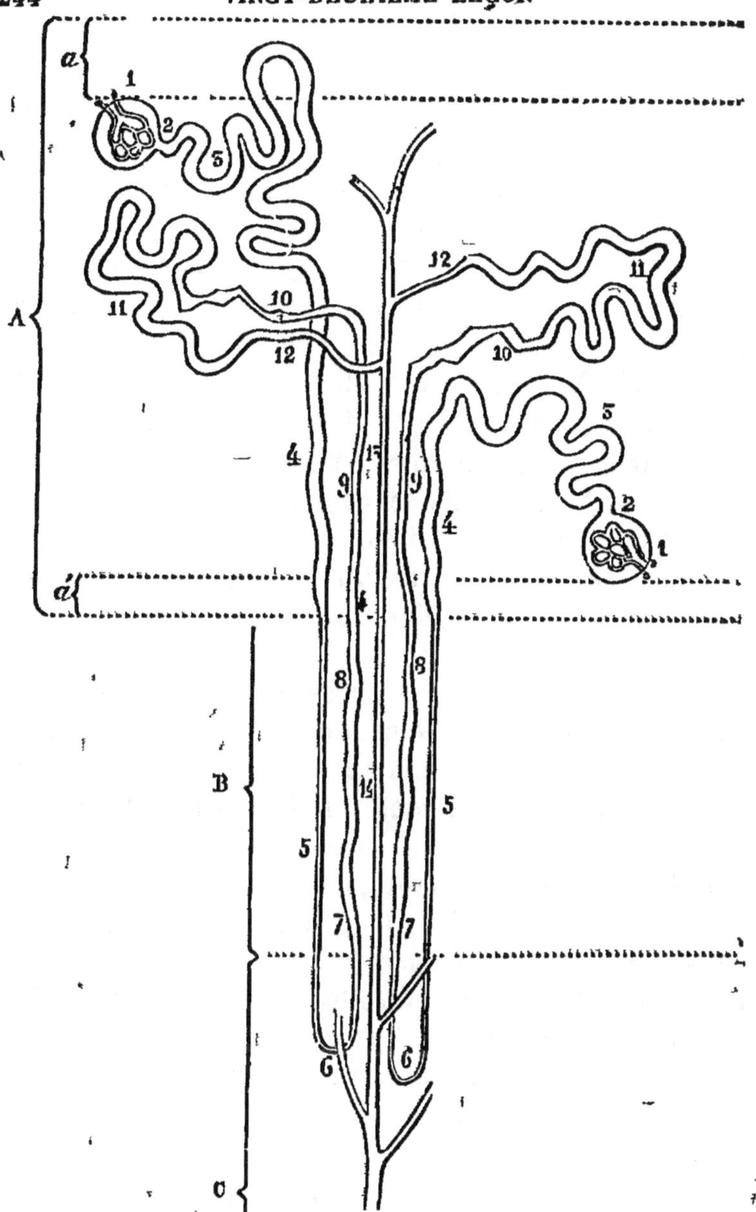

Fig. 59. — Diagramme montrant les tubules urinaires dans les différentes parties de l'écorce et la substance médullaire du rein.

A, Écorce limitée sur sa surface libre par la capsule. — a, Couche sous-capsulaire qui ne contient pas de corpuscules de Malpighi. — b, Couche interne de l'écorce qui ne contient pas de corpuscules de Malpighi.

B, Couche limitante. } Elles forment ensemble la substance médullaire.
C, Portion papillaire. }

1, Capsule de Bowmann. — 2, Collet de la capsule. — 3, Tube proximal enroulé. — 4, Portion spirale. — 5, Portion descendante du tube de Henle. — 6, l'anse elle-même. — 7, 8, 9, Portion ascendante du tube en anse de Henle. — 10, le tube irrégulier. — 11, le tubule distal enroulé. — 12, la première partie du tube collecteur. — 13 et 14, le tube collecteur plus large; dans la pupille elle-même, non représentée ici, le tube collecteur s'unit aux autres et forme le conduit excréteur.

α. — L'épithélium des TUBES DROITS (*tubuli uriniferi recti*); dans les plus petits de ces tubes, *tubes collecteurs*, cet épithélium est composé de cellules courtes, cylindriques ou cubiques, à noyaux sphériques ou ovoïdes ; dans les plus grands, *tubes déverseurs*, il est composé de longues cellules cylindriques à noyaux ovoïdes; la lumière de ces tubes est partout distincte et d'autant plus large que le tube est plus long.

b. — Dans la couche intermédiaire.

α. — Les tubes droits se continuent extérieurement dans les rayons médullaires.

β. — Les anses de Henle, situées principalement dans les rayons médullaires, descendent aussi dans la moelle à des distances variables.

γ. — Les BRANCHES ASCENDANTES des anses de Henle ; elles se seront probablement colorées avec intensité sous l'action des réactifs ; leurs dimensions varient dans les différentes régions de leur trajet ; leur épithélium est constitué par des cellules parfois imbriquées, situées dans leur portion extérieure et contenant des noyaux ovales ; leur lumière est étroite.

δ. — Les BRANCHES DESCENDANTES des mêmes anses ; elles sont beaucoup plus étroites. Les noyaux de l'épithélium plat et transparent proéminent dans la lumière du tube, parfois des deux côtés alternativement, ce qui ferait ressembler le tube, n'était la *basement membrane*, à un capillaire sanguin.

L'épithélium peut ainsi se modifier déjà dans la branche ascendante aussi bien que dans la branche descendante de l'anse.

ε. — Les nombreux vaisseaux sanguins qui se trouvent entre les rayons médullaires (Cf. § 8, *b*) ; dans la région externe de la couche examinée, les artères sont plus larges et les veines sont coupées obliquement ou transversalement. (Cf. § 1, c.)

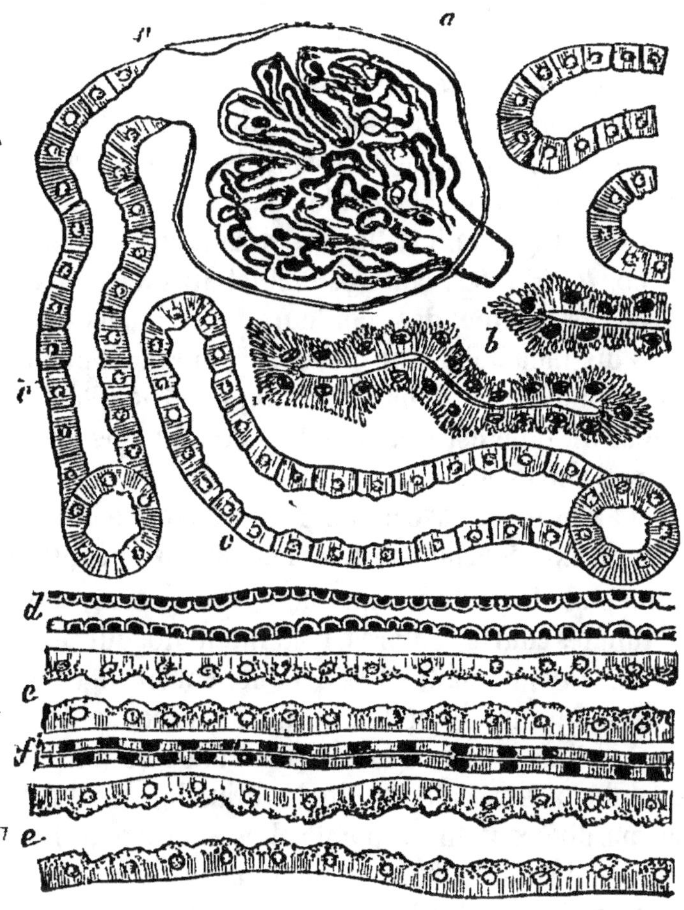

Fig. 60. — Coupe verticale au travers du rein d'un chien. Cette coupe montre une portion du labyrinthe (région de l'écorce où sont les corpuscules de Malpighi) et le rayon médullaire adjacent.

a, la capsule de Bowmann; les capillaires du glomérule sont arrangés en lobules; — n, Collet de la capsule; — b, Tubule irrégulier; — c, Tubules proximaux enroulés; — d, un tube collecteur; — e, Portion du tubule en spirale; — f, Portion ascendante du tube en anse de Henle; — d, e, f forment le rayon médullaire.

e. — Dans l'écorce.

α. — LES CAPSULES TERMINALES (*corpuscules de Malpighi*) avec les noyaux de leur épithélium.

β. — Le GLOMÉRULE vasculaire de chaque capsule et les noyaux de ses capillaires.

γ. — Le goulot de la capsule ; on ne le voit que si le plan de section a traversé la capsule dans toute sa longueur en passant par le goulot.

δ. — Le trajet entortillé des TUBES CONTOURNÉS (*tubuli contorti*) ; les cellules épithéliales de ces tubes peuvent présenter des contours individuels plus ou moins distincts, chacune d'elles est pourvue d'un noyau sphérique et striée dans sa portion externe. Parfois la lumière du tube est très visible, d'autres fois on peut à peine l'entrevoir.

ε. — La branche ascendante de l'anse de Henle se continue extérieurement dans les rayons médullaires.

η. — Dans la portion extérieure de l'écorce, on voit des tubules courts, colorés avec intensité, qui proviennent des rayons médullaires et que l'on peut voir parfois se continuer avec les branches ascendantes des anses de Henle. Les cellules épithéliales de ces tubes ressemblent aux cellules de la branche ascendante ; elles en diffèrent en un point : elles sont irrégulières et donnent ainsi au tubule un contour en zig-zag ; — ceci est la portion *irrégulière* du tubule urinifère.

θ. — On voit encore dans les rayons médullaires un ou deux tubes assez larges à noyaux sphériques très visibles ce sont les *tubules* dits *spiraux*. Notez encore dans ces rayons les tubes droits plus petits, — tubes collecteurs.

Dans toutes les portions du tubule urinaire, on peut constater la présence d'une basement membrane distincte.

4. Sur des coupes dirigées perpendiculairement à la direction des rayons médullaires à travers la région inférieure de l'écorce, on observe les rayons médullaires entourés par les tubes contournés.

5. Pratiquez des coupes analogues à travers la région externe de la moelle et observez la section transversale des tubes, leurs membranes propres, le tissu conjonctif peu abondant qui se trouve interposé à eux; on peut encore voir la coupe des deux branches ascendante et descendante de l'anse de Henle.

6. Prenez un petit fragment de l'écorce d'un rein frais et après l'avoir fait macérer dans le chromate neutre d'ammoniaque à 5 °/₀ dissociez-en un fragment dans le même liquide.

Observez les cellules des tubes contournés, isolées ou réunies en groupes; leur portion externe apparaît nettement striée et même sur quelques cellules prend l'apparence d'une brosse.

7. Détachez une coupe aussi mince que possible de la portion externe de l'écorce d'un rein frais, dissociez-la dans la solution saline normale et observez l'apparence que présentent les cellules encore à l'état normal dans les fragments isolés des tubules.

8. Prenez un morceau de rein injecté par l'artère rénale, préparez-en des coupes analogues à celles du § 2, montez-les dans le baume après leur avoir fait subir le traitement usité en pareil cas et observez:

a. — Les grosses artères et les grosses veines situées dans la portion supérieure de la couche intermédiaire.

b. — Les petites artères et les petites veines (ARTERIÆ ET VENÆ RECTÆ) qui émanent des précédentes, descendent entre les rayons médullaires jusque dans la moelle

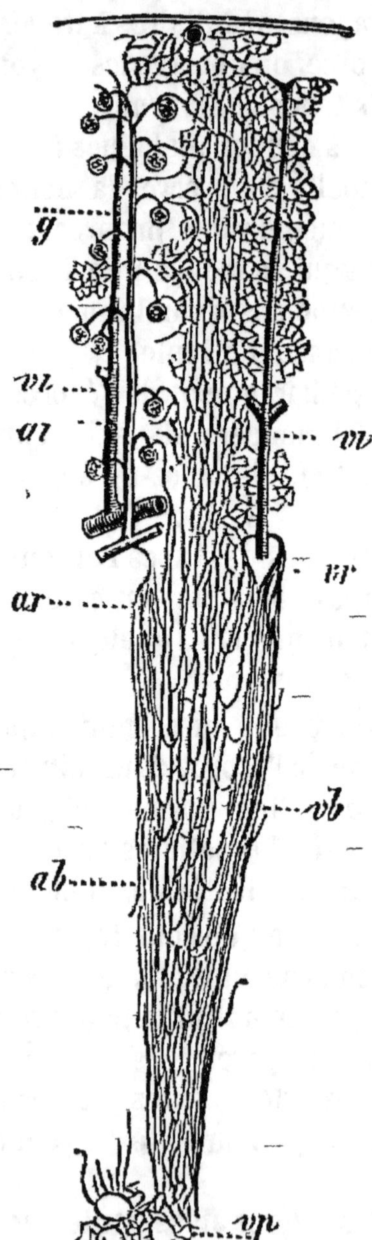

Fig. 61. — Diagramme des vaisseaux du rein.

ai, Artère interlobulaire. — *vi*, Veine interlobulaire. — *g*, Glomérule du corpuscule de Malpighi. — *vs*, Veine stellée. — *ar*, Artères droites. — *vr*, Veines droites. — *ab*, Faisceau d'artères droites. — *vb*, Faisceau de veines droites. *vp*, Réseau de vaisseaux autour de l'orifice des conduits excréteurs au sommet des papilles.

et qui alors se divisent presque immédiatement en un pinceau de capillaires qui forment un réseau dans toute la moelle. Les mailles de ce réseau sont allongées dans la direction des tubes, surtout près du sommet de la papille.

c. Les ARTÈRES ET VEINES INTERLOBULAIRES partent des gros vaisseaux et se dirigent en sens inverse vers l'extérieur, dans l'écorce, entre les rayons médullaires. Ces artères émettent tout autour d'elles de petites artères (dont on verra sans doute sur la coupe deux rangées [*arteriæ afferentes*]) dont chacune pénètre dans une capsule terminale et là se ramifie en capillaires pour former le glomérule.

d. — La petite veine (*vena efferens*) qui sort de chaque capsule terminale et se ramifie en capillaires ; tous ces capillaires réunis donnent naissance à un réseau dans l'écorce ; les veines afférentes des capsules les plus profondément situées se ramifient en pinceaux de capillaires à la façon des *arteriæ rectæ* et se dirigent vers la moelle.

e. — Les petites veines qui unissent le réseau capillaire de l'écorce aux veines interlobulaires (§ *c*).

f. On voit çà et là la petite artère qui dessert un glomérule émettre une branche qui rejoint directement le réseau capillaire de l'écorce. On voit encore dans la portion externe de l'écorce des branches directes, analogues aux précédentes, qui proviennent des extrémités des artères interlobulaires.

g. — De petites veines (*venæ stellatæ*) naissent encore tout à fait à la périphérie de l'écorce des capillaires du réseau cortical.

9. Sur des coupes verticales d'une VESSIE de lapin ou de chien distendue par le bichromate d'ammoniaque à 2 % et durcie dans le même liquide, vous observerez :

a. La tunique fibreuse externe, mince.

b. La tunique musculaire constituée par une couche de fibres généralement dite longitudinale et une couche de fibres généralement dite circulaire ; en dedans de cette dernière on en voit encore une troisième dont les fibres ont différentes directions, mais sont pourtant surtout longitudinales.

c. La tunique sous-muqueuse de tissu conjonctif.

d. — La muqueuse constituée par :

α. — Un tissu conjonctif continu avec celui de la tunique sous-muqueuse, mais plus délicat.

ε. — L'épithélium. Il est constitué par : 1° une couche interne (plus voisine de la cavité de la vessie) ; c'est une rangée simple de cellules grossièrement cubiques ; 2° une couche médiane, rangée simple de cellules pyriformes ; 3° une couche externe (reposant sur la *basement membrane*) composée de deux ou trois rangées de cellules allongées entre lesquelles pénètrent les prolongements des cellules pyriformes situées au-dessus.

La forme des cellules varie naturellement avec le degré de distension de la vessie.

10. Pratiquez des coupes transversales d'un uretère de lapin ou de chien distendu et durci de la même façon que la vessie (§ 9).

A part l'épaisseur des parois, vous constaterez que la structure de l'uretère est à peu de chose près la même que celle de la vessie.

VINGT-TROISIÈME LEÇON

L'URINE

1. Déterminez le poid spécifique de l'urine au moyen de l'urinomètre.

L'urine présente avec le papier de tournesol une réaction acide due à la présence de sels acides, principalement du phosphate acide de sodium, et *nullement* à la présence d'acide libre.

2. Faites chauffer 200 centimètres cubes d'urine et observez de temps à autre ce qui se passe.

a. — Au bout de vingt-quatre heures ou davantage, elle perd sa réaction acide et devient alcaline. Si on chauffe légèrement le papier de tournesol bleui par cette urine, la couleur bleue disparaît, montrant ainsi que l'alcalinité est due à la présence de l'ammoniaque ou d'un sel d'ammoniaque.

b. — Peu à peu elle devient trouble et abandonne un dépôt de divers sels.

c. — Son odeur devient putride.

L'urine a subi la **fermentation alcaline.**

3. Une petite quantité de mucus provenant des voies urinaires s'y trouve quelquefois sous la forme d'un précipité légèrement trouble. On peut le rendre plus opaque par l'addition d'acide acétique.

4. Mettez quelques cristaux d'urée dans un verre de montre et faites-les dissoudre dans une petite quantité d'eau.

a. — Faites évaporer une goutte de cette solution sur une lame de verre et observez au microscope les cristaux d'urée, consistant en prismes à quatre pans. Si l'évaporation est rapide, l'urée cristallise en longs spicules.

b. — A une autre goutte de la solution également placée sur la lame de verre ajoutez une goutte d'acide nitrique concentré pur. Il se formera des cristaux relativement insolubles de nitrate d'urée sous forme de tablettes hexagonales ou rhombiques. Remarquez la striation qui se présente souvent dans ces tablettes.

c. — Répétez *b*, en employant cette fois de l'acide oxalique à la place d'acide nitrique. Il se formera des cristaux d'oxalate d'urée qui pourront affecter diverses formes, principalement celle de longs cristaux plats et même rassemblés en faisceaux, de prismes rhombiques réguliers ou de tablettes analogues aux cristaux de nitrate d'urée.

d. — Étendez de beaucoup d'eau le reste de la solution et ajoutez-y une solution de nitrate mercurique. Il se formera un précipité blanc constitué par de l'oxyde de mercure combiné avec l'urée.

5. Faites évaporer au bain-marie 20 centimètres cubes d'urine jusqu'à ce que son volume se réduise à environ 2 centimètres cubes. — Filtrez et examinez ce qui reste sur le filtre pour voir l'urée. (Voy. § 4, *b*, *c*.)

6. Acide urique.

a. — Mettez sur une lame de verre quelques cristaux d'acide urique tout prêts. Ajoutez-y quelques gouttes d'une solution de potasse pour les dissoudre ; et ajoutez alors de l'acide nitrique jusqu'à saturation. Il se précipitera de l'acide urique en cristaux; ils peuvent être examinés au microscope. Ce sont généralement des lamelles rhombiques à angles obtus, mais ils présentent aussi d'autres formes très variées.

Notez les cristaux en forme d'étoile et les cristaux en forme d'haltères.

b. — Faites dissoudre dans une capsule à évaporation un peu d'acide urique dans une petite quantité d'acide nitrique dilué, et faites évaporer au bain-marie, à une chaleur douce, presque jusqu'à dessiccation. Ajoutez une goutte ou deux d'ammoniaque diluée; il se développera une teinte rouge pourpre. C'est la réaction de la murexide pour déceler la présence de l'acide urique. L'addition d'une goutte de potasse caustique fait virer la coloration au bleu violet.

7. Faites évaporer 55 centimètres cubes d'urine au tiers de son volume primitif. — Filtrez et ajoutez au résidu de la filtration quelques gouttes d'acide chlorhydrique pur concentré. Mettez le tout de côté jusqu'à ce qu'il s'y produise un précipité rouge. Examinez le dépôt au microscope pour voir les cristaux d'acide urique et essayez ensuite les réactions mentionnées au § 6, *a, b.*

RÉACTION DE QUELQUES SUBSTANCES QUI SE TROUVENT DANS L'URINE A L'ÉTAT PATHOLOGIQUE

8. **Albumine.** Les substances albuminoïdes contenues dans l'urine ont, à quelques rares exceptions près, les réactions de l'albumine du sérum. Il faut donc essayer les réactions de cette substance. (IIIe leçon, § 10.)

9. **Sucre.** Urine de diabétique; faites coaguler toute l'albumine qui peut s'y trouver en acidulant avec l'acide acétique et en portant à l'ébullition. Essayez la liqueur de Fehling.

10. Matière colorante de la bile. Essayez la réation de Gmelin. (XVIe leçon.)

11. Acides biliaires. Trempez dans du sirop de sucre un petit morceau de papier buvard blanc et faites-le sécher. Laissez-y tomber une goutte de l'urine que vous supposez contenir des acides biliaires et que vous aurez au préalable fait concentrer, et auprès de cette goutte d'urine une goutte d'acide sulfurique concentré, de façon que les deux gouttes puissent se mélanger. La présence des acides biliaires est décelée par l'apparition d'une coloration pourpre au point de rencontre des deux gouttes. On ne peut employer cette méthode que lorsque les acides biliaires se trouvent en grande quantité dans l'urine.

ÉVALUATION QUANTITATIVE DE L'URÉE (MÉTHODE DE LIEBIG)

12. Le démonstrateur commencera par préparer d'abord les solutions titrées suivantes:

a. — Un mélange barytique consistant en deux volumes d'une solution saturée à froid de nitrate de baryum et un volume d'une solution également saturée à froid d'hydrate de baryum.

b. — Une solution de nitrate mercurique telle qu'un centimètre cube de la liqueur précipite 10 milligrammes d'urée.

Prenez 40 centimètres cubes d'urine et ajoutez-y 20 centimètres cubes du mélange barytique. Il se produira un précipité abondant de sulfate et de phosphate de baryum, etc. Filtrez et recueillez le liquide qui a passé sur le filtre. Remplissez une burette de Mohr avec la solution de nitrate mercurique et laissez tomber goutte à goutte la solution dans 15 centimètres cubes du liquide filtré, en agitant constâmment.

Ayant préparé une plaque de verre placée sur un fond noir, avec un certain nombre de gouttes de carbonate de sodium sur la plaque, ajoutez de temps à autre une goutte de l'urine traitée comme on l'indique ci-dessus à chaque goutte de carbonate de sodium. Si alors la goutte prend une teinte jaune, c'est que le nitrate de mercure est en excès et que toute l'urée a été précipitée. Puisque chaque centimètre cube de la solution de nitrate de mercure précipite 10 milligrammes d'urée, le nombre de centimètres cubes employés dans l'expérience multiplié par 10 donne le nombre de milligrammes contenus dans 15 centimètres cubes du liquide obtenu par filtration, c'est-à-dire dans 10 centimètres cubes d'urine. Cependant il y a du chlorure de sodium dans l'urine, et ce sel, lorsqu'il est en présence du nitrate acide de mercure, donne naissance à une double décomposition; aussi jusqu'à ce que tout le chlorure de sodium qui s'y trouve soit décomposé, le nitrate de mercure ne peut servir à précipiter l'urée.

ÉVALUATION QUANTITATIVE DU SUCRE

13. Prenez la solution titrée de liqueur de Fehling que vous avez déjà préparée. Sa concentration doit être telle, que 10 centimètres cubes équivalent à 5 grammes de glucose c'est-à-dire que 10 centimètres cubes de la liqueur contiennent juste autant d'oxyde cuprique que 5 grammes de glucose sont capables d'en réduire à l'état d'oxyde cupreux; quand l'oxyde cupreux est précipité, la liqueur est décolorée.

Prenez 10 centimètres cubes d'urine diabétique, dont vous aurez enlevé toute l'albumine qui pourrait s'y trouver, et ajoutez-y 90 centimètres cubes d'eau distillée; mettez-les dans une burette.

Mettez dans un matras exactement 10 centimètres cubes de la solution titrée, étendez de quatre ou cinq fois son volume d'eau distillée et faites bouillir.

Ajoutez-y alors 40 centimètres cubes de l'urine diluée que vous prendrez dans la burette et faites bouillir de nouveau ; laissez le précipité se produire et regardez à travers le liquide un morceau de papier blanc ; si le liquide paraît encore bleu, prenez encore 1 centimètre cube d'urine dans la burette, ajoutez-le au liquide et faites bouillir de nouveau, et ainsi de suite jusqu'à ce que le liquide qui surnage cesse de présenter une teinte bleue ; en prenant soin vers la fin de n'ajouter à chaque fois que quelques gouttes. Si après l'addition des 40 centimètres cubes et l'ébullition la liqueur était décolorée, c'est qu'on aurait mis trop d'urine ; il faudrait alors mesurer encore 10 centimètres cubes de la solution titrée et les mélanger à 20 centimètres cubes, non plus à 40 centimètres cubes d'urine diluée.

Évitez tout retard en examinant la coloration bleue après chaque ébullition, car la coloration bleue revient par suite du refroidissement et par conséquent on peut être amené à évaluer trop haut la quantité de sucre qui peut se trouver dans la liqueur. Il est mieux de faire deux ou trois déterminations : la première rapide et approximative, les autres plus exactes.

Supposons que le nombre de centimètres cubes d'urine versés suffise à décolorer la quantité que vous avez prise de la solution titrée ; ce volume d'urine contient donc précisément autant de sucre qu'il en faut pour réduire à l'état d'oxyde cupreux l'oxyde cuprique contenu dans 10 centimètres cubes de la solution titrée. Or, nous avons vu que pour arriver à ce résultat il faut 5 grammes de sucre, par conséquent le nombre de

centimètres cubes d'urine versés contient 5 grammes
de sucre, mais dans ce mélange d'urine et d'eau il n'y
avait qu'un dixième d'urine diabétique. Il s'ensuit qu'en
divisant par 10 le nombre de centimètres cubes versés
nous trouverons en centimètres cubes le volume d'u-
rine qui contient 5 grammes de sucre. Au moyen de
cette opération nous saurons combien pour cent en
contient un volume donné.

VINGT-QUATRIÈME LEÇON

PEAU ET SENS DU TOUCHER

A. — PEAU

1. Pratiquez des coupes verticales d'un morceau de cuir chevelu d'homme préalablement durci par un séjour d'une semaine dans l'acide chromique à deux pour mille. Colorez les coupes par le picro-carmin, montez-les dans la glycérine et observez :

A. — L'ÉPIDERME : en commençant par l'extérieur, vous verrez :

a. — Des cellules dépourvues de noyau, dont le protoplasma s'est transformé en kératine ; elles sont de plus en plus aplaties à mesure qu'elles sont plus voisines de la surface de la peau ; là, elles présentent même purement l'apparence de fibres. C'est la couche CORNÉE de l'épiderme qui est teinte en jaune sur les coupes colorées par le picro-carmin.

b. — Cellules nucléées, sphériques ou à peu près, qui paraissent striées ou dentelées finement à la périphérie (cette apparence est due aux piquants dont, en réalité, leur surface est hérissée).

c. — Une rangée de cellules nucléées allongées, implantées perpendiculairement au tissu sous-jacent. Les cellules sphériques et allongées prises ensemble, constituent la COUCHE DE MALPIGHI.

B. — Le DERME : on y reconnaît :

a. — Une couche externe, mince : elle consiste en un réseau délicat de fibres du tissu conjonctif (*tissu fibreux blanc*), avec des cellules du même tissu et

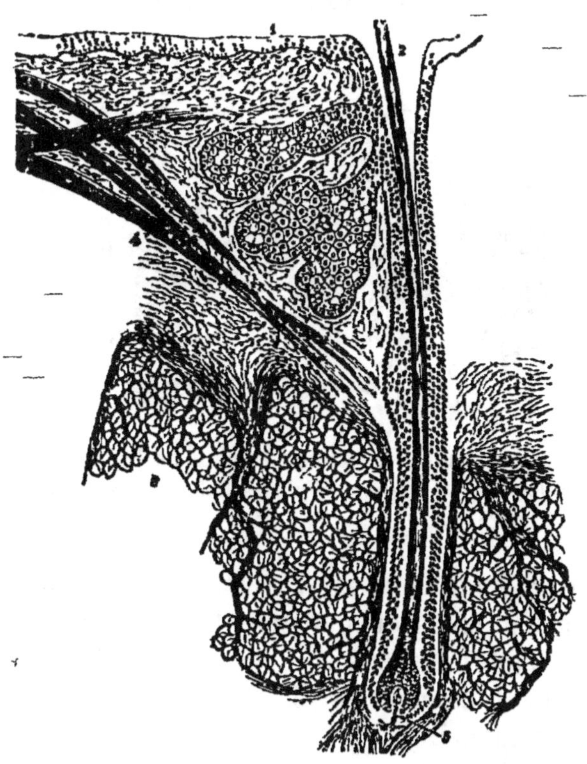

Fig. 62 — Coupe longitudinale d'un cheveu humain.

1, Épiderme, — 2, Orifice du follicule pileux ; — 3, Follicule sébacé ; 4, Muscle arrector pili ; — 5, Papille du poil ; 6, Tissu adipeux.

quelques fibres élastiques anastomosées, le tout enfoui dans une substance fondamentale hyaline ou légèrement fibrillaire. Dans sa portion supérieure, cette couche constitue une sorte de *basement membrane* ou membrane limitante qui supporte les cellules épidermiques allongées ; dans sa portion inférieure, elle passe graduellement à :

b. — Un plexus de tissu fibreux à faisceaux plus épais, à réseau élastique plus développé, lequel passe lui-même en ses parties profondes au TISSU CONJONCTIF

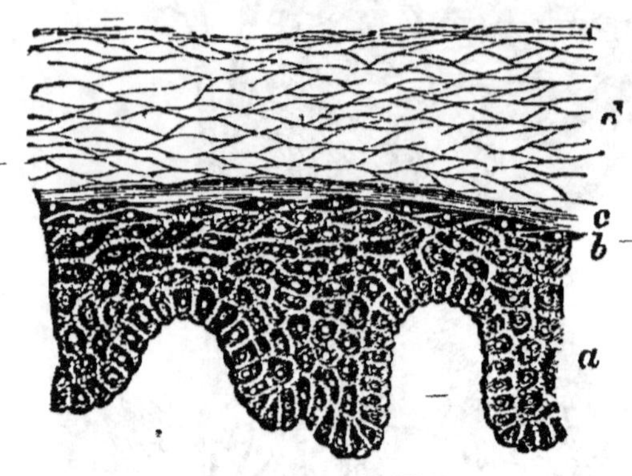

FIG. 63. — Coupe verticale au travers de l'épiderme
a, Stratum malpighien; — b, Stratum granulosum; — c, Stratum lucidum; — d, Stratum corneum.

SOUS-CUTANÉ. Dans ce dernier, les mailles du plexus sont encore plus grandes et contiennent ordinairement des amas de cellules adipeuses. Comme on voit, il n'y a pas de limite tranchée entre le derme et le tissu con= jonctif sous-cutané.

c. — Les PAPILLES : élévations coniques du derme qui s'avancent dans la couche de Malpighi, laquelle, à son tour, comble les dépressions qu'elles laissent entre elles.

d. — Trace des vaisseaux sanguins dont le derme est abondamment pourvu. Les capillaires forment des anses dans les papilles; il faut les observer sur des préparations injectées.

e. — Dans les régions inférieures du derme, on voit des filets nerveux qui, en s'avançant dans les régions supérieures du derme, se ramifient en filets plus fins, et donnent ainsi naissance à un plexus. De ce dernier, partent à leur tour des filets encore plus grêles qui forment un plexus plus superficiel que le premier et à mailles plus serrées. Ce dernier plexus ne pourra pas sans doute être reconnu sur le coup.

f. — FOLLICULES PILEUX et racines des poils. Notez :

α. — La gaine externe du follicule formée par du tissu fibreux, qui se continue avec celui du derme, mais qui est plus dense.

ϐ. — La gaine interne du follicule ; elle consiste surtout en fibres indistinctes arrangées transversalement, parmi lesquelles on peut distinguer des noyaux oblongs.

γ. -- Une membrane limitante hyaline plus marquée que celle du derme.

δ. — La gaine externe de la racine du poil, constituée par des cellules semblables à celles de la couche de Malpighi dont elle est la continuation.

ε. — La gaine interne de la racine du poil, incolore et transparente. Elle est constituée dans sa portion interne par de petites cellules nucléées, lesquelles deviennent plus volumineuses au voisinage du bulbe. Cette gaine cesse d'exister plus haut que le conduit de la grande sébacée. A l'endroit où le poil sort de la peau, la couche cornée.

η. — Le bulbe pileux ou élargissement du poil dans ses parties profondes. Il est constitué par une couche de cellules nucléées qui se continue avec la gaine externe de la racine. Au voisinage de cet endroit, la gaine externe de la racine diminue beaucoup d'épaisseur.

θ. — La papille du follicule qui pénètre dans le bulbe pileux à sa base. Elle consiste en tissu conjonctif semblable à celui de la couche externe du derme dont il est la continuation.

6. — **La substance du poil.** C'est, en dehors, une couche unique, cuticulaire de minces écailles cornées; plus en dedans de longues fibres cornées; et, tout à fait au centre, de cellules fusiformes.

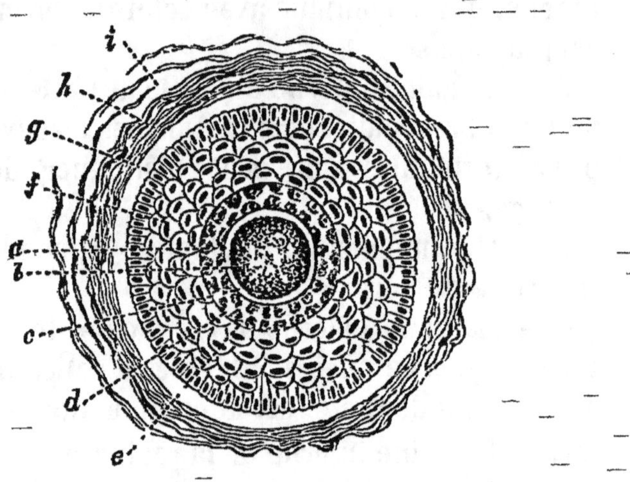

Fig. 64. — Coupe transversale d'un cheveu humain et d'un follicule pileux.

a, Moelle du cheveu; — *b*, Ecorce du cheveu; — Cuticule du cheveu; — couche interne de la gaine de Huxley de la racine; — *e*, Couche de Henle; — *f*, Gaine externe de la racine; — *g*, Membrane vitreuse; — *h*, Tunique fibreuse du follicule pileux; — *i*, Espaces lymphatiques dans cette même tunique.

h. — Les GLANDES SÉBACÉES ou glandes qui s'ouvrent dans le follicule à sa partie supérieure. Dans le corps de la glande, les cellules sont disposées sur plusieurs couches; elles se continuent avec les cellules de la gaine extérieure du poil.

i. — Un peu au-dessous de l'orifice d'entrée de la glande dans le follicule, on peut voir un faisceau de fibres musculaires lisses qui s'étendent obliquement de la gaine interne du follicule à la portion supérieure du derme.

2. Sur des coupes de peau prise à la paume de la main ou dans la région frontale (ou bien encore dans la région plantaire de la patte d'un chat), et durcie par l'acide chromique, l'acide picrique ou l'alcool, vous observerez la structure des GLANDES SUDORIPARES. Remarquez :

a. — Dans la portion externe du tissu conjonctif sous-cutané, la portion entortillée du tube glandulaire avec sa membrane propre, continuation de celle du derme et la couche simple de cellules cubiques ou prismatiques courtes qui le revêtent.

b. — Le conduit excréteur, avec ses deux ou trois couches de cellules, continuation de la couche de Malpighi de l'épiderme. On perçoit d'ordinaire distinctement la lumière du tube tant dans la portion entortillée que dans le conduit excréteur. Arrivé dans l'épiderme, le conduit excréteur n'a plus de cellules propres, mais sa lumière peut toujours être suivie, dans son trajet enroulé en spirale, jusqu'à la surface où son orifice est entouré par des cellules épidermiques disposées concentriquement autour de lui.

3. Sur la préparation de cornée de l'œil de grenouille de la leçon V, B, § 2 (cf. encore Leçon X, C, § 2), vous observerez :

a. — Le PLEXUS NERVEUX PRIMAIRE formé par les filets nerveux qui pénètrent dans la cornée à la périphérie. Ce plexus est à mailles assez larges dans ses parties profondes, et les fibres sont pourvues de noyaux sur leur trajet.

En approchant de la surface et immédiatement au-dessous de la *basement membrane* antérieure, ce plexus devient plus fin ; il consiste principalement alors en petits faisceaux de fibres nerveuses moins riches en noyaux ; ces derniers se trouvent ordinairement dans ce cas aux points nodaux du plexus.

4. Enlevez la cornée d'un chat ou d'un lapin que vous venez de sacrifier, en prenant soin de ne la léser en aucune façon, plongez-la dans une solution de chlorure d'or à $1/2$ % ou 1 % où vous la laisserez une heure. Après l'avoir bien lavée, vous l'exposerez à la lumière en suivant le mode de procéder habituel, mais sans en détacher l'épithélium Une fois la pièce bien colorée et durcie par l'alcool si c'est nécessaire, vous en montez dans la paraffine un fragment dont vous détachez des coupes aussi minces que possible. Observez :

a. — Les filets du plexus primaire qui sont coupés en travers et qui deviennent de plus en plus fins et de plus en plus nombreux à mesure qu'on s'approche de la membrane antérieure. De cette couche superficielle partent des fibres nerveuses réduites à de simples cylindres axes ou à de petits faisceaux de fibrilles (*rami perforantes*) qui passent à travers la *basement membrane* antérieure et s'écartent les unes des autres en formant un pinceau de fines fibrilles variqueuses qui s'étalent immédiatement au-dessous des cellules épithéliales en formant le plexus sous-épithélial. La coupe sera sans doute oblique, au moins dans l'une de ses parties, et alors on pourra voir les petites mailles du plexus sous-épithélial avec ses fibrilles variqueuses très fines ; partout d'ailleurs on verra les mêmes fibrilles poursuivre au-dessous des cellules épithéliales un trajet plus ou moins long. Pour bien voir le plexus sous-épithélial, il faut faire des coupes tangentielles à la surface de la cornée et choisir

parmi ces coupes une qui comprenne la surface antérieure de la basement membrane.

b. — Entre les cellules épithéliales de la cornée, le
PLEXUS ÉPITHÉLIAL de très fines fibrilles nerveuses variqueuses ; on constate par places que ces fibrilles proviennent du plexus sous-épithélial.

Dans les régions de la peau où il n'y a point de ter
minaisons nerveuses spéciales, le trajet périphériqu^
des fibres nerveuses est à peu de
chose près semblable à celui qui vient
d'être décrit pour la cornée.

5. La peau de la pulpe d'un doigt
frais est placée dans l'acide osmique
à 1 %, puis traitée par l'alcool. On
en prépare des coupes qui sont mon
tées dans la glycérine diluée. Observez
les CORPUSCULES DU TACT.

a. — Ces corpuscules sont ovoïdes,
on les trouve dans l'axe des papilles
du derme. La plupart des papilles en
sont dépourvues et renferment, dans
ce cas, une anse de vaisseaux capillaires.

b. — Les corpuscules paraissent
constitués par une masse de tissu
conjonctif dans lequel des noyaux allongés sont disposés transversalement.

c. — La fibre nerveuse entre dans le
corpuscule à sa base ; on peut y suivre
à une distance variable le trajet en spirale de la fibre.

On peut trouver dans le tissu sous-cutané des *corpuscules* de *Pacini.* (Cf. § 6.)

Fig. 65. — Un corpuscule tac-
tile de Meissner dans la peau de
la main humai-
ne, montrant les
enroulements
de la fibre ner-
veuse. (E. Fis-
cher et W.
Flemming.)

La fibre nerveuse est
colorée en noir par
l'osmium.

On constate encore la présence des corpuscules du tact, dans les coupes de peau durcie par le bichromate de potasse à 1 %, mais dans ce cas, on suit moins aisément le trajet de la fibre nerveuse.

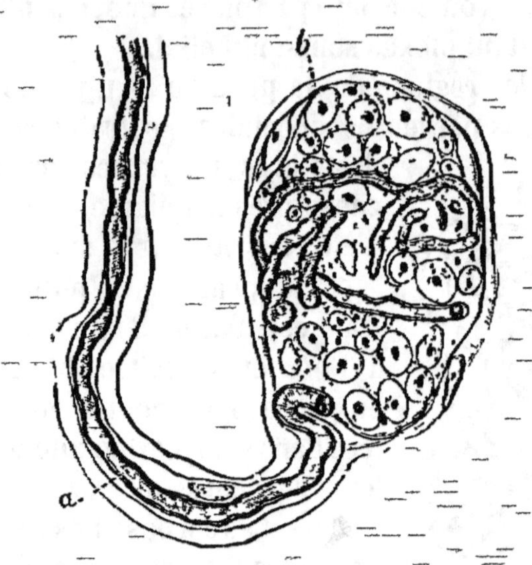

FIG. 66. — Un bulbe terminal de Krause.

a, Une fibre nerveuse à myéline ; — b, la capsule du corpuscule.

6. En examinant le mésentère d'un chat récemment sacrifié, on y trouve un nombre considérable de petits corps ovales transparents, les CORPUSCULES DE PACINI. On en choisit un qui ne soit pas environné de graisse on le détache et on le monte dans la solution saline normale. Avec un peu de soin, on peut, en se servant d'aiguilles, enlever la portion du mésentère qui le recouvre. Observez :

a. — La fibre nerveuse à moelle et l'épaississement de sa gaine conjonctive à mesure qu'elle s'approche du corpuscule de Pacini.

b. — La façon dont cette gaine conjonctive se divise

pour donner naissance aux nombreuses capsules concentriques qui sont de plus en plus intimement juxtaposées à mesure qu'on s'approche du centre. On voit de distance en distance sur ces capsules des noyaux allongés.

c. — La fibre nerveuse perd sa moelle à l'endroit où la gaine se divise.

d. — Le contenu hyalin de la capsule centrale.

e. — Le cylindre-axe qui pénètre au centre du corpuscule dans cette substance hyaline et qui s'y termine par un petit renflement.

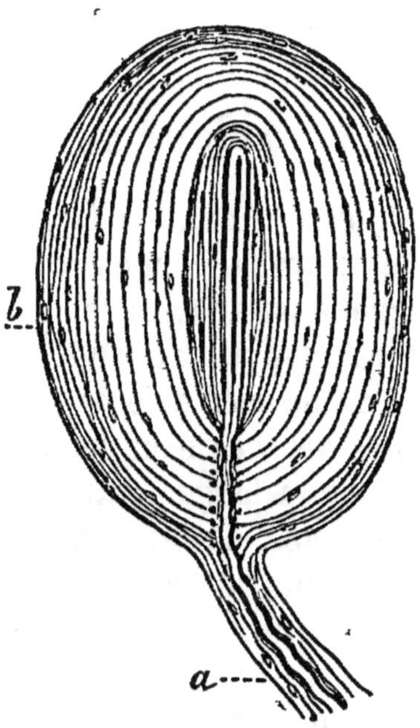

Fig 67. — Un corpuscule de Pacini dans le mésentère du chat.
a, la fibre nerveuse à myéline; — *b*, les capsules concentriques.

Si l'on veut observer la façon dont les fibres d'un petit filet nerveux se séparent et vont se jeter dans les corpuscules de Pacini, on étalera sur une lame de verre une portion du mésentère qui contienne un certain nombre de ces corpuscules. On coupe le mésentère tout autour de la lame de verre et on maintient avec les doigts la pièce étalée jusqu'à ce que ses bords adhèrent par demi-dessiccation à la lame de verre. On rend visibles les contours des cellules plates des capsules en plaçant dans la solution à $\frac{1}{2}$ % de nitrate d'argent un corpuscule de Pacini détaché du mésentère, ainsi qu'il est indiqué § 6. Au bout d'un quart d'heure, on expose le corpuscule imprégné à la lumière, en procédant comme d'habitude, et on le monte dans l'eau. Il n'est pas facile de conserver ces préparations. Le mieux pour cela est de les monter dans la glycérine diluée après traitement par l'acide osmique ou le chlorure d'or.

B. — SENS DU TOUCHER

1. POUVOIR DE LOCALISATION. — Déterminez, en vous servant d'un petit compas à pointes de bois ou d'ivoire, la distance à laquelle on doit écarter les deux pointes pour les sentir toutes les deux quand on les applique légèrement et avec une même force en différentes régions du corps. Essayez ces expériences dans l'ordre suivant : extrémité de la langue, extrémité des doigts, paume de la main, joues, dos de la main, front, région antérieure puis région postérieure de l'avant-bras, nuque.

2. SENSATION DE TEMPÉRATURE. — Plongez dans l'eau chaude (à 70° C, par exemple) un petit bouton de métal fixé à l'extrémité d'une tige de bois et déterminez approximativement en l'appliquant aux mêmes parties du corps le degré de sensibilité à la température de ces parties.

3. ESTIMATION DU POIDS. SENS MUSCULAIRE. — a. — Déterminez la valeur de la plus petite différence de

poids susceptible d'appréciation quand on pose successivement sur la paume de la main des poids différant très peu les uns des autres.

b. — Placez maintenant la main et le bras en supination sur une table, de telle sorte qu'ils restent immobiles et reprenez l'expérience précédente.

4. Estimez (par l'un ou l'autre des deux procédés précédents) la différence de poids susceptible d'appréciation.

α. — Quand les poids sont légers, par exemple 1, 2, 3, 4 ou 5 grammes.

ε. — Quand les poids sont lourds : 10, 20, 30..., etc., ou bien 100, 200..., etc., grammes.

On apprécie de plus petites différences dans l'expérience *α* que dans l'expérience *ε*. On peut dire que la différence perceptible est approximativement proportionnelle au poids total.

5. Plongez un doigt dans un vase plein de mercure, puis retirez-le. On éprouve la sensation d'un anneau qui glisserait le long du doigt — et cette sensation est d'autant plus forte que la variation de pression est plus grande.

6. — Placez deux poids légers de même valeur, l'un chaud et l'autre froid sur les doigts correspondants des deux mains ; le froid paraîtra le plus lourd.

7 Badigeonnez de collodion la paume de votre main, en laissant à découvert la peau seulement au milieu, puis essayez de distinguer à la sensation l'approche d'un corps chaud du contact léger d'une barbe de plume.

8. Plongez votre coude d'abord dans l'eau tiède, puis dans l'eau à 0 (mélange d'eau et de glace). Vous éprouverez une sensation douloureuse dans les doigts et une sensation de froid au coude : l'application du froid sur

un tronc nerveux ne cause donc pas une sensation de froid.

9. Illusions tactiles.

Croisez le second doigt sur le premier ou le troisième sur le second, et placez entre les deux extrémités de ces doigts une petite bille (ou tout autre corps solide rond et un peu plus gros qu'un pois) de telle sorte qu'elle touche le côté radial du premier doigt et le côté cubital du second. En faisant un peu rouler ce corps entre les doigts, on perçoit la sensation de deux corps distincts.

On éprouve la même illusion en se prenant le bout du nez entre les extrémités des doigts ainsi entrecroisés.

Les expériences 6 et 7 nécessitent l'assistance d'une autre personne.

VINGT-CINQUIÈME LEÇON

GOUT ET ODORAT

A. — ORGANES DE L'ODORAT ET DU GOUT

1. Sur une tête de triton [1] détachée du tronc, vous enlevez la mâchoire supérieure, vous séparez le museau par un coup de ciseaux donné immédiatement en avant des yeux, vous enlevez avec des ciseaux fins la voûte des cavités nasales, et vous placez le reste du museau dans l'acide osmique à 1 %, où vous le laissez de deux à vingt-quatre heures. Dissociez dans l'eau un petit fragment de la muqueuse olfactive.

On peut encore laisser le museau plongé dans le liquide de Muller pendant huit jours, et dissocier la muqueuse dans ce même liquide ou dans l'eau. Observez :

a. — Les CELLULES ÉPITHELIALES CYLINDRIQUES, avec leur gros noyau ovale, leur prolongement périphérique large, transparent, et leur prolongement central ramifié, interne, légèrement granuleux.

b. — Les CELLULES EN BATONNET (cellules olfactives), avec leur noyau sphérique, leur prolongement périphérique hyalin, et leur prolongement central beaucoup plus grêle, variqueux et ramifié.

---

[1] On peut aussi bien étudier la muqueuse olfactive d'un mammifère. Dans ce cas, il vaut mieux l'obtenir adhérant encore à la portion d'os ou de cartilage à laquelle elle était attachée.

c. — Il n'est pas rare de voir des cellules cylindriques entourées et presque cachées par un certain

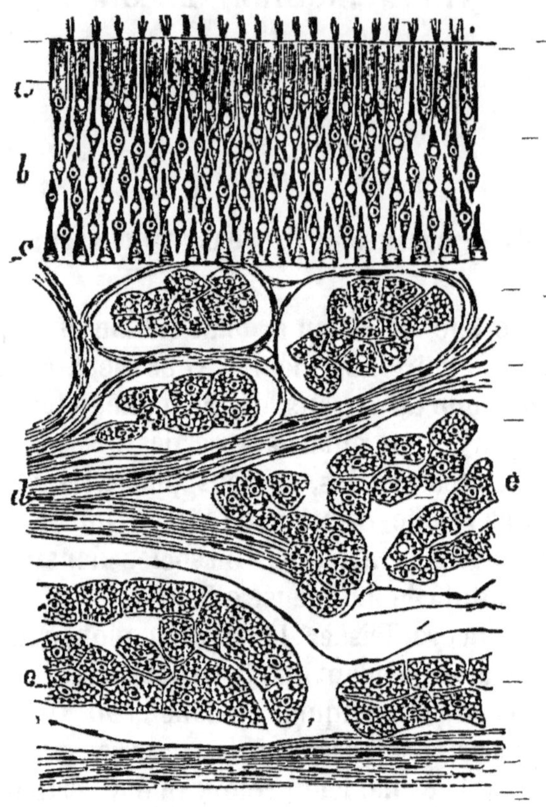

FIG. 68. — Coupe verticale de la membrane muqueuse olfactive
du cobaye.

a, Cellules épithéliales; — b, Cellules sensorielles ou olfactives ; — c, Cellules
épithéliales profondes ; — d, les faisceaux de fibres nerveuses olfactives, —
e, les alvéoles des glandes de Bowmann (glandes à sécrétion aqueuse).

nombre de cellules en bâtonnet, trois à quatre et
même davantage.

2. Prenez le museau d'un triton récemment sacrifié,
en procédant comme il est indiqué au § 1, mais au lieu

de mettre à découvert la cavité des fosses nasales, détachez l'extrémité du museau. Laissez-la huit jours dans l'acide chromique à trois pour mille. Si au bout de ce temps, l'os n'est pas entièrement décalcifié, vous achèverez de le débarrasser des sels calcaires au moyen d'une solution d'acide nitrique au centième mélangee à un égal volume d'alcool. Après avoir fixé par inclusion ce bout de museau dans la position verticale, vous le débiterez en coupes transversales. Vous choisirez parmi ces coupes les premières (*a*) les plus voisines de l'extrémité du museau, et une des dernières (*b*), et après les avoir colorées, vous observerez ce qui suit :

a. — Dans la portion respiratoire de la muqueuse.

α. — L'épithélium superficiel consiste en cellules cylindriques, ciliées et entremêlées de cellules caliciformes. Entre les parties inférieures de ces cellules et tout près de la *basement membrane*, on aperçoit des cellules plus petites. Ce sont elles qui, en se divisant, ou en s'accroissant sans se diviser, donnent naissance aux cellules superficielles.

6. — Dans le tissu sous-muqueux, on voit des glandes en grappes muqueuses et séreuses.

b. — Dans la portion olfactive de la muqueuse, on constate la division de l'épithélium en une couche interne et en une couche externe.

α. — La couche externe est formée par les prolongements périphériques des cellules cylindriques et des cellules en bâtonnet.

6. — La couche interne ou nucléaire est formée par plusieurs rangées de noyaux qui appartiennent aux cellules en bâtonnet. Les noyaux des cellules cylindriques forment une rangée simple à la partie supé-

rieure de cette couche; mais ils sont généralement cachés, aussi bien que les prolongements des cellules en bâtonnet, par les noyaux de ces mêmes cellules en bâtonnet.

γ. — On voit, dans le tissu sous-muqueux, les nombreux filets nerveux (fibres sans moelle) du nerf olfactif qui forment au voisinage de l'épithélium un plexus à mailles serrées.

δ. — Glandes séreuses, ordinairement tubulaires, à ramifications peu nombreuses. On distingue çà et là le conduit excréteur d'une de ces glandes sous la forme d'un tube mince qui traverse le revêtement épithélial de la muqueuse, et qui consiste en une membrane propre tapissée de cellules aplaties.

3. Excisez une papille foliiforme de la langue d'un lapin que vous aurez mise à durcir dans l'acide chromique à deux pour mille ou dans le bichromate de potasse à 1 %. (Cf., p. 38, § 29), et montez-la par inclusion dans une position telle que les coupes soient exécutées perpendiculairement aux crêtes. Ces coupes verticales devront être très minces. Vous observerez :

a. — La section des crêtes avec des dépressions intermédiaires.

b. — Dans chaque crête, trois éminences papilliformes du derme, dont une médiane et deux latérales.

c. — L'épiderme corné, constitué par des cellules très aplaties, mais encore pourvues de leurs noyaux. Il recouvre les crêtes et tapisse les dépressions.

d. — La couche de Malpighi de l'épiderme au-dessous de la couche cornée.

Dans les dépressions, les deux couches de l'épiderme sont moins épaisses et moins différenciées que sur les crêtes.

e. — Sur les côtes de chaque papille latérale, et, par conséquent, revêlant chaque côté d'une dépression, on trouve les *bourgeons gustatifs*, en forme de bouteille. Ils sont ordinairement groupés au nombre de quatre qui se touchent.

f. — Chaque bourgeon gustatif est en contact par sa portion profonde avec le derme de la papille, et son extrémité supérieure (goulot de la bouteille) est dirigée vers la surface libre de l'épiderme de la dépression, où l'on peut voir parfois s'ouvrir son orifice circulaire.

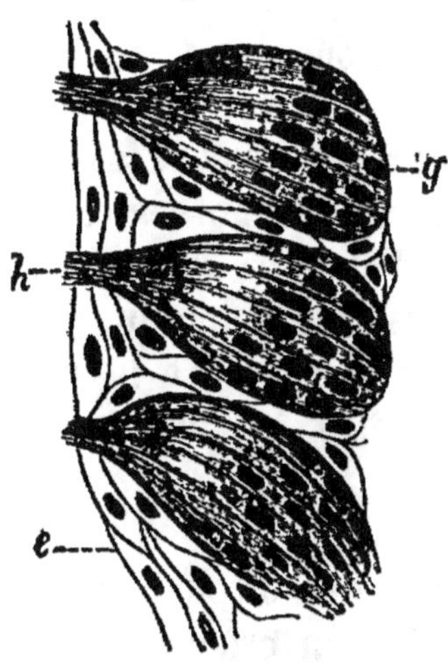

Fig. 69. — Trois bourgeons gustatifs très grossis.

g, la base du gobelet près de la muqueuse ; — *h,* la surface libre ; — *e,* l'épithélium près de la surface.

g. — Tout autour de la portion moyenne du bourgeon, les cellules épithéliales sont aplaties et lui forment une sorte de nid.

h. — Le bourgeon lui-même, avec :

α. — Les cellules externes. — Cellules tegmentales, recourbées et aplaties, avec des noyaux ovales très nettement visibles.

ϐ. — Les cellules en bâtonnet (cellules du goût) à noyaux sphériques ou ovoïdes et prolongements hyalins centraux et périphériques en forme de bâtonnets.

i. — Des fibres nerveuses courent dans le derme de la papille et se ramifient pour se rendre aux bourgeons gustatifs.

Remarquez encore les couches de fibres musculaires striées et les glandes de la langue dont vous compare-

rez la structure à celles de l'œsophage (Leçon XVI,
B) et de la peau (Leçon XXIV, A) dans leurs traits
généraux.

4. Dissociez un petit fragment de papille foliiforme,
traité préalablement pendant un ou deux jours par
l'acide osmique à deux pour mille, et observez les caractères des cellules des bourgeons gustatifs ; vous remarquerez spécialement les prolongements centraux
ramifiés des cellules en bâtonnet.

B. — SENS DU GOUT ET DE L'ODORAT

1. Bouchez-vous le nez et fermez les yeux, essayez
alors de distinguer au goût seulement des morceaux de
pomme, de pomme de terre et d'oignon ; .vous leur
trouverez le même goût; à condition, bien entendu, que
vous ne les écrasiez pas avec .la langue contre le palais, ce qui vous les ferait reconnaître à leur consistance.

2. Essuyez-vous la langue avec du papier à filtre,
et, quand elle est bien sèche, placez dessus ou bien un
cristal de sucre à la pointe, où bien un cristal de sulfate de quinine sur le dos; vous ne percevrez aucune
saveur avant qu'ils aient commencé à se dissoudre.

3. Au moyen d'électrodes en pointe, non polarisables
(voyez l'Appendice), vous soumettez la langue à l'action
d'un courant constant; vous percevrez alors deux saveurs distinctes : une saveur acide au pôle positif
(*anode*), une saveur alcaline au pôle négatif (*cathode*).

Maintenez les pointes des électrodes à la même distance l'une de l'autre (2 ou 3 millimètres) et déterminez
ainsi l'intensité des sensations gustatives en divers endroits de la bouche. Elle est très grande au sommet et

8*

sur le dos (région des *papillæ circumvallatæ*) ainsi que sur les bords de la langue, moindre ou nulle sur les surfaces antérieure et moyenne, à la face inférieure de la langue, aux lèvres.

Le palais mou est très sensible, le palais dur ne l'est point ou l'est fort peu.

4. Prenez deux petits morceaux de sucre également gros, placez l'un au sommet, l'autre sur le dos de la langue. La sensation est beaucoup plus vive au sommet.

5. Placez un cristal de sulfate de quinine à la pointe de la langue ; vous ne sentirez presque aucune saveur ; placez-le sur le dos de la langue, c'est tout le contraire.

VINGT-SIXIÈME LEÇON

L'ŒIL

A. — DISSECTION

1. — Sur un œil frais, de bœuf ou de mouton notez

a. — La CORNÉE transparente et

b. — L'entourant et se continuant avec elle, la SCLÉRO-TIQUE d'un blanc sale qui forme le revêtement extérieur du reste de l'œil. Elle est ordinairement couverte de graisse dans ses deux tiers postérieurs.

c. — La CONJONCTIVE qui se continue avec la muqueuse des paupières. En extrayant l'œil de l'orbite on coupe cette membrane précisément à l'endroit où elle passe à la muqueuse des paupières. On peut la suivre par la dissection jusqu'à la ligne de séparation de la cornée et de la sclérotique. Son épithélium se continue avec celui de la cornée. (Cf. *B*, 2.)

2. — En enlevant la graisse qui entoure les quatre muscles droits, on voit que leurs tendons forment une couche fibreuse au-dessous de la conjonctive de la sclé-rotique.

3. Enlevez la conjonctive, les muscles et la graisse qui entoure le NERF OPTIQUE; ce dernier perce la sclé-rotique et pénètre dans l'œil, non suivant son axe, mais dans la région nasale.

4. — En détachant la cornée par une incision circu-laire qui longe sa ligne de jonction avec la sclérotique,

on met à découvert la chambre antérieure, qui renferme
un liquide clair et limpide, l'HUMEUR AQUEUSE. Observez

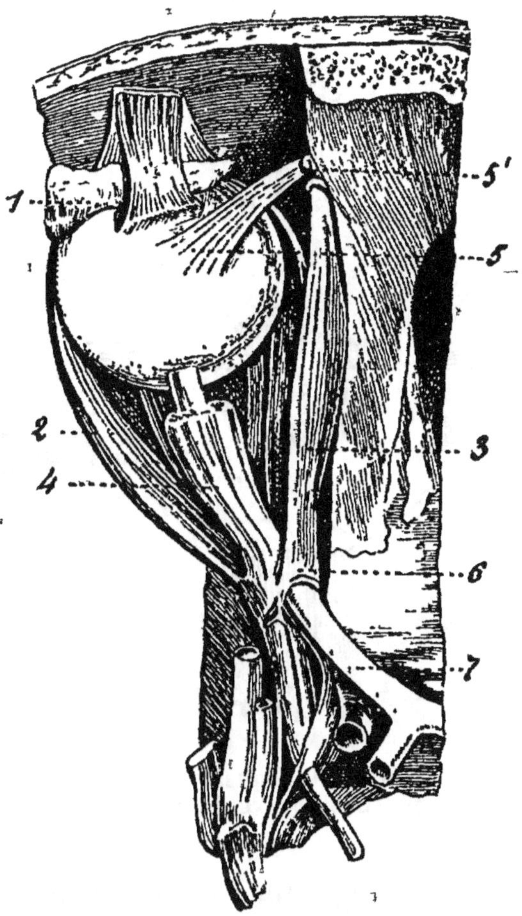

Fig. 70. — Globe de l'œil, vu en place dans l'orbite avec ses
muscles et le nerf optique.

3, le muscle grand oblique; 5', sa poulie de réflexion; — 7, Nerf optique.

l'IRIS avec le trou dont il est percé au centre, LA PU-
PILLE. La face antérieure du CRISTALLIN proémine à travers la pupille.

5. — Incisez la sclérotique à quelque distance de la cornée, mais prenez garde de faire une incision trop profonde. Vous pourrez alors la séparer aisément de la

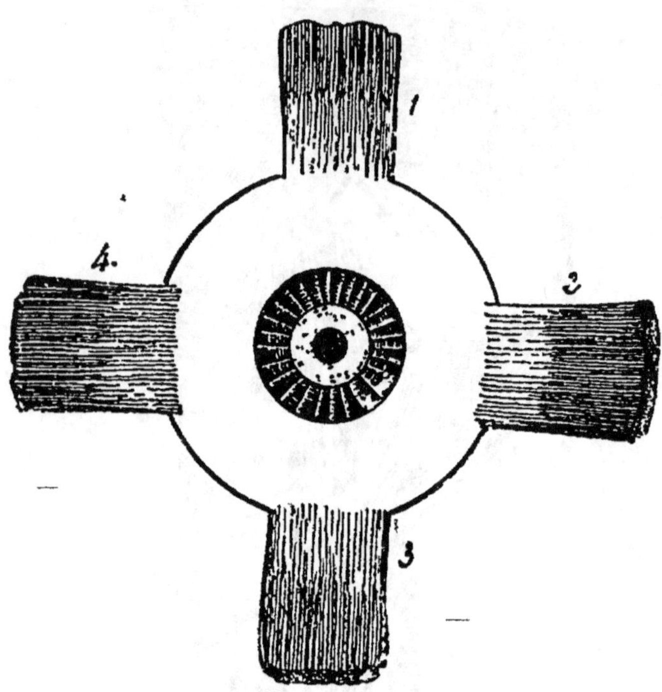

Fig. 71. — Insertion des quatre muscles droits sur le globe de l'œil. (L'œil est vu de face)

CHOROÏDE, membrane pigmentée qui lui est sous-jacente, sauf au point d'entrée du nerf optique. Partout ailleurs ces deux membranes ne sont que faiblement unies et le sont surtout par des vaisseaux sanguins. Enlevez avec les pinces un lambeau mince de la choroïde s'étendant depuis le nerf optique jusqu'à la cornée. Remarquez sa face interne noire, LAMINA FUSCA. Notez aussi, à la partie antérieure de la choroïde, tout près de la cornée, les fibres pâles du muscle ciliaire qui de la lignede jonction de la sclérotique et de la cornée s'étendent en arrière sur la choroïde.

6. Soulevez avec précaution, au moyen de pinces fines, un pli de la choroïde en un point situé à peu près

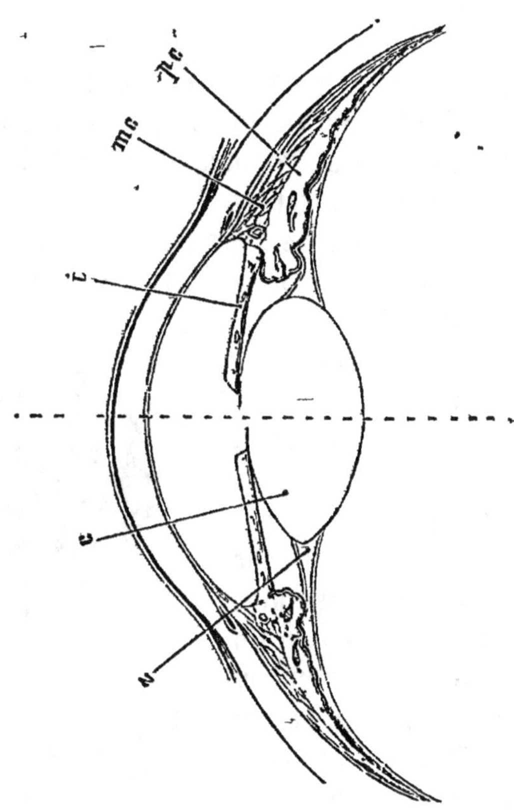

Fig 72. — Coupe verticale antéro-postérieure de l'œil. — La portion antérieure de l'œil est seule représentée.

pc, Procès ciliaires; — mc, Muscle ciliaire; — i, Iris; — c, Cristallin; — z, Canal de Petit, limité en avant par la zone de Zinn, en arrière par la membrane hyaloïde.

à égale distance de la cornée et du nerf optique et coupez-le avec des ciseaux fins. Au-dessous de la choroïde vous apercevrez une membrane délicate, c'est la RETINE. Vous avez probablement coupé, en même temps que la choroide, la couche pigmentée de la rétine.

7. — En arrachant alors un petit lambeau de la rétine, vous mettrez à découvert l'HUMEUR VITRÉE transparente qui occupe la cavité postérieure de l'œil.

8. — Renversez l'œil la cornée en dessous ; on peut voir à travers l'humeur vitrée les plis longitudinaux que forme la choroide au voisinage du cristallin et qui constituent les PROCÈS CILIAIRES.

Les éléments nerveux de la rétine cessent d'exister au niveau de l'origine des procès ciliaires. Leur terminaison est marquée par une ligne ondulée, l'ORA SERRATA.

9. Maintenant soulevez la choroide et la rétine, fendez les jusqu'à l'ora serrata ; jusqu'à cette ligne l'humeur vitrée se sépare faiblement de la rétine, comme il est aisé de le constater, mais au delà de l'ora serrata, son revêtement membraneux externe et mince, la MEMBRANE HYALOIDE, reste attachée aux procès ciliaires. Essaie-t-on de les séparer avec le manche d'un scalpel, on trouve que la partie ciliaire de la rétine (portion non nerveuse de la couche interne de la rétine) entraînant avec elle un peu de la couche pigmentée (couche externe) de la rétine, vient avec l'humeur vitrée.

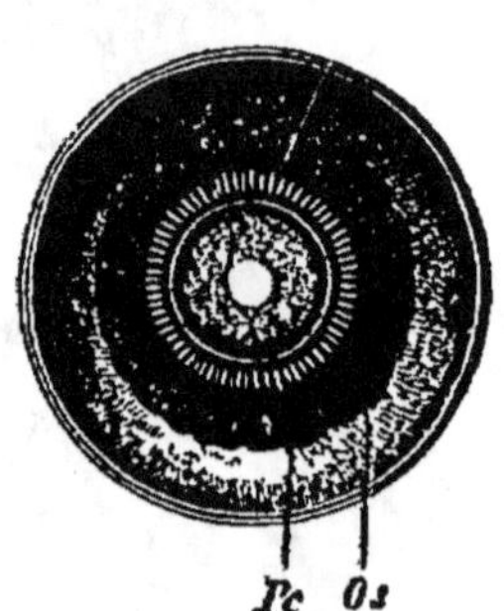

FIG. 73. — Segment antérieur d'une coupe équatoriale du bulbe de l'homme, (gr. nat.), d'après Merkel.

Pc, Procès ciliaires ;   Os, Ora serrata.

Le long de l'ora serrata, la membrane hyaloïde s'unit à la membrane limitante interne de la rétine.

10. Placez l'œil la cornée en dessous et coupez le bord libre de l'iris, faites deux incisions à angle droit l'une avec l'autre à la surface du cristallin, vous constatez ainsi la présence d'une membrane qui le revêt portion antérieure de la capsule du cristallin ou CRISTALLOIDE. Enlevez avec précaution le cristallin, vous pourrez vous assurer que la cristalloide lui forme un revêtement continu.

11. — Sépa'ez avec précaution, en vous servant du manche d'un scalpel, la cristalloide de la portion antérieure des procès ciliaires. Vous observerez qu'une membrane, LIGAMENT SUSPENSEUR OU ZONE DE ZINN, s'étend du bord de la cristalloide aux procès ciliaires dont elle forme la couche la plus interne en pénétrant dans toutes leurs dépressions. En arrière, elle se continue avec la mince membrane hyaloide.

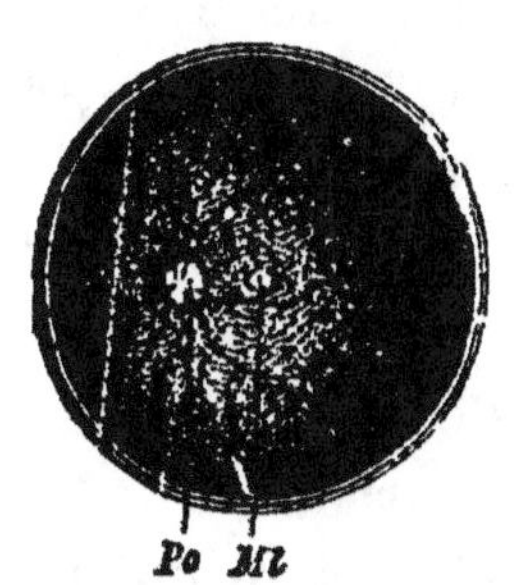

FIG. 74. — Fond de l'œil
pc, Punctum cœcum ; — *ml*, Macula lutea.

12. Examinant l'intérieur de l'œil dans sa partie postérieure, vous observez :

a. — L'entrée du nerf optique.

b. — Les vaisseaux sanguins de la rétine qui rayonnent dans cette membrane à partir du centre de l'entrée du nerf optique.

c. — L'irisation qui apparaît au-dessous de l'entrée du nerf optique; elle est due à la réflexion irrégulière de la lumière sur les fibres ondulées de tissu conjonctif de la choroide. Dans cette région (tapis), les cellules hexagonales de la rétine sont dépourvues de pigment.

13. En séparant de la choroïde ce qui reste de la rétine, on observe que :

a. — La couche pigmentée de la rétine adhère en général plus encore à la choroïde qu'à la rétine.

b. À part la courbe pigmentée, la rétine semble une expansion du nerf optique.

c. Le long de l'ora serrata, la rétine adhère fermement à la choroïde.

B. — HISTOLOGIE

1. Prenez un œil que vous aurez fait durcir dans la solution de bichromate de potasse à 1 %, après y avoir pratiqué une incision destinée à faciliter la pénétration du liquide. Le mieux, dans ce cas, est de prendre un œil de gros animal, de bœuf, par exemple. Coupez-en une pièce comprenant la sclérotique, la cornée et l'iris à leur réunion. Colorez, puis, après inclusion dans le mélange de spermaceti et d'huile de castor (cf. Leçon XX § 6), pratiquez des coupes intéressant toute l'épaisseur de la pièce. Notez :

a. — Le tissu conjonctif irrégulier de la sclérotique qui se continue avec les lamelles de la cornée.

b. — La membrane de Descemet (cf. § 2, *c*) qui se divise à la jonction de la cornée et de la sclérotique en faisceaux délicats, transparents. De ces faisceaux, les uns se recourbent en se dirigeant vers l'iris, les autres s'étalent à la façon d'un éventail et se perdent bientôt dans les procès ciliaires et dans la sclérotique. Ces faisceaux de fibres forment le LIGAMENT PECTINÉ DE L'IRIS.

c. Le MUSCLE CILIAIRE; il est constitué par des faisceaux de fibres musculaires lisses qui rayonnent du sommet de l'angle compris entre l'iris et la cornée. (Sur l'œil de l'homme, on voit, en dedans des fibres longitudinales, des faisceaux de fibres circulaires, *muscle circulaire de Müller;* chez la plupart des mammifères inférieurs,

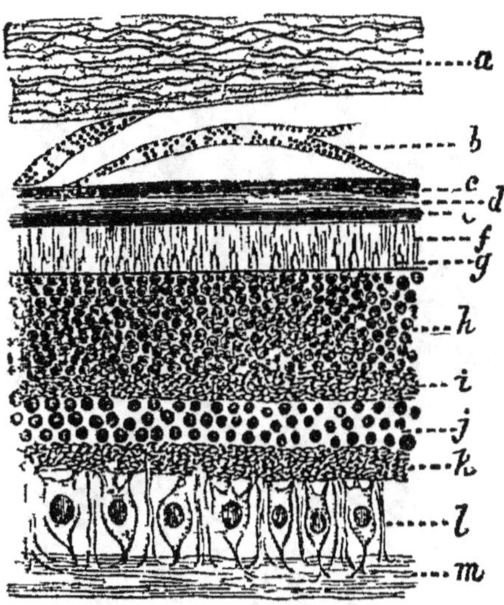

Fig. 75 — Coupe transversale d'un œil de mouton (portion périphérique de la rétine).

a, Couche interne de la sclérotique; — *b,* Lamelles supra-choroïdiennes (pigmentées); — *c, d,* Couches de la choroïde ; — *e.* Épithélium pigmenté de la rétine ; —*f,* Couche des bâtonnets ; —*g,* les cônes, — *h,* Couche externe à noyaux ; — *i,* Couche granulée externe ; — *j.* Couche interne à noyaux ; *k,* Couche granulée interne ; — *l,* Couche des cellules ganglionnaires avec les fibres radiées ou fibres de Müller entre les cellules ; — *m,* la couche des fibres nerveuses.

cette portion du muscle ciliaire est peu développée ou absente).

d. — La couche pigmentée de la rétine se continue en avant pour former l'uvée des procès ciliaires et de l'iris. En dedans d'elle se trouve une couche unique de cellules cylindriques dépourvues de pigment, c'est une continuation de la couche interne de la rétine.

e. — A la jonction de la cornée avec la sclérotique se trouve le CANAL DE SCHLEMM.

2. Sur des préparations de la cornée exécutées suivant les indications données (Leçon XXIV, § 4), observez :

a. — L'épithélium de la face antérieure. Vous y remarquez :

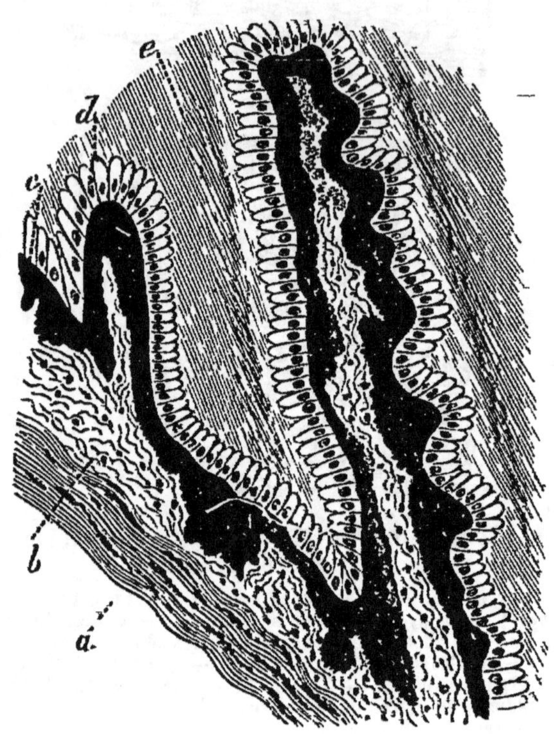

Fig. 76. — Coupe des procès ciliaires de l'œil de bœuf.

a, Tissu fibreux avec les cellules pigmentées ; — *b,* tissu cellulaire lâche formant la membrane propre des procès ciliaires ; — *c,* l'épithélium pigmenté tapissant la surface postérieure des procès ciliaires ; — *d,* les cellules épithélioïdes formant la portion ciliaire de la rétine qui recouvre la face dorsale des procès ciliaires ; — *e,* Zone de Zinn, avec les faisceaux de fibres.

α. — Les cellules de la couche antérieure aplaties, nucléées.

β. — Les cellules de la couche moyenne, arrondies, mais irrégulières.

γ. — Les cellules cylindriques de la couche interne

(cette dernière n'est composée que d'une seule couche de cellules allongées perpendiculairement à la surface de la cornée). (Cf. Leçon XXIV, *A*.)

b. — Le corps de la cornée. Vous remarquez :

α. — La zone étroite, transparente, située immédiatement au-dessous de l'épithélium (*membrane basilaire antérieure de Bowman*).

ε. — Les rangées de corpuscules de tissu conjonctif vus de profil, avec leur nombreuses ramifications qui s'anastomosent non seulement avec les cellules de la même rangée, mais encore avec les cellules situées au-dessus et au-dessous.

γ. — Les lames fibreuses entre lesquelles se trouvent ces cellules ; on voit çà et là des faisceaux qui vont obliquement d'une lame à l'autre.

c. — La MEMBRANE DE DESCEMET, membrane basilaire postérieure ; c'est une membrane hyaline, épaisse, à contours très nets.

d. — L'épithélium de la face postérieure, pavimenteux, constitué par une couche unique de grandes cellules nucléées. Sur cette coupe on les voit de profil qui tapissent la membrane de Descemet.

CRISTALLIN

3. — Sur un cristallin de bœuf ou de mouton ayant macéré pendant huit jours dans le bichromate de potase à 0,2 %, observez les faits suivants :

a. — Les lignes suivant lesquelles se rejoignent les fibres du cristallin donnent l'apparence d'une étoile.

b. — Le cristallin s'exfolie facilement en pellicules.

4. Laissez un œil de lapin ou de chat, dont vous aurez préalablement incisé la cornée et la sclérotique, macérer

pendant trois semaines ou plus longtemps dans le liquide de Müller. Enlevez alors le cristallin avec sa capsule et détachez-en des coupes verticales passant par le centre. Ces coupes, qui sont montées dans la glycérine, seront obtenues de préférence à l'aide du microtome à congélation. Il faut avoir soin de ne mettre ni le cristallin entier ni les coupes en contact avec de l'alcool. Observez :

a. — La cristalloïde, hyaline.

b. — L'épithélium cylindrique de la face antérieure du cristallin. Sur les côtés, on voit ces cellules qui se transforment par degrés et néanmoins assez rapidement en fibres.

c. — Sur les côtés, les noyaux des fibres qui forment une bande irrégulière.

5. Prenez un cristallin préparé de la même façon que tout à l'heure (§ 4) et pratiquez des coupes transversales passant par son centre. Observez les fibres, vues en coupe transversale et leurs lignes de jonction.

6. Placez un cristallin de lapin ou de rat dans une solution à 0,25 % d'acide osmique où vous le laisserez à peu près trois heures. Il se gonfle légèrement, et sa couche extérieure qui prend une consistance gélatineuse se détacherait facilement, si, pour obvier à cet inconvénient, on ne prenait la précaution de le plonger pendant à peu près une minute dans une solution de chlorure d'or à 0,25 %. Alors vous enlevez un lambeau aussi grand que possible de cette couche externe et vous le dilacérez dans l'eau. Observez les longues fibres en forme de ruban à bords dentelés. Elles adhèrent ordinairement les unes aux autres de façon à former des couches, mais elles peuvent aussi se rencontrer isolées. Dans quelques-unes de ces fibres, on verra des noyaux. Quand les fibres sont unies de façon à former

des couches, les noyaux apparaissent, à cause de leur proximité les uns des autres, comme une bande irrégulière qui traverse la couche.

IRIS

7. Détachez un morceau de l'iris d'un œil conservé dans le bichromate de potassium, colorez et pratiquez des coupes à la fois radiales et verticales. Observez :

a. — A la face postérieure de l'iris, l'UVÉE ou couche épaisse de cellules épithéliales pigmentaires. (Cf. § 1, *d.*) La grande abondance du pigment dans les cellules empêchera sans doute de distinguer nettement leurs contours.

b. — Les sections transversales des faisceaux de fibres lisses qui forment le SPHINCTER DE LA PUPILLE tout autour du bord de la pupille, et qui se trouvent immédiatement au-dessus de la couche pigmentée.

c. — Le corps de l'iris constitué par un lacis de vaisseaux sanguins unis ensemble par un tissu conjonctif lâche dans lequel on voit des cellules pigmentaires ramifiées. A la face antérieure de l'iris se trouve une couche plus dense dite membrane limitante antérieure. On peut voir (avec difficulté) près de la face postérieure les fibres musculaires radiales (*dilatatrices*).

8 Prenez l'iris d'un œil conservé dans le liquide de Müller de rat blanc ou de lapin albinos. Détachez-en une pièce comprenant toute la largeur de l'iris, du bord de la pupille à l'insertion de l'iris, colorez-la par l'hématoxyline, éclaircissez-la et montez-la à plat dans le baume, la face postérieure en dessus. Observez la disposition des fibres des muscles sphincter et dilatateur.

RÉTINE

9. Sacrifiez un mammifère, prenez aussitôt son œil
et détachez-en la moitié antérieure. N'enlevez pas l'hu-

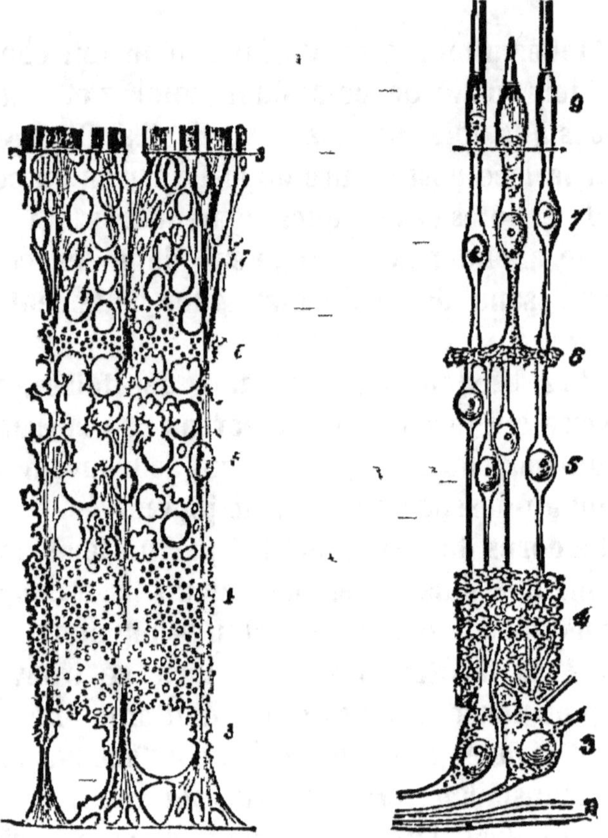

FIG. 77. — Diagramme de la substance conjonctive de la rétine.

FIG. 78. — Diagramme des éléments nerveux de la rétine.

2, Fibres nerveuses ; — 3, Cellules ganglionnaires ; — 4, Couche granulée interne ; — 5, Couche interne à noyaux ; 6, Couche granulée externe ; — 7, Couche externe à noyaux ; — 8, Membrane limitante externe ; — 9, les bâtonnets et les cônes.

meur vitrée pour ne pas déplacer la rétine. Placez la
moitié postérieure de cet œil dans le bichromate de

potasse à 2 % ou dans le liquide de Muller. La pièce restera huit jours dans ce liquide que l'on devra dans cet intervalle changer de temps à autre. On la traite ensuite par l'alcool, puis on détache la rétine avec précaution, en essayant d'amener avec elle si c'est possible la couche de cellules pigmentées. Colorez-en un lambeau par l'hématoxyline les; coupes, pratiquées après inclusion dans le mélange d'huile de castor et de spermaceti, seront éclaircies puis montées dans le baume.

10. Placez la rétine extraite d'un œil fraîchement extirpé dans l'acide osmique à 1 %, où vous la laisserez deux ou trois heures. Traitez-la ensuite par l'alcool, puis, après inclusion, pratiquez des coupes qui seront montées dans la glycérine. Dans tous les cas, on ne doit prendre pour faire les coupes que des lambeaux très petits. Les coupes verticales longues sont sujettes à s'enrouler sur elles-mêmes.

Examinez cette préparation et la précédente. Certains points seront plus visibles dans l'une, certains autres dans l'autre. Observez les structures suivantes en allant de dedans (face antérieure de la rétine) en dehors (face postérieure).

a. — La MEMBRANE LIMITANTE INTERNE ; les FIBRES DE MULLER commencent dans cette couche par un épatement assez large et se dirigent vers l'extérieur en suivant la verticale ; elles vont toujours en s'amincissant. On peut les suivre facilement jusqu'en (*f*) et même jusqu'à la membrane limitante externe (*h*). Çà et là on voit des branches de communication qui vont d'une fibre de Müller à l'une de ses voisines.

b. — La COUCHE DES FIBRES NERVEUSES. Les fibres nerveuses sont toujours dépourvues de gaine médullaire. Tout au moins n'en ont-elles que très rarement.

c. — La COUCHE GANGLIONNAIRE ; elle est constituée par une couche unique de grandes cellules nerveuses à noyaux très apparents. De chacune des cellules partent, vers l'extérieur, un seul prolongement qui rejoint, il est facile de s'en assurer, la couche des fibres nerveuses vers l'intérieur, plusieurs prolongements qui se ramifient dans

d. — La COUCHE MOLÉCULAIRE, constituée par un réseau serré de fibrilles délicates ; sous un grossissement insuffisant elle paraît simplement granuleuse.

e. — La COUCHE INTERNE DES NOYAUX. Elle est constituée par deux à quatre rangées de noyaux assez volumineux sphériques ou ovales pourvus de nucléoles.

f. — La COUCHE MOLÉCULAIRE EXTERNE, ou membrane fenêtrée, présente la même apparence que *d.*

g. — La COUCHE EXTERNE DES NOYAUX. Dans cette couche, les noyaux sont sphériques ou ovales, plus petits, mais plus nombreux qu'en *e.* –

h. — La MEMBRANE LIMITANTE EXTERNE, elle apparaît comme un trait net, bien défini.

i. — La COUCHE DES BATONNETS ET DES CONES. Les bâtonnets sont plus nombreux que les cônes, il est aisé de distinguer les deux segments qui les composent ; les cônes sont plus courts et moins visibles que les bâtonnets.

k. — La COUCHE PIGMENTAIRE CHOROÏDIENNE avec les pinceaux de fibrilles délicates qui enveloppent les segments extrêmes des bâtonnets et des cônes.

11. Dissociez un petit fragment de la rétine d'un œil de mouton conservé dans le liquide de Muller. Il est probable que la couche pigmentée de la rétine sera restée adhérente à la choroide : prenez un petit morceau

de cette couche pigmentée et montez-la dans la glycé-
cérine. Observez de face la couche unique de cellules

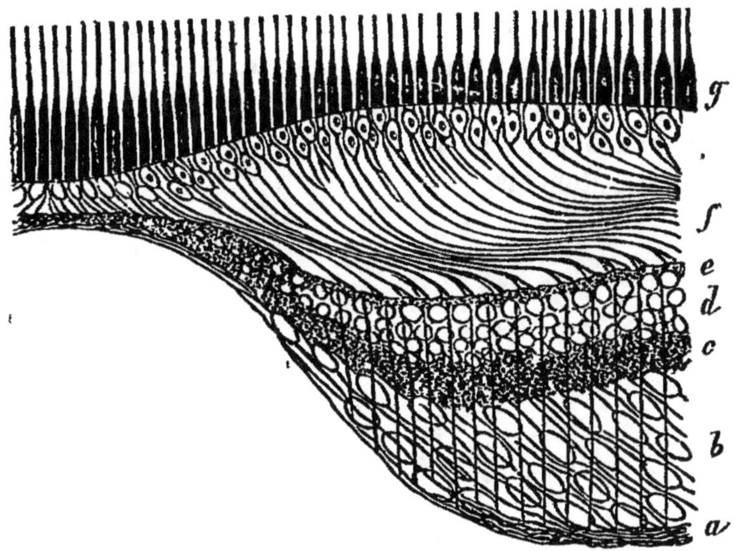

Fig. 79. — Coupe verticale de la maucla lutea et de la lovea cen-
tralis.

a, Fibres nerveuses; — *b*, Cellules ganglionnaires ; — *c*, Couche granulée
interne; *d*, Noyaux internes; — *e*, Couche granulée externe; — *f*, Fibres
des cônes; — *g*, Cônes.

hexagonales pourvues de grosses granulations pigmentaires qui la constitue. (Cf. § 12, *b*.)

12. Enlevez la rétine de l'œil d'une grenouille immédiatement après l'avoir tuée et placez-là dans l'acide
osmique à 1 % où vous pourrez la laisser de ½ heure
à 24 heures à votre convenance, dissociez-la dans l'eau
ou dans là glycérine diluée. Observez les fragments
isolés des diverses couches, en étudiant avec une attention spéciale :

a. — Les segments externes des bâtonnets, assez volumineux ; leur striation, leur division en lamelles transversales.

b. — Les cellules pigmentées ; chacune d'elles est constituée par une portion extérieure incolore contenant le noyau, et une portion pourvue de grosses granulations pigmentaires qui se divise en un grand nombre de fibrilles entre lesquelles sont enfouies les têtes des bâtonnets.

VINGT-SEPTIÈME LEÇON

VISION

ACCOMMODATION

1. Enlevez avec beaucoup de précautions la sclérotique et la choroïde sur une petite étendue de la face postérieure d'un œil de bœuf ou de mouton. Placez cet œil, la cornée en dehors, à l'extrémité d'un tube de carton noirci à l'intérieur et de diamètre tel que l'œil s'y maintienne en place par le simple frottement.

En regardant à travers le tube un objet quelconque, vous verrez se détacher sur la rétine l'image renversée de cet objet.

Pour cette expérience, on peut aussi bien prendre l'œil d'un petit animal, d'un rat par exemple et s'en servir sans aucune préparation, car ici la sclérotique est assez mince pour être transparente. Il est commode de placer l'œil, la cornée en bas, sur la platine du microscope et de le faire traverser par un faisceau de lumière réfléchi sur lui au moyen du miroir.

2. Tenez-vous à quelques pieds de distance d'une fenêtre. Fermez un œil et tenez devant l'autre, à la distance de 15 centimètres environ et dans la position verticale, une aiguille qui devra faire un angle droit avec un des barreaux horizontaux de la fenêtre.

Quand vous fixez le barreau de la fenêtre, l'aiguille vous apparaît indistincte et trouble.

Quand vous fixez l'aiguille, c'est le barreau qui vous paraît indistinct et trouble.

L'œil est susceptible d'accommodation tour à tour pour l'aiguille plus proche ou le barreau plus éloigné, mais non pour tous les deux à la fois.

L'accommodation de l'œil à l'objet le plus voisin s'accompagne d'une sensation d'effort très distincte.

3. Placez-vous en face d'une fenêtre ou d'un mur blanc, et, fermant un œil, tenez verticalement devant l'autre une aiguille fine. Vous la verrez très distinctement à la distance de 15 centimètres. Plus près de l'œil, son image vous paraîtra indistincte, trouble et en même temps plus grande. Le trouble et l'agrandissement apparent de l'image sont dus à la DIFFUSION qui résulte d'une accommodation imparfaite.

En regardant l'aiguille à travers un petit trou très net pratiqué dans une feuille de carton, vous constaterez que l'image est très nette encore à une distance plus courte que tout à l'heure et en même temps paraît grande. Elle est nette parce que les cercles de diffusion sont interceptés par l'écran, elle semble plus grande parce que, plus l'objet est proche de l'œil, plus les rayons qui passent à travers le trou de l'écran sont divergents.

Pour la même raison, un objet situé à une certaine distance et vu par le trou semble plus petit quand l'œil est accommodé à un objet plus rapproché.

4. Pratiquez dans une feuille de carton deux trous très petits et très voisins l'un de l'autre. A eux deux, avec l'intervalle qui les sépare, ils ne doivent pas excéder le diamètre de la pupille de votre œil. Fermez un œil et tenez le carton devant l'autre, la ligne des deux trous horizontale. En regardant avec un seul œil à

travers ces trous une aiguille fine, tenue verticalement à la distance de trente centimètres, vous ne verrez qu'une image en accommodant l'œil à l'aiguille, mais vous en verrez deux si vous l'accommodez à des objets plus éloignés ou plus proches. Dans ce cas chacune des deux images est moins nette que l'image unique.

Quand vous voyez les deux images

a. — L'œil est accommodé à des objets éloignés fermez le trou à droite, l'image à gauche disparaît.

b. — L'œil est accommodé à des objets rapprochés; fermez le trou à droite, l'image à droite disparaît.

Voici l'explication de ces phénomènes.

Quand l'œil est exactement accommodé à l'objet, les rayons qui passent à travers les deux trous de l'écran se réunissent au foyer sur la rétine.

Dans l'expérience *a*, les rayons tombent sur la rétine avant leur réunion. Quand on ferme le trou situé à droite sur l'écran, on fait disparaître l'image située à droite sur la rétine. Mais comme les images qui impressionnent notre rétine du côté droit sont rapportées par nous à des objets situés à notre gauche, c'est l'image à gauche qui disparaît.

Dans l'expérience *b*, les rayons se réunissent et s'entrecroisent à un foyer situé en avant de la rétine. En fermant le trou situé à droite sur l'écran on intercepte l'image qui tomberait à gauche sur la rétine et pour la même raison que tout à l'heure on voit disparaître l'image à droite. Avec une construction géométrique, on peut très bien se rendre compte de cet effet. Dans le cas où l'image est unique, l'obturation d'un des deux trous rend tout simplement un peu moins net le champ de vision.

L'ensemble de ces expériences s'appelle l'expérience de Scheiner.

5. Si dans l'expérience de Scheiner, dans le cas où l'on a l'image unique, on rapproche l'image de l'œil, on remarque qu'à une certaine distance l'image devient double, cette distance est *l'extrême limite de l'accommodation rapprochée (punctum proximum).*

Fixez l'aiguille sur un fond où elle se détache nettement, une feuille de papier par exemple, et éloignez-vous en la regardant toujours à travers les deux trous de l'écran, à une certaine distance l'image devient double; cette distance est *l'extrême limite* de l'accommodation éloignée (*punctum remotum*). Cette expérience réussit surtout avec les myopes.

Comparez les limites extrêmes d'accommodation rapprochée et éloignée déterminées en regardant l'aiguille verticale par les trous horizontaux et celles déterminées en regardant l'aiguille horizontale par les trous verticaux (c'est-à-dire la ligne des trous de l'écran placé suivant l'horizontale dans le premier cas, suivant la verticale dans le second). Les résultats obtenus dans les deux cas diffèrent plus ou moins, suivant le degré d'astigmatisme de l'œil.

6. Phakoscope de Helmholtz. — Pour se servir de cet appareil, on se place dans une chambre obscure. Le sujet soumis à l'observation regarde avec un seul œil par le trou opposé à l'aiguille. L'observateur regarde par le trou.

Une lampe ou une bougie est placée à quelque distance des prismes, on l'éloigne ou on la rapppoche jusqu'à ce que l'observateur aperçoive sur l'œil du sujet, quand ce dernier regarde un sujet situé à quelque distance, deux taches lumineuses brillantes sur la cornée, deux taches plus larges mais plus confuses sur la face antérieure du cristallin et enfin deux autres taches petites et très confuses (très difficiles à voir) sur la face postérieure du cristallin.

Si maintenant le sujet accommode son œil pour l'aiguille placée en face de lui, en évitant autant que possible de remuer le globe de l'œil, l'observateur verra les deux taches situées sur la face antérieure du cristallin se rapprocher l'une de l'autre, tandis que les deux autres couples de taches restent immobiles. On démontre ainsi que dans l'accommodation rapprochée la face antérieure du cristallin se bombe.

Remarquez que la pupille se rétrécit dans l'accommodation rapprochée et qu'elle s'élargit dans l'accommodation éloignée.

7. ASTIGMATISME. — Dessinez sur une carte une étoile composée de huit lignes tracées par un centre commun, et faisant toutes entre elles le même angle au centre. Ces lignes doivent, en outre, être toutes de même épaisseur et de même teinte.

Placez cette carte à la distance déterminée préalablement (§ 5) comme limite extrême d'accommodation éloignée. (Si cette distance est plus considérable que huit à neuf mètres, il faudra prendre des besicles à verres convexes.)

Une ou deux des lignes tracées sur la carte vous paraîtront sans doute plus distinctes, moins brouillées que les autres. La direction de la ligne la plus nette vous donne le méridien de moindre convexité de la cornée. En vous approchant peu à peu de la carte, vous ferez attention si les lignes prennent une apparence bien nette toutes ensemble ou les unes après les autres.

Placez maintenant la carte sur laquelle est tracée

l'étoile à une distance un peu plus grande que celle du *punctum remotum*, fermez un œil et fixez avec l'autre le centre de l'étoile. Vous rapprochez ensuite l'étoile peu à peu et vous remarquez que toutes les lignes qui la composent ne deviennent pas confuses en même temps. La ligne qui reste nettement distincte la dernière est le méridien de plus grande convexité de la cornée ; il est ordinairement perpendiculaire au méridien de moindre convexité. De la sorte, la ligne distinctement perceptible en dernier lieu dans l'accommodation rapprochée fera probablement un angle droit avec la première qu'on aura pu distinguer d'une façon nette dans l'accommodation éloignée.

Au lieu d'une étoile on peut encore tracer sur une carte des lignes horizontales parallèles coupées à angle droit par des lignes verticales.

On peut procéder d'une autre façon à l'expérience qui vient d'être décrite.

On plante une aiguille verticalement sur une tablette. On regarde cette aiguille avec un seul œil que l'on accommode exactement pour elle. On tient alors une autre aiguille horizontalement au devant de la première et on la déplace en avant ou en arrière jusqu'à ce que les deux aiguilles soient vues toutes deux en même temps avec la même netteté. On constate que le fait a lieu quand les deux aiguilles sont à quelque distance l'une de l'autre.

La méthode de Scheiner (voy. §§ 4, 5), donne néanmoins des résultats plus exacts.

8. IRRADIATION. — Découpez deux carrés de même grandeur, l'un dans du papier blanc l'autre dans du papier noir. Collez le carré blanc sur une feuille de papier blanc et le carré noir sur une feuille de papier blanc.

Placez les deux feuilles l'une à côté de l'autre à une certaine distance et ajustez l'œil.

FIG. 80. — Expérience de Mariotte pour démontrer l'existence du *punctum cæcum.*

On ferme l'œil droit et l'on fixe l'étoile avec l'œil gauche; puis, fixant toujours l'étoile avec l'œil gauche, et tenant toujours l'œil droit fermé, on éloigne doucement la tête du livre. Il arrive un moment où l'on n'aperçoit plus le cercle blanc. En continuant à éloigner la tête, on le voit bientôt reapparaître dans le champ de vision

Le carré blanc paraît plus grand que le carré noir.

9. PUNCTUM CÆCUM.

Tracez une marque bien nette sur une feuille de papier blanc, posez cette feuille sur la table en tenant l'œil gauche fermé, regardez constamment la marque avec l'autre œil tenu à une distance d'environ 25 centimètres de la table, vous maintiendrez ainsi fixe l'axe de vision de l'œil droit. Placez la pointe d'un crayon sur la feuille de papier tout près de la marque et maintenant toujours fixe l'axe de vision de l'œil et la tête toujours à la même distance de la table, conduisez à droite la pointe du crayon. A une certaine distance de la marque elle devient invisible, marquez ce point sur le papier. Continuez toujours à mouvoir dans le même sens la pointe du crayon et marquez encore le point où elle redevient visible. Les deux points indiquent les limites interne et externe de la tache obscure (*punctum cæcum*). On peut tracer de même les limites supérieure et inférieure et l'on peut même, avec un peu d'habitude, esquisser un contour de cette tache où se trouvent même indiqués les origines des vaisseaux sanguins de la rétine à leur émergence du bord de la papille optique.

On peut calculer les dimensions du punctum cæcum au moyen de la formule $\dfrac{f}{F} = \dfrac{d}{D}$ dans laquelle :

f est la distance de l'œil au papier.

F la distance de la rétine au point nodal de l'œil (15 millimètres en moyenne).

d le diamètre de l'esquisse tracée sur le papier.

D le diamètre réel du punctum cæcum.

10. RÉGION DE LA VISION DISTINCTE.

Fixez l'axe de vision en regardant d'une manière constante une marque quelconque. Marquez sur une carte deux points assez rapprochés l'un de l'autre pour que, placés auprès de la marque, ils paraissent à peine distincts l'un de l'autre. Si, maintenant toujours fixe l'axe de vision, vous faites mouvoir la carte vers la périphérie du champ de vision, il arrivera bientôt un moment où les deux points paraîtront n'en faire plus qu'un.

On peut encore procéder à cette expérience de la façon suivante. Marquez sur une carte deux points distants l'un de l'autre de $1/2$ millimètre. Maintenez fixe l'axe de vision. Placez la carte tout à fait en dehors du champ de vision et amenez-la peu à peu dans ce champ vers la marque qui vous sert à maintenir fixe l'axe de vision. Les deux points sembleront d'abord n'en faire qu'un, et c'est seulement au moment où ils approcheront du centre du champ qu'ils se dédoubleront et entreront par conséquent dans le champ de la vision distincte.

On peut se convaincre par une série d'expériences que le contour de cette région n'est pas circulaire mais très irrégulier.

11. FIGURES DE PURKINJE.

Entrez avec une bougie allumée dans une chambre obscure, regardez fixement avec un seul œil l'un des murs de la chambre [1]. Vous tenez la lumière à côté de l'œil, de telle sorte que l'œil soit illuminé sans voir néanmoins la flamme, et vous levez et baissez la bougie alternativement et doucement. Au bout de quelques secondes, la lueur rouge d'un éclat voilé produite par la flamme paraîtra sillonnée par des lignes sombres

---

[1] Un mur blanc ou de couleur claire est ce qui vaut le mieux. On doit éviter, dans cette expérience, un mur dont le papier porte un dessin quelconque.

ramifiées. Ces lignes donnent, comme on pourra s'en assurer par l'examen ophtalmoscopique, l'image exacte des vaisseaux de la rétine. Ces lignes ne sont autre chose que l'ombre des vaisseaux sanguins. Par conséquent, les structures dans lesquelles débutent les processus physiologiques d'où résultent les sensations lumineuses doivent se trouver en arrière des vaisseaux sanguins de la rétine.

Avec un peu d'attention, l'on réussit à voir un espace en forme de coupe, d'où les vaisseaux sanguins sont absents. C'est la tache jaune (*macula lutea*).

Autre façon de procéder à l'expérience :

Tournez l'œil en dedans en regardant la racine de votre nez de façon à mettre à découvert sur la plus grande étendue possible la portion de sclérotique mince située en arrière de la cornée. Pendant ce temps, un aide concentrera à l'aide d'une lentille sur la sclérotique aussi loin que possible en arrière de la cornée, les rayons lumineux provenant d'une lampe ou d'une bougie, et déplacera légèrement le foyer en tous sens. La même image que tout à l'heure apparaît encore, mais plus distincte, et plus le foyer lumineux formé sur la sclérotique est petit, plus les rayons sont concentrés, plus l'image est distincte.

Si l'on arrête le mouvement de la source lumineuse, l'image disparaît bientôt.

Dans la première des deux méthodes indiquées, l'image se meut dans le même sens que la source lumineuse quand cette dernière se déplace de droite à gauche ou de gauche à droite ; elle se meut en sens inverse de la source quand cette dernière se meut de haut en bas ou de bas en haut.

Dans la seconde méthode, l'image se meut toujours

dans le même sens que la source lumineuse, que celle-ci soit affectée de mouvements de haut et bas ou de mouvements de latéralité.

12. Regardez dans un microscope dont le champ vide est illuminé sans trop d'éclat par un nuage blanc et secouez légèrement la tête, vous verrez l'image des capillaires de la rétine se détacher comme un réseau noir sur un fond finement pointillé. On distingue au centre de l'image une tache finement pointillée et dépourvue de capillaires. Quand on remue la tête de droite à gauche, on perçoit l'image d'un réseau à mailles allongées dans le sens vertical, et, par contre, l'image d'un réseau à mailles allongées dans le sens horizontal, quand on remue la tête de haut en bas.

13. Tache jaune. Méthode de Maxwell.

Versez une solution assez concentrée mais parfaitement transparente d'alun de chrome dans une petite cuve de verre à faces planes. Tenez l'œil fermé pendant une minute ou deux pour le reposer, puis ouvrez le tout d'un coup en regardant un nuage blanc à travers la solution d'alun de chrome.

Vous apercevrez au centre du champ de vision une tache rose qui persistera un moment, mais qui deviendra bientôt de moins en moins distincte.

Le pigment de la tache jaune absorbe les rayons vert bleu situés entre les lignes E et F du spectre ; or, les rayons rouges et bleu verdâtre que laisse seuls passer la solution d'alun de chrome, diminués de ceux qu'absorbe la tache jaune, laissent comme résidu les seuls rayons roses.

14. Région de la vision normale des couleurs.

Prenez de petits morceaux de papier de couleurs diverses (de dix millimètres carrés de surface à peu près),

Fixez l'axe de vision d'un de vos yeux sur une feuille de papier blanc. Vous distinguerez nettement la couleur de chacun des petits papiers colorés si vous les posez sur la feuille blanche tout près de l'axe de vision.

Prenez par exemple un papier rouge, placez-le près de l'axe, puis déplacez-le vers la limite extérieure du champ de vision, dont vous maintenez l'axe toujours fixe, il devient d'abord jaune, puis blanchâtre et finit par disparaître.

Un papier vert prendrait successivement les mêmes apparences que le rouge, mais la teinte jaune serait plus intense.

Un papier violet deviendrait successivement bleu, puis blanchâtre et finirait aussi par disparaître.

16. IMAGES PERSISTANTES POSITIVES.

En vous éveillant le matin, fermez et abritez vos yeux avec la main pendant une minute ou deux, puis regardez tout d'un coup pendant une ou deux secondes la fenêtre éclairée, fermez et abritez de nouveau les yeux.

L'image de la fenêtre, telle qu'elle s'est présentée à vous regardant les yeux ouverts, c'est-à-dire avec le châssis noir et les carreaux brillants, persiste encore quelques instants.

Si l'on veut que l'expérience réussisse, il faut que la rétine se soit préalablement reposée et que l'exposition de cet organe au stimulus soit instantanée ou peu s'en faut.

On peut encore, le soir, après avoir fermé et abrité ses yeux quelque temps, regarder tout d'un coup une lampe allumée et refermer les yeux. On percevra encore une image positive persistante.

Il ne faut pas confondre l'image persistante positive avec l'image persistante négative dont nous allons parler tout à l'heure. Elle montre simplement que la sensation dure plus longtemps que l'application du stimulus.

16. En regardant pendant une seconde une lumière colorée, puis en reportant ses yeux sur une surface blanche ou grise, on perçoit pendant quelques instants une image positive de la lumière et de la même couleur.

17. Image persistante négative.

Regardez fixement pendant environ vingt secondes :

a. — Une tache blanche (un pain à cacheter blanc, par exemple) sur fond noir et reportez ensuite les yeux sur une surface blanche ; ou bien, gardant l'axe visuel toujours fixe, faites passer sur le tout une feuille de papier blanc, vous voyez, à la place qu'occupait tout à l'heure la tache blanche, une tache noire se détacher sur le fond blanc.

b. — Une tache noire sur fond blanc. — Substituez un fond gris, vous percevez une tache blanche sur fond gris.

c. — Une tache rouge sur fond noir. — Substituez un fond blanc vous percevez une tache vert bleu.

Et ainsi de suite avec les autres couleurs, la couleur de l'image négative est toujours complémentaire de celle de l'objet réel.

d. — Une tache rouge sur fond noir. — Substituez un fond jaune, vous percevrez une tache verte.

e. — Regardez fixement une fenêtre brillamment illuminée et fermez les yeux. Il est très probable que vous ne verrez point d'image persistante positive, mais à sa place une image négative à châssis brillants et carreaux noirs. A cette image succéderont tour à tour des images colorées.

18. Contraste.

Posez trois bougies devant une surface blanche non éclairée autrement d'ailleurs. Placez entre le fond et les bougies un corps opaque de forme géométrique à arêtes bien nettes, de telle sorte qu'une portion de la surface de ce corps soit éclairée par les trois bougies, une autre par deux, une autre par une seule, et qu'une autre ne le soit pas du tout. Tenez-vous à deux ou trois mètres de là et regardez fixement les lignes d'intersection des faces diversement éclairées du solide. Vous remarquerez que chaque face paraît plus brillante au voisinage d'une face plus obscure qu'elle-même et plus sombre au voisinage d'une face plus brillante.

19. Contraste simultané.

a. — Découpez un petit carré de papier gris et posez-le au milieu d'une feuille de papier vert clair. Recouvrez le tout d'une feuille de papier rose, le carré gris paraîtra rose. La teinte exacte qu'il prendra dépend d'ailleurs de la nuance du vert dont elle sera la couleur complémentaire.

Entourez le carré gris d'un large cadre noir. L'effet de contraste est perdu; le carré gris reste gris.

Sur un fonds rouge, le carré gris paraît vert; avec les autres couleurs il se produit des effets complémentaires analogues. L'effet est saisissant surtout avec le rouge et le vert; il se renforce quand le carré de papier est gris plutôt que blanc; il est toujours accru quand on a soin de recouvrir le tout de papier de soie.

b. — Placez l'une à côté de l'autre des deux feuille

papier rouge et vert, et perpendiculairement à la limite des deux feuilles une bande mince de papier gris.

Le gris paraîtra vert sur le rouge et rose foncé sur le vert.

c. — Placez une feuille de papier blanc sur une table devant une fenêtre éclairée non pas directement par le soleil, mais par la lumière réfléchie d'un nuage blanc. Du côté du papier opposé à la fenêtre, vous placez une bougie allumée et entre cette bougie et le papier un objet quelconque [qui projette son ombre sur le papier.

Entre le papier et la fenêtre, vous placez un objet du même genre qui projette une ombre semblable. La bougie doit se trouver à une distance telle que les deux ombres soient à peu près d'égale intensité.

L'ombre due à la bougie, quoique éclairée par la lumière solaire blanche, paraîtra bleue, couleur complémentaire de la teinte rouge orangé que prend le reste du papier éclairé par la bougie.

Cet effet de contraste est subjectif, non objectif. En effet, soufflez la bougie ou interceptez la lumière par un écran. La place tout à l'heure occupée par l'ombre est blanche. En regardant par un tuyau noirci (une feuille de papier noir roulée) d'assez petit diamètre pour que le champ de vision tout entier se trouve contenu dans l'aire occupé tout à l'heure par l'ombre, on ne voit encore que du blanc au centre de cette aire. Pendant que vous regardez ainsi par le tuyau noirci, qu'on rallume la bougie et qu'on enlève l'écran, vous ne percevez aucun changement.

Néanmoins, si, au lieu d'être dirigé exclusivement sur l'aire même occupée précédemment par l'ombre, le tube l'était de façon à permettre d'apercevoir une partie de cette aire en même temps qu'une partie du reste de la feuille de papier, la teinte bleue de l'ombre reparaîtrait au moment ou la bougie serait rallumée ou l'écran enlevé.

L'ombre due à la lumière du jour rehausse l'effet produit sur l'autre ombre, mais n'est pas indispensable.

On peut remplacer ces deux lumières, jour et bougie, par deux lumières colorées.

Dans les expériences ci-dessus (§ *a*, *b*, *c*), évitez de regarder les couleurs trop fixement et trop longtemps; autrement les résultats des expériences seraient faussés par la persistance des impressions.

20. JUGEMENTS VISUELS.

Tracez sur une feuille de carton deux carrés égaux à côté l'un de l'autre : tracez dans l'une des lignes verticales fines distantes d'un ou deux milimètres et dans l'autre des lignes horizontales ayant entre elles la même distance (ces lignes ne doivent pas atteindre le contour de la figure). En plaçant la feuille à quelque distance, les carrés vous sembleront s'allonger et devenir simplement des rectangles. Les côtés perpendiculaires à la direction des lignes tracées dans l'intérieur paraissent plus longs que les côtés parallèles à la direction de ces lignes.

VINGT-HUITIÈME LEÇON

L'OREILLE

A. — RAIE

1. Pratiquez une incision transversale dans la voûte cartilagineuse du crâne d'une raie, entre les deux yeux, au moyen d'une pince coupante ou d'un scalpel. Le cartilage est au-dessus de la partie postérieure du cerveau beaucoup plus épais que partout ailleurs. Il renferme à cet endroit le vestibule et les canaux semi-circulaires. Enlevez des tranches très minces de cartilage tangentiellement à la surface du crâne jusqu'à ce que vous ayez atteint l'un des canaux semi-circulaires. Alors vous enlevez avec précaution le cartilage pour dégager l'oreille, en vous servant de scalpels ou de fort ciseaux. Observez :

a. — Le CANAL MEMBRANEUX presque transparent, beaucoup plus petit que le canal cartilagineux dans lequel il est contenu.

b. — L'AMPOULE, dilatation fusiforme dont le canal membraneux est pourvu tout près de l'une de ses extrémités.

c. — L'UTRICULE, grand sac membraneux dans lequel s'ouvre le canal semi-circulaire à l'une de ses extrémités.

d. — Le SACCULE, sac membraneux moins volumineux

que l'utricule, dont il est séparé simplement par une constriction peu profonde.

e. — Un rudiment de limaçon, qui apparaît simplement comme une petite proéminence de l'extrémité antérieure du saccule.

2. Suivez les trois canaux semi-circulaires : canal horizontal, canaux verticaux antérieur et postérieur ; les deux derniers s'unissent à leurs extrémités non ampullaires. Vous remarquerez que ces canaux sont situés dans trois plans perpendiculaires entre eux. Observez encore un tube qui sort en haut de l'utricule, tout près du point où les deux canaux verticaux s'y réunissent, et qui s'ouvre à la surface du corps ; ce tube est homologue du *recessus vestibuli* des mammifères.

3. Coupez un des canaux semi-circulaires membraneux et tirez avec des pinces la partie de ce canal qui se trouve en rapport avec l'ampoule. Le canal se détache aisément du cartilage, mais l'ampoule adhère avec plus de fermeté à la CRÊTE ACOUSTIQUE dans laquelle pénètre une branche du nerf auditif. Coupez l'ampoule à l'une de ses extrémités et sectionnez le nerf avec un scalpel bien affilé tout près du cartilage. Ouvrez l'ampoule du côté opposé au point d'entrée du nerf optique et observez la cime de la crête acoustique. La crête s'étend transversalement jusqu'au tiers ou jusqu'à la moitié du tube ampullaire ; c'est par là que le nerf pénètre dans l'ampoule.

4. A la partie inférieure de l'utricule et du saccule, vous remarquez une sorte d'enduit pâteux, blanc, de nature calcaire. En soulevant le sac membraneux, vous remarquerez qu'au-dessous de cet enduit, les fibres nerveuses entrent dans le cartilage. Enlevez le vestibule membraneux et les canaux semi-circulaires mem-

braneux, épongez la sérosité et humectez le vestibule et les canaux semi-circulaires cartilagineux avec la solution d'acide osmique à 1%. Au bout de quelques minutes, les filets nerveux qui pénètrent dans le cartilage noircissent et deviennent ainsi très distincts.

5. Remontez jusqu'au cerveau, en le disséquant dans le cartilage, l'un de ces filets nerveux, un de ceux, par exemple, qui pénètrent dans l'utricule.

6. Mettez à découvert, sur une raie fraîche, les canaux semi-circulaires et détachez l'ampoule (comme au § 3). Placez cette ampoule dans l'acide picrique ou dans l'acide chromique à 0,2 % où vous la laisserez huit jours. Après traitement par l'alcool, coloration à l'hématoxyline, inclusion[la pièce devra rester quelque temps dans la masse à inclusion liquide pour être bien pénétrée], les coupes éclaircies seront montées dans le baume du Canada.

Dans les coupes intéressant la crête acoustique, on observe :

a. — Le tissu conjonctif externe, lâche et

b. — Le tissu conjonctif dense de la paroi de l'ampoule.

c. — Les fibres nerveuses assez fortes qui vont de l'extérieur à l'ampoule. On peut suivre le trajet de ces fibres dans la membrane de l'ampoule qu'elles traversent en s'amincissant, et même, au moins quelques-unes, en perdant leur moelle nerveuse (myéline).

d. — Deux couches ou davantage de CELLULES pourvues de GROS NOYAUX dont quelques-unes sont munies de longs prolongements dirigés en haut.

e. — Les cellules cylindriques superficielles.

f. — Des fibres fines, qui s'avancent au-dessus des cellules cylindriques. Si l'on n'a pas pris dans la prépa-

ration toutes les précautions désirables, ces fibres on
pu se briser. Dans tous les cas, il est très difficile de
se rendre compte si les prolongements partent d'entre
les cellules ou de leurs extrémités.

g. — Sur les coupes pratiquées dans toute région
de l'ampoule autre que celle de la crête acoustique, on
onstate :

α. La plus grande minceur de la membrane ampullaire toujours constituée par du tissu conjonctif;

6. La réduction à une seule couche des cellules cylindriques qui sont courtes et peuvent même se trouver remplacées par des cellules aplaties.

7. Placez une autre ampoule dans l'acide osmique à 1 %.
Au bout d'une demi-heure ou davantage, dissociez dans
l'eau ou dans la glycérine diluée un lambeau de la
crête acoustique et observez les fibres nerveuses, dont
la moelle est noircie par le réactif, qui se trouvent dans
la paroi de l'ampoule, ainsi que les cellules isolées.
(§ *b, c, d.*)

8. Sur une ampoule fraîche, détachez par grattage
un peu d'épithélium de la crête acoustique et dissociez-
le dans une goutte d'endolymphe pour étudier les caractères des cellules fraîches.

B. — MAMMIFÈRES [1]

1. Prenez une tête de chat, détachez toutes les parties
molles qui entourent la bulle tympanique. Enlevez tout
ce que vous pourrez du conduit auditif externe aussi,

[1] Les détails de structure varient beaucoup suivant les animaux ; la description que nous donnons ici de l'oreille s'applique
strictement au chat ; mais les traits essentiels de cette description peuvent se vérifier aussi sur d'autres animaux.

près du crâne que possible. En regardant à l'intérieur de ce conduit, vous apercevrez la MEMBRANE DU TYMPAN qui s'y trouve située obliquement et qui regarde en avant, en dehors et en bas. A travers elle, on distingue le manche du marteau qui s'y insère.

2. Placez la tête là mâchoire inférieure en haut et détachez pièce à pièce avec une paire de fortes pinces la portion proéminente de la bulle. La cavité [1] ainsi mise à découvert a un plancher rendu irrégulier par des bosselures. Vous remarquerez, entre autres, une proéminence osseuse de couleur jaunâtre qui se trouve au centre de la cavité et qui occupe le grand axe de la bulle. — C'est le PROMONTOIRE DU LIMAÇON. A un niveau inférieur, on remarque, dans la portion extérieure et postérieure de la cavité, une dépression arrondie — le TROU ROND.

3. En avant et en dehors du limaçon est une proéminence osseuse mince qui empêche de voir la membrane du tympan. Elle partage la cavité tympanique en deux parties qui communiquent par une ouverture située au-dessus du trou rond. Cette disposition est spéciale aux *félidés* et caractéristique de cette famille. En brisant cette proéminence osseuse et en achevant d'enlever pièce à pièce par en haut les fragments avec des pinces, on expose le reste de la cavité tympanique.

Remarquez la forme en entonnoir de la membrane du tympan ; le manche du marteau s'y insère et de l'insertion externe de la membrane se dirige un peu vers le haut jusqu'à un point situé un peu au-dessus du centre de la membrane.

---

[1] Les mots « *plancher, voûte, extérieur, postérieur* », etc... se rapportent à la position de la tête qu'on dissèque, *pendant la dissection même*. Mais on doit aussi remarquer quelle serait la situation respective des parties dans la position normale.

4. D'un cadre osseux situé en arrière de la membrane du tympan dans la région externe de la préparation, on voit une bande de tissu s'étendre au bord externe et antérieur du cadre osseux qui entoure le trou rond. De cette bande part, à angle droit, un ligament mince qui s'insère sur la tête du marteau. C'est le LIGAMENT POSTERIEUR DU MARTEAU.

5. Vis-à-vis de la tête du marteau, du côté opposé et sur la même ligne droite, vous remarquez l'APOPHYSE GRÊLE qui se dirige en bas vers le bord inférieur de la membrane du tympan. Là elle s'insère sur la paroi osseuse par le LIGAMENT ANTERIEUR DU MARTEAU. N'essayez pas de suivre ce ligament avant d'avoir enlevé le marteau, ce que vous ferez tout à l'heure. Les tissus situés sur la ligne droite que nous venons de suivre constituent l'AXE DU MARTEAU, c'est-à-dire l'axe autour duquel tournent les osselets de l'ouïe.

6. De la tête du marteau, presque à angle droit avec l'axe, on voit se diriger en dedans et en bas une apophyse osseuse à laquelle s'insère par un tendon très court le MUSCLE TENSEUR DU TYMPAN. En pressant ce muscle vers son origine au moyen d'un stylet, on constate qu'il sert à tendre la membrane. En pressant légèrement sur l'extrémité du manche du marteau, on constate qu'il ne se déplace que fort peu.

7. Coupez avec des ciseaux fins les insertions de la membrane du tympan, excepté au point où s'insère le manche du marteau et enlevez, en vous servant de petites pinces coupantes, la portion supérieure de l'anneau ou cadre osseux sur lequel elle est attachée. Le marteau reste en place. Plus profondément situés, en bas et du côté externe, on aperçoit, assez distinctement, l'enclume et l'étrier.

Il faut beaucoup de soin si l'on veut bien se rendre compte des rapports de toutes ces parties. Prenez une scie fine et par un trait de scie donné d'arrière en avant dans un plan qui passe immédiatemedt en dehors de l'enclume, détachez toutes les parties osseuses extérieures.

Observez alors :

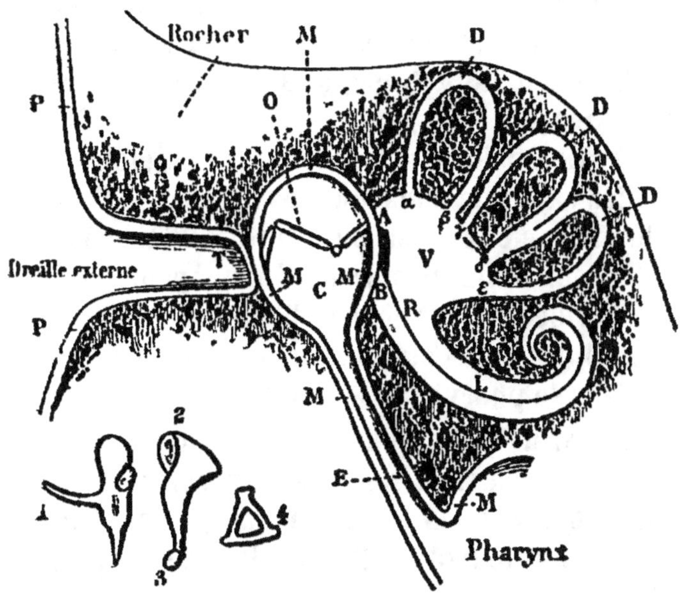

Fig. 81. — Schéma de l'oreille d'un mammifere.

P, Pavillon de l'oreille; — M, M, oreille moyenne; — T, Membrane du tympan; O, Chaîne des osselets de l'oreille; — V, Vestibule; — A, Fenêtre ovale; — D, D, D, les trois canaux semi-circulaires; — L, Limaçon; — R, la rampe vestibulaire; — B, la rampe tympanique; — E, Trompe d'Eustache.
Les osselets de l'ouïe sont représentés à part au bas de la figure et grossis: 1, Marteau; — 2, Enclume avec 3, os lenticulaire; — 4, Étrier.

a. — Le col étroit et assez long ainsi que la tête noueuse du marteau.

b. — L'ENCLUME avec ses deux apophyses; l'une, presque horizontale, se dirige en arrière et s'attache.

par un ligament à la paroi osseuse de la cavité du tympan ; l'autre se dirige en haut et s'attache à la tête de l'ÉTRIER. Tout à l'heure, en enlevant les osselets, vous pourrez observer l'articulation en forme de selle de l'enclume avec le marteau.

c. — L'ÉTRIER, dont la substance est plus transparente que celle des autres osselets ; sa base s'enfonce dans une dépression ovale, la FENÊTRE OVALE. Observez le MUSCLE DE L'ÉTRIER qui de la tête de l'étrier va en arrière vers l'aqueduc de Fallope, à la partie inférieure et externe du limaçon.

8. Prenez à part maintenant chacun des osselets de l'ouïe et étudiez sa forme dans tous ses détails.

9. Du côté interne et un peu en avant de l'insertion du muscle tenseur de la membrane du tympan, vous remarquerez l'orifice de la TROMPE D'EUSTACHE. Passez une soie dans la trompe et assurez-vous qu'elle s'ouvre d'autre part dans le pharynx.

10. Brisez la paroi du limaçon avec de petites pinces coupantes, en allant du trou rond vers le sommet du cône osseux. Observez les tours du limaçon avec la pièce osseuse centrale [columelle] et la LAME SPIRALE proéminente.

11. Détachez du crâne l'os périotique au moyen d'une forte paire de ciseaux, et sectionnez le limaçon jusqu'à la COLUMELLE. Observez les nerfs qui se dirigent vers son centre.

12. On peut, en partant de la fenêtre ovale, mettre à découvert le vestibule, voir les orifices des canaux semi-circulaires dans ce dernier et disséquer ces canaux, mais ce n'est pas facile, et ce n'est pas bien utile non plus, car la disposition de ces parties diffère très peu de ce qu'on a trouvé chez la raie.

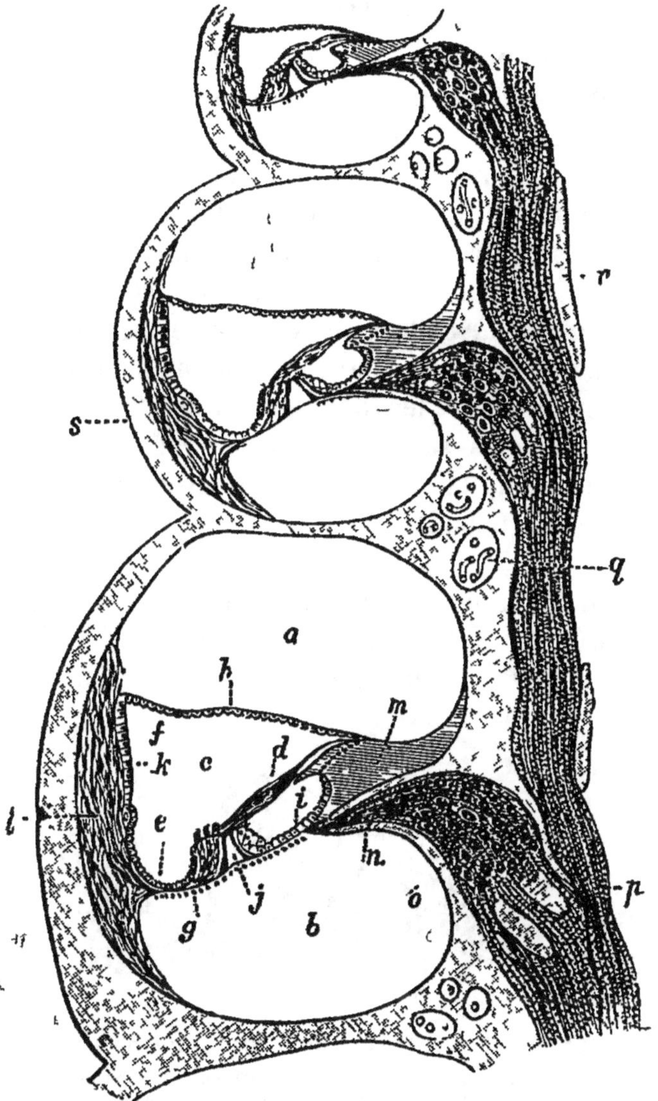

FIG. 82. — Coupe verticale du limaçon de l'oreille du cobaye
suivant le grand axe de la columelle.

a, la rampe vestibulaire; — *b*, la rampe tympanique: — *c*, la rampe moyenne; —
d, la membrane tectoria; — *e*, les cellules de Claudius ; — *f*, l'angle externe
supérieur de la rampe moyenne; *g*, la région des cellules ciliées externes
sur la membrana basilaire; — *h*, la membrane de Reissner; — *i*, l'épithélium doublant le sillon spiral interne; — *j*, le tunnel de l'arche de Corti; —
k, les stries vasculaires: — *l*, le ligament spiral; — *m*, la crête spirale; —
n, les fibres nerveuses dans la lame spirale osseuse; — *o*, le ganglion spiral; — *p*, les fibres nerveuses dans le modiolus; — *q*, Canaux osseux contenant les vaisseaux sanguins; — *r*, Noyaux osseux dans le modiolus; — *s*, la
capsule osseuse.

13. Prenez le limaçon d'un mammifère, d'un cobaye de préférence, traitez-le par l'acide picrique jusqu'à ce qu'il soit décalcifié, puis par l'alcool. Enlevez du limaçon le plus que vous pourrez d'os ramolli, détachez d'un coup de scalpel le sommet du limaçon. Prenez le reste, et après coloration à l'hématoxyline, inclusion suivant les indications données dans la leçon XX, § 6, etc., pratiquez sur cette pièce des coupes perpendiculaires à l'axe du limaçon dont vous rejetterez les deux ou trois premières et les deux ou trois dernières. Les autres, éclaircies sur le porte-objet même par le mélange de créosote et de térébentine seront montées dans le baume du Canada.

Observez :

a. — La division de chaque tour du limaçon en trois canaux, opérée par la MEMBRANE BASILAIRE,

Et par la MEMBRANE DE REISSNER.

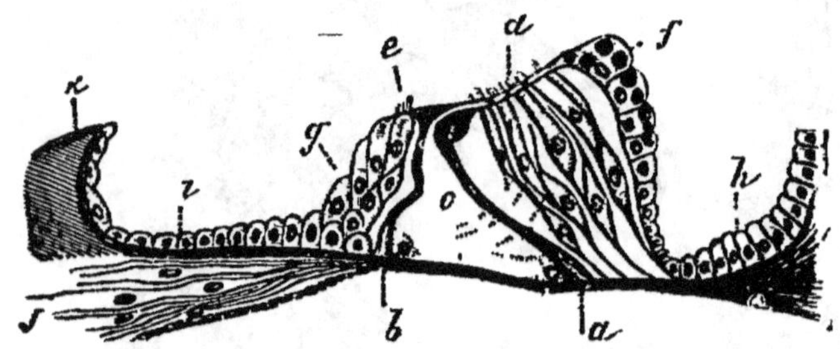

FIG. 83. — Organe de Corti dans le limaçon du cobaye.

a, Bâtonnet externe ou pilier externe de Corti ; — *b,* Bâtonnet interne ou pilier interne de Corti ; *c,* Tunnel de l'arche de Corti ; — *d,* Cellules ciliées externes ; — *e,* Cellules ciliées internes ; — *f,* Cellules supportantes externes contenant les globules graisseux ; — *g,* Cellules supportantes internes ; — *h,* Cellules de Claudius ; — *i,* Cellules épithéliales doublant le sillon spiral interne ; — *j,* Fibres nerveuses. — *k,* Crête spirale.

Cette dernière aura sans doute été arrachée dans les manipulations auxquelles la préparation a donné lieu.

b. — Les modifications suivantes des cellules épithéliales de la rampe moyenne à partir de la face interne de la membrane basiliaire.

α. — Cellules qui passent de la forme cubique à la forme cylindrique.

δ. — La CELLULE CILIÉE INTERNE, unique, cylindrique avec des prolongements courts, « dits cils, » en forme de bâtonnets sur sa face libre. L'extrémité profonde et en pointe de cette cellule est plus ou moins cachée par de petites cellules pourvues de gros noyaux.

γ. — Les PILIERS DE CORTI INTERNE et EXTERNE.

δ. — Les trois ou quatre CELLULES CILIÉES EXTERNES, longues cellules irrégulières qui sont, non pas implantées perpendiculairement sur la membrane, mais courbées vers l'intérieur ; elles portent des prolongements courts en forme de bâtonnets sur leur face libre, leur noyau est profondément situé.

On voit parfois deux noyaux dans une seule cellule.

ε. — Les trous de la membrane réticulée dans lesquels s'engagent les sommets des cellules ciliées interne et externe.

η. — Cellules qui passent de la forme cylindrique à la forme cubique. Comme les cellules ciliées externes, elles sont penchées vers l'intérieur.

c. — *Membrana tectoria.* Elle procède d'une proéminence de la lamina spiralis, qui s'agrandit et forme comme une tente plus ou moins distincte au-dessus de l'organe de Corti. Elle sera sans doute rétractée dans la préparation.

d. — Les nerfs qui se dirigent le long de la lame spirale vers la membrane basilaire.

VINGT-NEUVIÈME LEÇON

MOELLE ÉPINIÈRE

Préparez des coupes transversales d'une moelle épinière durcie de chat ou de chien, prises dans la région du renflement cervical (c'est-à-dire vers l'origine du cinquième nerf cervical). Laissez les coupes vingt-quatre heures dans une solution diluée de carmin ou de picro-carmin pour les colorer, et, après les avoir éclaircies par l'essence de girofle, montez-les dans le baume du Canada.

Pour durcir la moelle, on la laissera de trois semaines à un mois dans une solution à 2 % de bichromate d'ammoniaque ou de potasse ; puis, après l'avoir lavée à l'eau distillée, on la mettra dans l'alcool à 30 % pendant plusieurs jours, en ayant soin de changer l'alcool toutes les vingt-quatre heures, puis dans l'alcool à 50 %, qui sera renouvelé de temps à autre jusqu'à ce qu'il ne se colore plus. On peut ensuite conserver la moelle dans l'alcool à 75 % ou dans l'alcool concentré. Les meilleures colorations sont obtenues en faisant macérer plusieurs jours la pièce à couper dans le carmin de Frey concentré. Au sortir de ce réactif, on la lave à l'eau distillée, puis on la plonge dans la gomme, où elle reste un jour, et enfin on la coupe avec le microtome à congélation.

Observez à un faible grossissement les traits généraux suivants :

a. — La PIE-MÈRE, qui entoure la moelle ; elle est

constituée par deux tuniques (Cf. § 3, *a*) ; la tunique interne envoie dans la substance même de la moelle de nombreuses cloisons. Remarquez les nombreux vaisseaux sanguins qui vont de la pie-mère à la moelle en suivant ces cloisons.

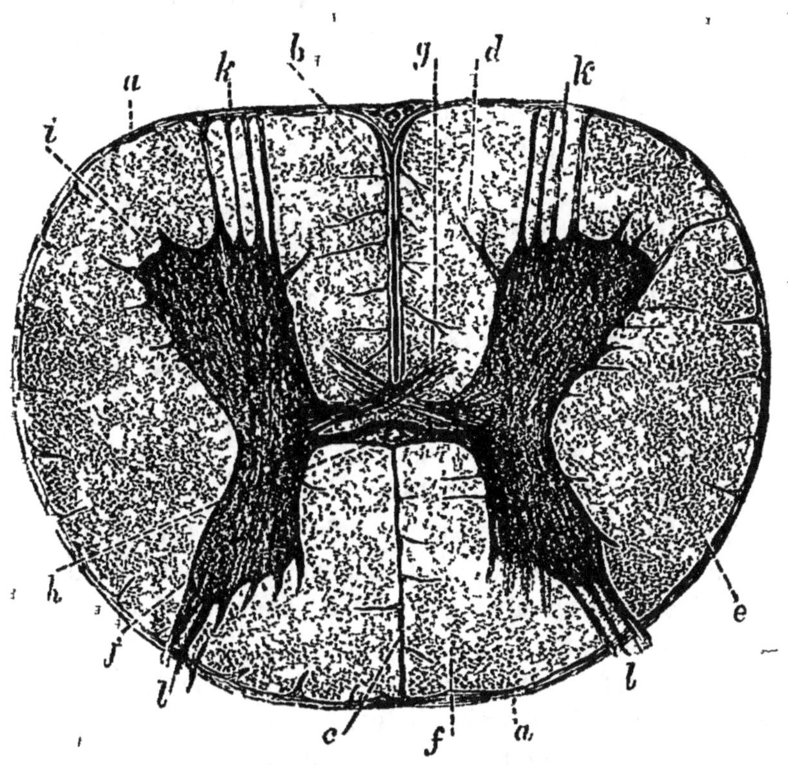

Fɪɢ. 84. — Coupe transversale de la moelle épinière du veau.

Pie mère ; — *b*, Prolongation de la pie-mère dans le sillon longitudinal antérieur, — *c*, Sillon longitudinal postérieur ; — *d*, Cordon antérieur de la substance blanche ; — *e*, Cordon latéral de la même substance, — *f*, Cordon postérieur de la même substance ; — *g*, Commissure blanche antérieure ; — *h*, Canal central ; — *ı*, Corne antérieure de la substance grise ; — *j*, Corne postérieure de la substance grise : — *k*, Racines nerveuses antérieures ; — *l*, Racines nerveuses postérieures.

b. — Les sɪʟʟᴏɴs ᴀɴᴛᴇ́ʀɪᴇᴜʀ et ᴘᴏsᴛᴇ́ʀɪᴇᴜʀ ; la pie-mère s'enfonce dans le sillon antérieur ; le sillon postérieur contient seulement un prolongement de la tunique interne de la pie-mère, la tunique externe ne fait que passer comme un pont au-dessus de ce sillon.

c. — La façon dont les RACINES ANTÉRIEURES des nerfs spinaux pénètrent dans la moelle par plusieurs petits faisceaux.

d. — La façon toute différente dont les RACINES POSTÉRIEURES des mêmes nerfs y pénètrent en une masse compacte.

e. — La SUBSTANCE BLANCHE qui forme la portion extérieure de la moelle et que les racines nerveuses divisent de chaque côté par leur entrée en CORDONS ANTÉRIEURS, LATERAUX et POSTÉRIEURS. Comme les nombreux filets de la racine antérieure ne se réunissent point en un faisceau compact pour pénétrer dans la moelle (Cf. *c*), il n'y a pas de ligne de démarcation définie entre les cordons antérieurs et latéraux.

f. — La SUBSTANCE GRISE forme de chaque côté deux prolongements : les CORNES ANTÉRIEURES et POSTÉRIEURES entre lesquelles il n'y a pas non plus de ligne de démarcation distincte.

g. — Le CANAL CENTRAL ; il peut se trouver bouché par un amas de cellules épithéliales.

h. — Une couche de NEVROGLIE, fortement colorée par les réactifs, entoure le canal central et

i. — En avant et en arrière de ce canal, on voit les COMMISSURES GRISES ANTÉRIEURE et POSTÉRIEURE, qui sont aussi fortement colorées, et dans lesquelles on voit des fibres nerveuses se croiser.

k. — La COMMISSURE BLANCHE ANTÉRIEURE ; elle est située en avant de la commissure grise antérieure, et constituée par des fibres nerveuses assez larges qui se décussent.

l. — Une aire arrondie ou ovale, fortement colorée, la SUBSTANCE GÉLATINEUSE qui forme la portion antérieure de la corne postérieure.

2. En examinant la même coupe à des grossissements successivement faible et considérable, vous observerez :

a. — Les grandes cellules nerveuses multipolaires de la corne antérieure ; on les rencontre surtout dans les régions, antérieure et latérale de cette corne ; elles peuvent être disposées de façon à former deux ou trois groupes.

b. — Les fibres transversales (longitudinales dans le plan de la coupe), qui vont de la région postérieure de la corne antérieure au cordon latéral.

c. — Les fibres de la racine postérieure qui traversent la substance gélatineuse et s'enfoncent obliquement dans le cordon postérieur.

d. — Les fibres transversales et obliques qui vont du cordon postérieur dans la corne postérieure.

3. — Répétez, à l'aide d'un fort grossissement, les observations indiquées au § F de la leçon X, et observez en outre :

a. — La tunique externe de la pie-mère, constituée principalement par du tissu fibreux blanc ; la tunique interne constituée surtout par de fines fibres élastiques.

b. — Le canal central tapissé par une couche de cellules épithéliales cylindriques.

c. — Dans la substance grise, un réseau de fibrilles à mailles très serrées, enfoui dans une substance fondamentale d'apparence piquetée ou granuleuse.

d. — Les fibres nerveuses, dont plusieurs sont pourvues de myéline. Il y en a de toutes grandeurs dans la substance grise (elles sont très rares et très petites dans la zone qui entoure immédiatement le canal central ; dans la substance gélatineuse on trouve surtout les fibres des racines postérieures). Remarquez les fibres qui traversent les commissures grises antérieure et postérieure, et comparez la commissure antérieure grise avec la commissure blanche.

4. Préparez des coupes transversales d'une moelle épinière de chat ou de chien prises dans les régions lombaire et dorsale (c'est-à-dire vers l'origine du neuvième *nerf dorsal* et du quatrième *nerf lombaire*), et comparez-les avec la coupe prise dans la région cervicale. Vous observerez que :

a. — Les coupes prises dans les régions cervicale et lombaire sont plus larges que les coupes de la région dorsale.

b. — Les renflements cervical et lombaire sont en grande partie dus à la quantité plus grande en ces régions de la substance grise ; remarquez le nombre relativement faible des cellules nerveuses de la corne antérieure dans la région dorsale.

c. — La quantité de la substance blanche (et par conséquent du nombre des fibres nerveuses) est plus considérable dans la région dorsale que dans la région lombaire, et dans la région cervicale que dans la région dorsale. En d'autres termes, la quantité de substance blanche dans la moelle épinière s'accroît de bas en haut.

d. — Dans la région cervicale, le cordon postérieur est partagé en deux parties par une cloison de tissu conjonctif, l'une médiane, FAISCEAU DE GOLL, ou *fasciculus gracilis*, l'autre latérale, FASCICULUS CUNEATUS.

On peut suivre jusqu'à une certaine distance vers le

bas, le trajet du faisceau de Goll qui va en s'amincissant de plus en plus.

e. — A la région dorsale, on trouve dans la substance grise, en arrière et sur les côtés du canal central, un petit amas latéral de cellules nerveuses ; c'est la coLONNE DE CLARKE, ou colonne vésiculaire postérieure. Elle devient indistincte à la partie supérieure de la région dorsale et à la partie inférieure de la région lombaire.

f. — A la région dorsale, fa substance grise qui s'avance de chaque côté, à moitié chemin des cornes antérieure et postérieure pour former le *tractus intermedio-lateralis;* il y a là un groupe de cellules nerveuses; dans les régions lombaire et cervicale, ce groupe de cellules se confond avec celui de la corne antérieure.

g. — Dans la région lombaire, les fibres nerveuses de la racine antérieure s'épanouissent dans la substance grise. Certaines de ces fibres ont un trajet transversal qui aboutit au côté opposé de la moelle ; elles forment ainsi une partie de la commissure grise antérieure (le trajet des fibres de la racine antérieure est le même dans les autres régions de la moelle, tout en étant moins distinct).

L'étudiant doit pouvoir dire à première vue si une coupe de la moelle est prise dans la région cervicale, dorsale ou lombaire ; le caractère le plus facile à saisir est la quantité relative de substance blanche (le plus ou moins de distance entre la substance grise et la surface extérieure de la moelle). On peut encore reconnaître la position de la coupe d'après la forme de la substance grise, mais on doit se rappeler que dans les parties d'une région situées au voisinage de l'autre, la substance grise passe par degrés insensibles de la forme typique de l'une à la forme typique de l'autre,

5. Prenez un morceau de moelle épinière de bœuf long de quelques centimètres et faites-le macérer quelques jours dans une solution de bichromate de potasse à 0,2 %; puis, après avoir enlevé l'excès de sel chromique par l'alcool à 30 %, laissez la pièce pendant une semaine ou davantage dans le carmin de Frey concentré. Vous pratiquerez à main levée une coupe, qui pourra être relativement épaisse, comprenant la corne antérieure et les portions avoisinantes du cordon antérieur, et vous dissocierez cette coupe sous le microscope à dissection dans une goutte de glycérine. Vous tâcherez d'isoler ainsi une ou deux des plus grosses cellules nerveuses, et rejetant le reste du tissu vous observez dans ces cellules plus ou moins isolées :

a. — Le prolongement cylindre-axe (prolongement de Deiters), unique, non ramifié.

b. — Les autres prolongements nombreux, fréquemment ramifiés (prolongements protoplasmiques); on voit certains d'entre eux se diviser en fibrilles très fines.

6. Pratiquez une section longitudinale antéro-postérieure intéressant à la fois les deux racines antérieures et postérieures. Notez :

a. — Les fibres longitudinales, pourvues de myéline, du cordon antérieur.

b. — L'entrée oblique des racines nerveuses antérieures.

c. — Les cellules et les fibres nerveuses de la corne antérieure.

d. — La substance gélatineuse de la corne postérieure, avec les fibres verticales situées de chaque côté et les fibres recourbées qui la traversent.

e. — Les fibres longitudinales, pourvues de myéline des cordons postérieurs parmi lesquelles on peut voir

f. — Les sections des racines nerveuses postérieures.

TRENTIÈME LEÇON

L'ENCÉPHALE

A. — DISSECTION D'UN ENCÉPHALE [1] DE CHIEN OU DE MOUTON

1. Remarquez la dure-mère et la pie-mère (cf. Leçon I, B, §3, *b*, *c*).

2. Coupez la dure-mère, et, tenant l'encéphale avec précaution, de façon à éviter l'arrachement des racines des nerfs, observez que :

a. — Le CERVEAU recouvre la portion antérieure du cervelet (moins chez le mouton que chez le chien).

b. — Le cervelet recouvre la face dorsale de la MOELLE ALLONGÉE.

3. Détachez la pie-mère autant qu'il est nécessaire et écartez en avant le cervelet, vous mettez ainsi à décou-

---

[1] On enlève l'encéphale du crâne avec toutes les précautions convenables, en prenant un soin particulier pour bien couper les artères carotides internes et les nerfs crâniens au ras du crâne. Une fois le cerveau enlevé, on lie les artères carotides internes et l'on injecte par l'artère basilaire d'abord un courant de solution saline pour laver l'encéphale du sang qu'il contient, puis de l'alcool d'abord dilué, ensuite concentré. On place ensuite le cerveau dans l'alcool fort. On peut le disséquer au bout de quelques jours, mais il vaut mieux le laisser trois à quatre semaines dans l'alcool. Si l'on ne veut pas se donner la peine d'injecter le cerveau, il faudra le placer deux ou trois jours dans l'alcool faible (80 %) puis le transporter dans l'alcool à 90, où il restera un mois et plus si l'on veut qu'il soit parfaitement durci.

vert la face dorsale et postérieure de la moelle allongée. Remarquez :

a. — Les PLEXUS CHOROÏDES du quatrième ventricule. On les voit de chaque côté. Ce sont des dépendances très vascularisées de la pie-mère. Ils se trouvent situés immédiatement au-dessus de la voûte épithéliale mince du ventricule; arrachez-les afin de mettre à découvert la partie postérieure du quatrième ventricule.

b. — Les cordons postérieurs divergents de la moelle épinière; le faisceau de Goll (cf. Leçon XXIX, § 4, *d*) le continue ici (FASCICULUS GRACILIS) et forme la paroi satérale de la partie postérieure du quatrième ventricule; à côté de lui on voit le *fasciculus cuneatus* qui est une continuation du faisceau de même nom de la moelle. (Cf. Leçon XXIX, § 4, *d.*)

c. — Les fibres obliques, qui des cordons latéraux et antérieurs passent sur le fasciculus cuneatus et semblent se confondre avec lui. En même temps, la dépression qui existait entre le fasciculus gracilis et le fasciculus cuneatus disparaît, de telle sorte qu'au point où les cordons postérieurs s'écartent l'un de l'autre, on ne voit plus qu'une seule éminence arrondie, le CORPS RESTIFORME.

d. — En avant, les corps restiformes se continuent avec le cervelet et constituent ainsi les PÉDONCULES INFÉRIEURS DU CERVELET.

4. Écartez en arrière le cervelet, en arrachant la pie-mère qui s'enfonce dans le sillon situé en avant de lui. Observez.

a. — Les TUBERCULES QUADRIJUMEAUX; ils sont au nombre de quatre : deux en avant arrondis et assez volumineux, deux en arrière, plus petits que les précédents. Les tubercules quadrijumeaux antérieurs sont recouverts en partie par l'écorce du cerveau.

b. — LES PÉDONCULES SUPÉRIEURS du CERVELET. Il y en a un de chaque côté. Ils partent du cervelet sous la forme d'un cordon arrondi et disparaissent chacun sous le tubercule quadrijumeau postérieur du même côté.

c. — La VALVULE de VIEUSSENS, c'est une couche mince de substance nerveuse qui s'étend entre les pédoncules supérieurs et recouvre la portion antérieure du quatrième ventricule. A la portion antérieure de cette valvule, on voit les racines de la quatrième paire naître sur la ligne médiane, puis se recourber pour atteindre la base du cerveau.

d. — Déchirez la valvule de Vieussens et observez la partie antérieure triangulaire du QUATRIÈME VENTRICULE, ses limites latérales sont les pédoncules supérieurs du cervelet.

5. — Vous remarquerez, à la face intérieure (ventrale) de la moelle allongée, sans que pour cela il soit nécessaire de déchirer la pie-mère :

a. — Les PYRAMIDES INFÉRIEURES, deux cordons arrondis, situés de chaque côté de la ligne médiane.

b. — Le PONT DE VAROLE (ou *protubérance annulaire*). On voit à son bord intérieur des fibres transverses qui forment une bande étroite, le *trapèze*, lequel s'enfonce au-dessous des pyramides antérieures ; en son milieu, cette bande est légèrement déprimée. Chez l'homme, on ne remarque point les fibres du trapèze à la surface du pont de Varole. De chaque côté, on voit les fibres transversales du pont de Varole se continuer avec le PÉDONCULE MOYEN DU CERVELET.

c. — LES CORPS OLIVAIRES INFÉRIEURS, deux légères

proéminences ovales, situées à droite et à gauche sur le côté de chacune des pyramides antérieures immédiatement au-dessous du trapèze. On les voit plus distinctement en prenant le soin d'arracher la pie-mère. (Cf. § 10.)

d. — Les CRURA CEREBRI ou *pédoncules du cerveau,* ce sont deux bandes larges, arrondies, que l'on voit au bord antérieur du pont de Varole et qui se dirigent en avant en s'écartant l'une de l'autre.

e. — L'ESPACE PERFORÉ POSTÉRIEUR entre les fibres divergentes des pédoncules du cerveau.

f. — Le CORPUS ALBICANS OU TUBERCULE MAMMILLAIRE, qui se trouve en avant de l'espace perforé postérieur. Chez le chien, il est partagé en deux par un sillon médian peu profond.

g. — Immédiatement en avant du tubercule mammillaire, on voit le TUBER CINEREUM. On voit naître l'*infundibulum,* en forme d'entonnoir comme son nom l'indique, qui mène au CORPS PITUITAIRE (*hypophyse*) arrondi ; coupez en travers l'infundibulum et observez sa cavité centrale, qui communique avec le troisième ventricule. (En enlevant le cerveau de la boîte crânienne, on peut avoir arraché le corps pituitaire.)

h. — Les BANDELETTES OPTIQUES. Ce sont deux faisceaux aplatis de fibres, qui se dirigent obliquement en avant, passent sur la partie antérieure des crura cerebri et se rencontrent sur la ligne médiane pour former le CHIASMA DES NERFS OPTIQUES. On voit de chaque côté un petit bout de nerf optique partir en divergeant du chiasma.

60. Observez la division du cervelet en un lobe médian et deux lobes latéraux, coupez le pédoncule cérébelleux moyen de chaque côté (§ 5 *b*), au point où il sort du cervelet, et enlevez ce dernier.

Divisez-le en quatre par deux incisions, une longitudinale et une transversale, et remarquez : la profondeur des sillons, la façon dont la substance blanche rayonne dans les lamelles qui le composent, et la façon dont chacune des ramifications est recouverte par une mince couche de substance grise, le tout donnant lieu à une arborisation très nette (*arbre de vie*). Dans les lobes latéraux, on voit, au centre même de la substance blanche centrale, un noyau grisâtre qui correspond au *corps dentelé* de l'homme. Ce noyau est plus apparent sur un cerveau conservé dans le bichromate d'ammoniaque.

7. Étudiez maintenant d'une façon approfondie le quatrième ventricule mis complètement à découvert. Il a une forme grossièrement rhomboïdale, sa portion postérieure triangulaire est le CALAMUS SCRIPTORIUS.

Observez la communication du quatrième ventricule avec le canal central de la moelle épinière ; remarquez aussi à l'extrémité antérieure du quatrième ventricule l'AQUEDUC DE SYLVIUS (ou *iter a tertio ad quartum ventriculum*), qui passe au-dessous des tubercules quadrijumeaux. Il fait communiquer ensemble le quatrième et le troisième ventricule.

8. Suivez maintenant sur la pie-mère le cours des principaux vaisseaux sanguins à la face inférieure du cerveau, en arrachant la pie-mère si cela est nécessaire, mais en prenant bien garde de ne pas arracher en même temps les racines des nerfs. A la partie supérieure de la moelle, on voit deux artères. Ce sont les ARTÈRES VERTÉBRALES qui, après avoir fourni au sillon antérieur de la moelle des branches récurrentes, se recourbent pour aller se réunir sur la ligne médiane. Le vaisseau formé par la réunion s'appelle l'ARTÈRE

BASILAIRE et se dirige en avant sur la ligne médiane du pont de Varole. Parvenu à l'extrémité antérieure du pont de Varole, cette artère se divise de nouveau en deux ARTÈRES CÉRÉBRALES POSTÉRIEURES, qui toutes deux se dirigent obliquement en avant et dont chacune longe sur la ligne médiane le nerf de la troisième paire à sa sortie du pédoncule cérébral.

Immédiatement après, chaque artère cérébrale postérieure se subdivise en deux branches. Une de ces branches se dirige en arrière, l'autre continue en avant et, un peu en arrière de la commissure optique, se relie

l'ARTÈRE CAROTIDE INTERNE. Chacun des deux troncs artériels ainsi formés contourne la commissure optique et se subdivise en ARTÈRE CÉRÉBRALE MOYENNE, laquelle croise le lobe olfactif et dont la branche principale s'enfonce dans la scissure de Sylvius (cf. C, § 6) en émettant sur son trajet de nombreuses ramifications, et en ARTÈRE CÉRÉBRALE ANTÉRIEURE qui passe en avant entre les lobes du cerveau en se reliant par une anastomose transversale à son homologue du côté opposé. Des anastomoses qui unissent les branches des artères cérébrales postérieures aux artères carotides internes et celles qui font communiquer les artères cérébrales antérieures complètent l'HEXAGONE DE WILLIS.

9. — Enlevez avec soin, pièce à pièce, tout ce qui reste de la pie-mère et observez les origines apparentes des nerfs crâniens suivants. (Cf. Leçon I, B, § 6.)

a. — La troisième paire naît de la face interne des *crura cerebri* en avant du pont de Varole. (Cf § 8.)

b. — La quatrième paire ; les nerfs qui la constitue contournent le bord antérieur du pont de Varole et naissent un peu en arrière des tubercules quadrijumeaux. (Cf. § 4, c.)

c. — Les nerfs de la cinquième paire, très volumineux, naissent sur les côtés du pont de Varole.

d. — Les nerfs de la sixième paire naissent immédiatement en arrière du pont de Varole en avant des corps olivaires et des pyramides antérieures.

e. — Les nerfs de la septième paire se trouvent au bord inférieur du pont de Varole presque sur la même ligne que les nerfs de la cinquième paire. Ils naissent du trapèze sur une ligne où se trouve le bord extérieur du corps olivaire inférieur. Chez l'homme, ces nerfs ont une origine superficielle différente.

f. — Les nerfs de la huitième paire se trouvent situés immédiatement en dehors des nerfs de la septième. Ils adhèrent aux faces latérales de la moelle allongée, à la face dorsale de laquelle on les voit passer sur les corps restiformes. Remarquez le petit faisceau de fibres (*stries acoustiques*) qui passent sur les corps restiformes pour se rendre dans le quatrième ventricule.

g. — Les nerfs des neuvième, dixième et onzième paires naissent chacun par plusieurs racines sur deux lignes qui longent les faces latérales de la moelle allongée. Ces lignes se continuent en bas avec les lignes sur lesquelles sont insérées les racines postérieures des nerfs cervicaux. La onzième paire naît encore en partie de la moelle épinière, on peut suivre le trajet des nerfs de cette paire le long de la moelle épinière à peu près jusqu'au niveau de la dixième paire cervicale.

h. — Les nerfs de la douzième paire naissent par plusieurs racines entre les pyramides antérieures et les corps olivaires.

10. Observez de nouveau la face ventrale du cerveau (§ 5), après avoir enlevé la pie-mère.

11. Séparez les hémisphères et observez le CORPS CALLEUX, vous remarquerez les deux courbures qu'il présentente en avant (*genou* ou *bec*) et en arrière (*bourrelet, splenium*).

12. — Enlevez par tranches minces la substance des hémisphères cérébraux depuis la face dorsale du cerveau jusqu'au niveau du corps calleux, et remarquez la substance grise externe et la substance blanche interne.

Suivez légèrement à droite et à gauche la substance cérébrale le long du corps calleux et écartez de chaque côté les lèvres de l'incision ; vous apercevrez une cavité, la cavité des ventricules latéraux. Si vous enlevez maintenant la voûte de l'un des ventricules vous voyez que la cavité se prolonge en avant pour former la corne antérieure, en arrière et en bas pour former la corne postérieure du ventricule latéral. En enlevant complètement la voûte de la cavité au-dessous des cornes, vous observerez :

a. — Le NOYAU CAUDÉ du corps strié ; c'est une protubérance volumineuse, arrondie qui s'avance dans la corne antérieure et qui se continue en arrière par une masse effilée (queue du noyau) du côté externe de la cavité ventriculaire.

b. — Le GRAND HIPPOCAMPE, protubérance arrondie du plancher et de la paroi médiale [1] de la corne descendante.

---

[1] Nous employons les mots *médial, distal, proximal* à la façon des auteurs anglais afin d'éviter les périphrases incommodes.

Proximal veut dire le plus voisin du centre, du plan ou de l'axe pris comme terme de comparaison.

Distal veut dire le plus éloigné.

Médial veut dire le plus rapproché de l'axe médian ou du plan médian (Tr.).

c. — Le plancher de la cavité du ventricule latéral est une lame mince de substance nerveuse, VOUTE A TROIS PILIERS OU FORNIX (cf. § 15) ; elle se continue en arrière de l'hippocampe.

d. — Le PLEXUS CHOROÏDE du ventricule latéral recouvre le bord latéral du fornix et de l'hippocampe. A l'endroit où la cavité principale du ventricule se continue avec celle de la corne descendante, le plexus choroïde s'enfonce profondément au-dessous du fornix.

e. — Rejetez sur les côtés les plexus choroïdes et observez la bande de substance blanche qui à partir du fornix longe le bord de l'hippocampe (*corps frangé, fimbria hippocampi*).

f. — Passez avec précaution un stylet sous le bord du fornix et du corps frangé ; vous remarquez qu'en les soulevant on peut les écarter des parties sous-jacentes et voir que les plexus choroïdes s'enfoncent sous eux.

13. Soulevez légèrement le corps calleux, vous voyez une membrane mince, le SEPTUM LUCIDUM, tendu de la face inférieure du corps calleux jusqu'au fornix et qui sépare l'un de l'autre les ventricules latéraux des deux côtés.

14. Sectionnez en travers le corps calleux près de son extrémité postérieure et prolongez l'incision à travers le septum lucidum. En écartant les lèvres de l'incision vous voyez que le septum est formé de deux lamelles, lesquelles circonscrivent à la partie antérieure du septum une étroite cavité appelée cinquième ventricule. Sectionnez de la même façon le corps calleux près de son extrémité antérieure et enlevez-le complètement.

On voit les parties du fornix déjà étudiées avec les ventricules latéraux se réunir sur la ligne médiane, et l'on constate ainsi que le fornix présente la forme d'une lame triangulaire. En avant, le sommet de ce triangle s'abaisse un peu en arrière du genou du corps calleux, en s'abaissant, il se divise en deux cordons arrondis, PILIERS ANTÉRIEURS DU FORNIX (on voit mieux ces derniers sur une coupe transversale du fornix, § 15); la région du fornix où ces piliers se réunissent s'appelle le SOMMET, il est très petit chez les mammifères inférieurs parce que les piliers divergent bientôt en arrière, à partir du point de divergence on les appelle PILIERS POSTÉRIEURS DU FORNIX. Ils se prolongent pour former les corps frangés de l'hippocampe et de plus émettent des fibres qui courent sur la face interne de l'hippocampe.

15. Sectionnez avec soin le fornix dans sa portion antérieure par une incision transversale et rejetez-le en arrière en prenant bien garde d'arracher en même temps les plexus choroïdes; on voit les plexus choroïdes de chaque côté se recourber légèrement en arrière et rejoindre chacun son congénère sur la ligne médiane. L'intervalle laissé libre de chaque côté entre le plexus choroïde et les piliers antérieurs du fornix fait partie du TROU DE MONRO. Le reste de ce trou de Monro est constitué par l'intervalle que laissent entre elles sur la ligne médiane les portions antérieures des plexus choroïdes à l'endroit où ceux-ci se rejoignent; il donne entrée dans le troisième ventricule. (Cf. § 19.) Le trou de Monro est donc une sorte de conduit branché, affectant à peu près la forme d'un Y, dont un jambage communiquerait avec le troisième ventricule et chacun des deux autres avec un ventricule latéral à l'endroit même où ce ventricule se continue avec la corne antérieure.

16. La membrane située au-dessous du fornix est le VELUM INTERPOSITUM OU TOILE CHOROÏDIENNE. On le voit se continuer en avant, aux environs du trou de Monro, avec les extrémités recourbées des plexus choroïdes et sur les côtés avec ces mêmes plexus des ventricules latéraux dans toute leur longueur. En réalité, les plexus choroïdes ne sont autre chose que les bords libres de la toile choroïdienne qui se recourbent au-dessus du bord du fornix et au-dessus de ses piliers postérieurs. (Il faut se rappeler à ce sujet qu'une membrane épithéliale s'étend depuis le fornix en passant sur les plexus choroïdes jusqu'au bord du noyau caudé, et que la cavité du ventricule latéral n'a pas d'autre orifice que le trou de Monro.)

L'espace situé entre les hémisphères et le cerveau moyen et dans lequel se trouve la toile choroïdienne est ce qu'on appelle le sillon transverse.

17. Incisez sur la ligne médiane le fornix en même temps que la portion postérieure du corps calleux qui lui reste attachée.

Vous remarquerez que les hémisphères se recourbent un peu au-dessous du corps calleux.

18. Écartez en arrière une des moitiés du fornix avec l'hippocampe y attenant; vous remarquerez à la face externe (inférieure) de l'hémisphère cérébral le SILLON DENTELÉ OU SILLON de l'HIPPOCAMPE ; il est peu profond et se trouve situé non loin du bord du cap frangé, presque vis-à-vis le milieu de l'hippocampe ; il va depuis la partie de l'hémisphère située au dessous du corps calleux (cf. §. 12) jusqu'à l'extrémité de la portion de l'hémisphère constituant la paroi de la corne descendante du ventricule latéral; la proéminence de l'hippocampe que l'on voit dans la corne descendante est due au plissement de l'écorce cérébrale qui donne naissance à ce sillon. Remarquez la face inférieure des piliers postérieurs du fornix.

19. Écartez en arrière la toile choroïdienne; vous remarquerez dans l'espace médian les PLEXUS CHOROÏDES du TROISIÈME VENTRICULE qui s'avancent vers le bas.

Vous apercevez alors à droite et à gauche les COUCHES OPTIQUES; elles sont bordées chacune, le long de leur contour externe, d'une dépression. Entre les couches optiques se trouve un espace étroit, le TROISIÈME VENTRICULE. Remarquez la queue du noyau caudé qui s'étend en arrière à une certaine distance le long du bord externe de la couche optique.

Vous observerez la GLANDE PINÉALE; c'est un corps arrondi situé sur la ligne médiane vers la région postérieure des couches optiques. De la glande pinéale partent deux bandelettes blanches (PEDONCULES DE LA GLANDE PINÉALE), voisine de la ligne médiane, qui rencontrent les couches optiques de chaque côté. Entre les couches optiques et traversant le troisième ventricule, on voit la COMMISSURE CÉRÉBRALE MOYENNE. Elle est assez grande, constituée par de la substance grise, partant peu tenace et facile à déchirer.

20. Enlevez assez de l'un des hémisphères pour mettre à découvert la couche optique et la bandelette optique du même côté et suivez le trajet de la bandelette optique en arrachant la pie-mère avec précaution. On voit la bandelette optique se recourber du côté dorsal et former une éminence, le CORPS GENOUILLÉ EXTERNE, dans la région postérieure et latérale de la couche optique. On voit sur le corps genouillé passer des fibres qui se rendent à la couche optique, ainsi qu'un faisceau de fibres assez consi-

dérable qui se recourbe en arrière et va se rendre au tubercule quadrijumeau antérieur (*brachium corporis quadrigemini anterioris*).

21. Au-dessous et en arrière du corps genouillé externe, on voit une petite éminence, le corps genouillé interne.

Les deux corps genouillés sont plus marqués chez le chien que chez le mouton. Chez l'homme, la position de ces corps est différente ; chez l'homme, c'est la prééminence postérieure de la couche optique ou *pulvinar* qui occupe la position qu'occupe ici le corps genouillé externe.

On voit disparaître sous le bord postérieur du corps genouillé interne une bande de fibres blanches (*brachium corporis quadrigemini posterioris.*)

22. Observez la COMMISSURE CÉRÉBRALE ANTÉRIEURE, petit faisceau compact de fibres nerveuses qui passe transversalement en avant des piliers antérieurs du fornix

Sectionnez les piliers antérieurs du fornix pour mettre à découvert cette commissure.

23. La commissure cérébrale postérieure se trouve au-dessous de la glande pinéale.

24. Sectionnez les commissures antérieure et moyenne et suivez la cavité du troisième ventricule jusque dans l'infundibulum. Sectionnez la commissure postérieure et les tubercules quadrijumeaux et suivez le trajet de l'aqueduc de Sylvius.

B. — ÉTUDE DU CERVEAU D'APRÈS DES COUPES

1. Partagez le cerveau en deux moitiés par une coup longitudinale suivant le plan médian. Observez les

positions relatives des structures visibles de chaque côté de la surface de section. Vous remarquerez :

Les fibres coupées obliquement de la décussation des pyramides ; les fibres coupées transversalement de la région ventrale du pont de Varole ; la valvule de Vieussens ; les tubercules quadrijumeaux ; l'aqueduc de Sylvius ; la commissure postérieure ; on voit cette dernière se continuer avec des fibres coupées transversalement qui forment une couche distincte dans le tubercule quadrijumeau antérieur ; la glande pinéale, et, sur une partie de son étendue, le pédoncule de la glande pinéale ; la grande commissure moyenne qui occupe une partie considérable du troisième ventricule ; le corps calleux ; le septum lucidum, situé en bas et en avant entre le corps calleux et le fornix : la pie-mère qui pénètre dans le sillon transverse et forme là le velum interpositum recouvert par le fornix et recouvrant les couches optiques ; le pilier antérieur du fornix qui se recourbe en bas dans la direction du corpus albicans ; la commissure antérieure située un peu en avant de la terminaison apparente du pilier antérieur du fornix : l'espace perforé postérieur en arrière du corpus albicans ; le chiasma des nerfs optiques.

2. Sur une couche transversale du cerveau moyen[1] passant un peu en avant du pont de Varole et à travers les tubercules quadrijumeaux antérieurs, vous observerez :

a. — Dans la région ventrale, et à quelque distance de la ligne médiane, de chaque côté, la *croûte* du pédoncule cérébral. C'est une masse ovale, légèrement

---

[1] Les parties étudiées à propos de cette coupe et de la suivante se voient mieux sur un cerveau durci par le bichromate d'ammoniaque que sur un cerveau durci par l'alcool.

proéminente, dont les fibres sont coupées transversalement.

b. — Une couche grise assez mince (SUBSTANTIA NIGRA au-dessus de :

c. — La SUBSTANCE GRISE CENTRALE, qui environne l'aqueduc de Sylvus.

d. — Le TEGMENTUM, entre la *substantia nigra* et la substance grise centrale. Il n'y a point d'ailleurs, entre ces trois substances, de ligne de démarcation distincte.

2. Sur une coupe transversale du cerveau passant un peu en avant du corpus albicans et perpendiculaire à la scissure de Sylvius (cf. C. § 6), vous observerez :

a. La bande de substance blanche, CAPSULE INTERNE.

b. — Les bandes de substance blanche, COURONNE RAYONNANTE, qui font suite à la capsule interne et qui s'épanouissent dans les circonvolutions de l'écorce cérébrale.

c. — Le corps calleux entre les deux couronnes rayonnantes.

d. — Le NOYAU CAUDÉ DU CORPS STRIÉ, masse grise arrondie; dorsal et latéral par rapport à la couche optique, entouré en partie par la large bande blanche de la couronne radiée, il peut paraître très petit sur la coupe.

e. — Le NOYAU LENTICULAIRE DU CORPS STRIÉ; ce dernier occupe un petit espace triangulaire, situé immédiatement en dehors de la capsule interne et est traversé par de très nombreuses fibres provenant de ladite capsule; on voit sur son bord latéral une mince bande blanche, la capsule externe.

On voit encore en section transversale le pilier antérieur du fornix près de la surface ventrale de la substance grise tout près du troisième ventricule. Remarquez aussi la position du fornix.

C. — CIRCONVOLUTIONS ET SILLONS DU CERVEAU
DU CHIEN

1. Observez, à la surface ventrale et antérieure du cerveau, le BULBE OLFACTIF (on peut l'avoir déjà coupé) il se continue en arrière avec la BANDELETTE OLFACTIVE; en écartant un peu vers l'intérieur cette dernière, on voit qu'elle ne tient au cerveau qu'en arrière par le LOBE OLFACTIF.

2. En arrière du lobe olfactif on remarque une protubérance presque pyriforme, c'est la portion latérale du LOBE UNCINÉ.

3. Partagez le cerveau en deux moitiés par une coupe longitudinale médiane, écartez le cervelet et suivez le lobe unciné jusque dans la région postérieure de l'écorce; il se recourbe, prend la forme d'une bande étroite et se dirige en haut vers l'extrémité du corps calleux et en même temps en avant au-dessous de ce corps calleux. (Cf. A, § 17.)

4. A l'extrémité du corps calleux, le lobe unciné rejoint la CIRCONVOLUTION SUPRA-CALLEUSE qui passe en avant au-dessous du corps calleux.

5. On voit que les circonvolutions susnommées forment autour de l'écorce un anneau presque complet. Elles font toutes partie de la CIRCONVOLUTION INTERNE OU LOBE LIMBIQUE.

6. Retournant maintenant à l'étude de la région latérale du cerveau, vous observez un sillon profond, la SCISSURE DE SYLVIUS. Elle commence à peu près au sommet de la portion alors visible du lobe unciné et se dirige en haut et en arrière (cf. § 2); autour d'elle s'enroule la PREMIÈRE CIRCONVOLUTION OU CIRCONVOLUTION DE SYLVIUS.

7. Du côté dorsal s'enroule encore autour d'elle la SECONDE CIRCONVOLUTION OU CIRCONVOLUTION INFÉRIEURE.

8. Du côté dorsal encore par rapport à la précédente est la TROISIÈME CIRCONVOLUTION OU MÉDIANE qui a, dans sa partie postérieure, un sillon longitudinal.

9. Entre la troisième circonvolution et le sillon longitudinal médian se trouve la QUATRIÈME CIRCONVOLUTION ou supérieure.

10. En regardant la surface médiane du cerveau mise à découvert par la coupe précédente (§ 3), vous observez que la circonvolution supérieure s'étend en bas jusqu'à la circonvolution supra-calleuse. (Cf. § 4.)

11. A la partie antérieure de la face dorsale de la circonvolution supérieure, vous remarquez le SILLON CRUCIAL profond, qui se trouve situé perpendiculairement à elle et un peu en avant d'elle. Si vous suivez ce sillon sur la surface médiane du cerveau, vous le voyez rejoindre le sillon qui surmonte la circonvolution supra-calleuse.

12. La quatrième circonvolution forme, en se recourbant autour du sillon crucial, la CIRCONVOLUTION SIG-MOÏDE, dont le membre antérieur est au devant du sillon et le membre postérieur en arrière.

13. Les quatre circonvolutions externes se rejoignent en avant et en arrière.

Le plan d'ensemble des circonvolutions que nous venons de décrire est jusqu'à un certain point modifié dans des cas spéciaux par des sillons secondaires. D'autre part, des sillons normaux peuvent se trouver incomplets (tel est souvent le cas du sillon qui sépare la première et la deuxième circonvolution). C'est pour cela que l'arrangement typique décrit ici peut se trouver plus ou moins masqué à un premier examen.

14. En avant des extrémités antérieures réunies des circonvolutions externes se trouve un sillon profond (sillon supra-orbitaire). La partie du cerveau située en avant de ce sillon a reçu le nom de lobe sous-orbitaire.

15. Enlevez la première circonvolution et remarquez l'INSULA DE REIL, portion de l'écorce cérébrale qui se trouve au fond de la scissure de Sylvius.

D. — HISTOLOGIE

1. Sur des coupes transversales de la moelle épinière pratiquées immédiatement au-dessus de l'origine du premier nerf cervical, à l'origine de la décussation des pyramides, vous observerez ce qui suit :

a. — Les cornes antérieure et postérieure de la substance grise sont en parties séparées l'une de l'autre par des faisceaux de fibres à myéline qui naissent des cordons latéraux et qui vont non loin de là jusque dans la substance grise vers la ligne médiane.

b. — On voit des faisceaux obliques de fibres qui partent, des deux côtés, traversent la substance grise, se croisent en avant (c'est-à-dire à la face ventrale) de la commissure grise et contribuent en partie à la décussation des pyramides.

c. — Au milieu du cordon antérieur, on voit une bande mince de fibres coupées transversalement ; ce sont des fibres qui se sont déjà croisées, elles constituent l'origine de la pyramide antérieure.

d. — La substance grise s'étend dans le faisceau de Goll du cordon postérieur, et aussi

Les apparences varient beaucoup suivant que les coupes sont prises à telle ou telle partie de la décussation.

2. Prenez un cerveau de lapin [1] durci dans le bichromate d'ammoniaque, puis traité par l'alcool. Vous enlèverez au milieu de la portion dorsale de l'hémisphère un morceau de substance cérébrale comprenant toute l'épaisseur de l'écorce depuis la surface jusqu'à la cavité du ventricule latéral, et vous en préparerez des coupes verticales (au moyen du microtome congelant si c'est possible). Après les avoir colorées par le carmin dilué ou le picro-carmin, éclaircies à l'essence et montées dans le baume, vous observerez :

a. — La couche interne de fibres nerveuses horizontales pourvues de myéline qui forme la substance blanche. (Entre ces fibres, on voit des leucocytes en grand nombre.) De cette couche on voit partir, à intervalles presque réguliers, des faisceaux de fibres qui se

---

[1] Le cerveau frais est placé dans le bichromate d'ammoniaque ou de potasse à 2 °/₀, changé tous les jours pendant une semaine. (Dès le second jour, on aura soin de partager le cerveau en cinq ou six pièces par des incisions transversales.) On laisse ensuite les pièces dans la même solution non renouvelée pendant environ trois semaines. On divise les pièces en fragments plus petits qu'on met dégorger dans l'eau pendant vingt-quatre heures et qu'on traite ensuite par l'alcool dilué (d'abord à 30 °/₀, puis à 50) jusqu'à ce qu'on ait enlevé l'excès du sel chromique. Les pièces sont colorées par un séjour de huit jours et plus dans le carmin de Frey concentré, puis lavées à l'eau distillée, plongées dans la gomme et coupées au microtome congelant.

On peut prendre au lieu d'un cerveau de lapin, un cerveau de chat ou de chien. Il est avantageux, dans ce cas, d'injecter dans l'artère basilaire une solution de sel chromique, mais il est bien difficile de conserver, même par ce procédé, les cellules des troisième et quatrième couches de l'écorce dans leur forme naturelle. La structure de l'écorce n'est pas la même sur tous les points chez le chat et le chien que chez le lapin. Les principaux traits de dissemblance sont dans la présence de grandes cellules disposées par couches ou isolées dans la portion inférieure de la troisième couche. Les cellules angulaires qui peuvent se trouver éparses dans la troisième couche ou même ne pas apparaître du tout, varient en nombre et en grandeur.

10*

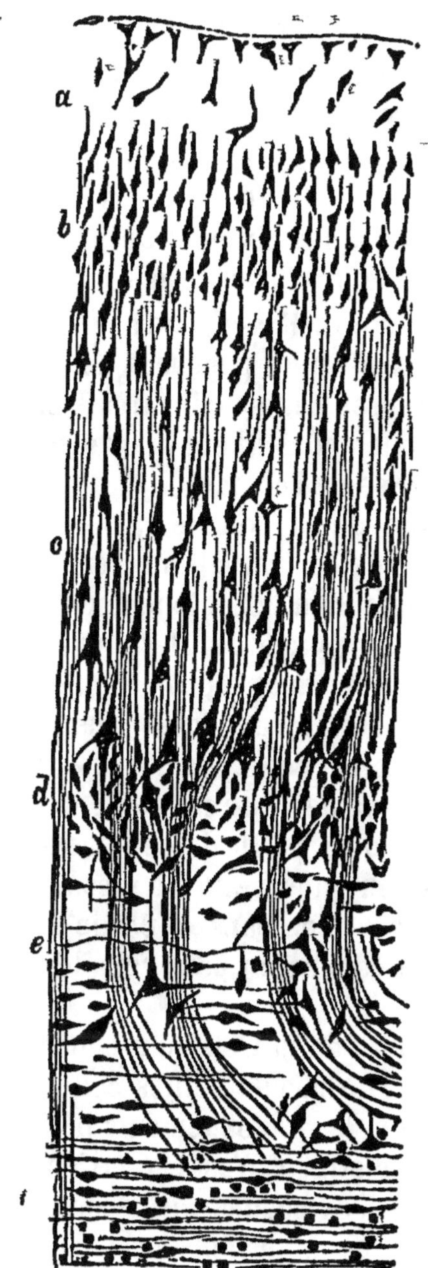

Fig. 85. — Coupe verticale de la substance grise d'une circonvolution cérébrale.

a, Couche superficielle; — *b*, Couche dense de petites cellules ganglionnaires; — *c*, la couche la corne d'Ammon ou couche principale; — *d*,
la formation granulaire des petites cellules ganglionnaires multipolaires; —
e, Couche des cellules ganglionnaires fusiformes.

rendent à la substance grise. Dès la troisième couche de cette dernière, on cesse de les distinguer. (Cf. *D.*)

b. — A la limite externe de la substance blanche, on voit une couche de cellules nerveuses fusiformes qui sont entremêlées à des fibres et qui constituent la cinquième couche de la substance grise de l'écorce.

c. — En dehors de celles-ci, une couche de petites cellules de formes diverses pourvues de trois ou quatre prolongements très petits, mais très visibles (*cellules anguleuses*), elles constituent la quatrième couche de la substance grise de l'écorce.

d. En dehors de la couche *c,* on voit de grandes cellules pyramidales. En allant vers l'extérieur, on peut suivre assez loin le prolongement effilé qui part du sommet de la pyramide. Des angles de la base on voit partir trois ou quatre prolongements. La région des grandes cellules pyramidales constitue la troisième couche de l'écorce Cette couche est beaucoup plus épaisse qu'aucune des autres, et l'on peut dire d'une açon générale qu'à partir de cette couche les cellules sont de plus en plus petites à mesure qu'on se rapproche de la surface. Dans la partie la plus profonde de la troisième couche, on peut voir de petites cellules angulaires.

e. — En dehors de la troisième couche en vient une autre, mince et formée de petites cellules pyramidales nombreuses dont les prolongements périphériques sont ordinairement distincts, c'est la deuxième couche.

f. — La première couche de l'écorce est constituée, par un réseau très fin de fibrilles auxquelles sont entremêlées de très petites cellules en petit nombre.

g. — On observe des vaisseaux sanguins dans toutes les portions de l'écorce cérébrale : c'est dans les cou-

ches externes qu'on en voit le plus. Ils proviennent de
la pie-mère.

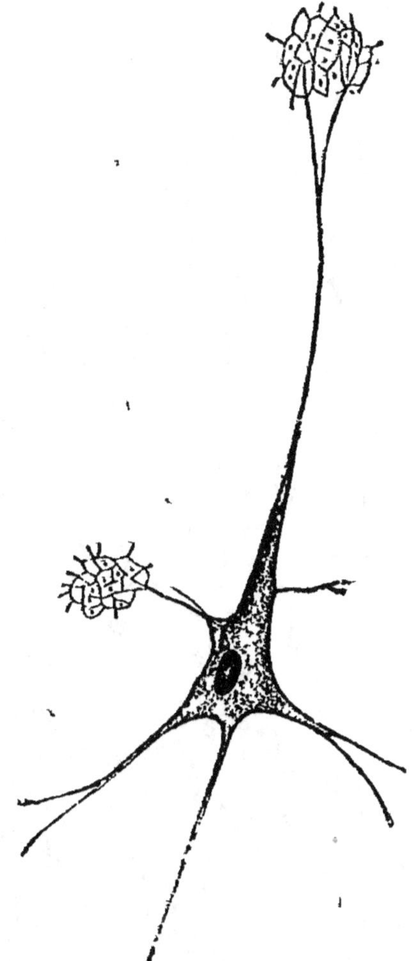

Fɪɢ. 86. — Une grande cellule ganglionnaire pyramidale de
l'écorce grise du cerveau humain.
Le prolongement du sommet et les autres prolongements se ramifient en un
réseau de fibrilles délicates et s'y perdent. Le prolongement du milieu de
la base demeure unique et devient le cylindre axe d'une fibre nerveuse.

3. Préparez des coupes d'un lobule du cervelet,

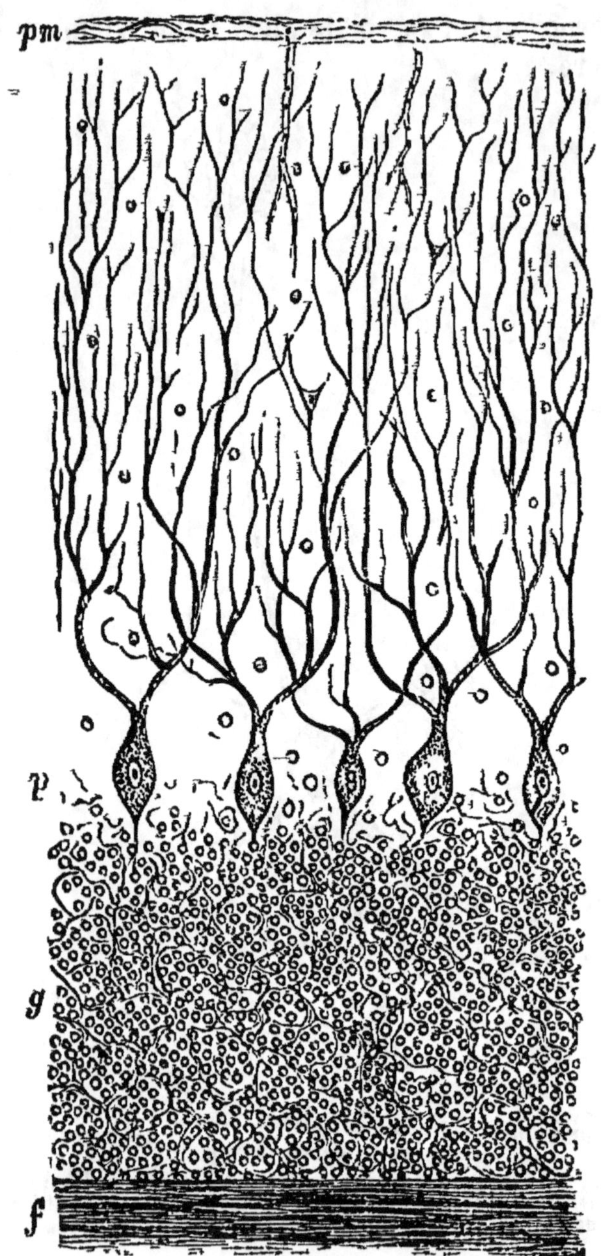

Fig. 87. — Portion d'une coupe verticale de la substance grise du cervelet du chien.

pm, Pie-mère; — p, Cellules ganglionnaires de Purkinje; — g, Couche nucléaire; — f, la couche de fibres nerveuses (substance blanche).

s'étendant de la surface extérieure à la substance blanche interne, et perpendiculaire à la direction des plis du cervelet. Le durcissement et la coloration préalables, etc., s'opéreront de la même façon que pour l'écorce cérébrale. Observez :

a. — Le tractus interne de fibres nerveuses pourvues de myéline qui s'épanouit dans :

b. — La couche nucléaire, formée principalement de petites cellules très rapprochées; ces cellules ont un protoplasma peu abondant, et l'on ne voit sans doute guère que leurs noyaux colorés d'une façon très intense.

c. — Une couche unique de grosses cellules presque globuleuses (cellules de Purkinje); chacune d'elles est pourvue d'un grand prolongement périphérique qui se ramifie; les branches se ramifient à leur tour et ainsi de suite; les ramifications sont toujours de plus en plus fines à mesure qu'on se rapproche de la surface extérieure de l'écorce; on finit par les perdre de vue en arrivant à cette surface. Comme ces branches, et surtout les plus grandes, vont assez loin à droite et à gauche, elles paraissent se croiser avec les prolongements analogues émis par les cellules voisines. Sur des préparations bien faites, on peut voir un petit prolongement partir de la portion profonde des cellules et se diriger vers la couche nucléaire.

d. — La couche tout à fait extérieure de l'écorce contient, outre les fibres provenant des cellules de Purkinje, quelques petites cellules angulaires parsemées pourvues de noyaux assez volumineux. De ces cellules, on peut voir partir un ou deux petits prolongements ramifiés; cellules et fibres sont intriquées dans un réseau fibrillaire serré. Dans cette couche, on voit de nombreux vaisseaux capillaires.

TRENTE ET UNIÈME LEÇON

DISSECTION DU LARYNX

1. Il est bon de se procurer, si c'est possible, un larynx frais de mouton ou de bœuf chez un boucher ; mais on peut aussi se servir du larynx, conservé dans l'alcool, du chien disséqué dans la première leçon. Le boucher livrera probablement le larynx avec la portion supérieure de l'œsophage y attenant encore ainsi qu'une masse de muscles et de tissu conjonctif.

Dans ce cas, vous fendez l'œsophage dans toute sa longueur, et après avoir écarté ou enlevé les deux lambeaux ainsi formés, vous observerez l'orifice du larynx limité, en avant par l'épiglotte, sur les côtés par les replis de la membrane muqueuse, et en arrière par les crêtes des cartilages aryténoïdes, crêtes volumineuses et convergeant l'une vers l'autre. En regardant dans cet orifice, on voit à une certaine profondeur la *fente de la glotte* qui s'ouvre entre les cordes vocales. Vous remarquerez que la muqueuse de l'œsophage se continue avec celle du larynx. Rabattez en arrière l'épiglotte qui s'élève du bord antérieur et supérieur du larynx, vous voyez que l'entrée de ce dernier est alors complètement close.

2. Enlevez à la face postérieure du larynx les derniers lambeaux d'œsophage et de muscles pharyngiens. Sur le côté, disséquez le muscle sterno-thyroïdien (cf. Leçon I, p. 27) en prenant garde de léser le muscle sous-jacent (§ 5) et enlevez en entier le

muscle thyro-hyoïdien qui recouvre latéralement le cartilage thyroïde. On peut laisser en-place l'os hyoïde ét la membrane hyoïdienne. On a de la sorte mis à découvert le cartilage thyroïde ; on achèvera d'enlever les derniers lambeaux de tissu conjonctif, afin de pouvoir l'étudier nettement. Vous remarquerez que :

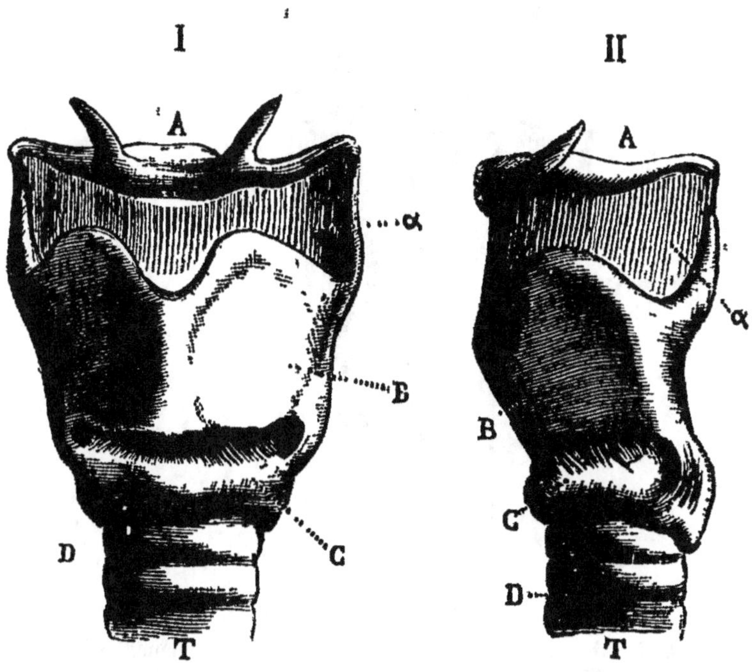

FIG. 88. — Larynx, face antérieure.
α, Membrane thyro hyoïdienne; — B, Cartilage thyroïde; — C, Cartilage cricoïde; — T, Trachée.

FIG. 89. — Larynx vu de côté.
A, os hyoïde; — α, Membrane thyro-hyoïdienne, — B. Cartilage thyroïde, — C. Cartilage cricoïde, — T, Trachée.

Le CARTILAGE THYROÏDE est constitué par deux lames latérales qui sont réunies en avant et qui s'écartent l'une de l'autre en arrière. Elles ont leurs angles postérieurs, tant supérieurs qu'inférieurs, prolongés de façon à former les cornes supérieures et inférieures. A la partie antérieure du cartilage, vous observerez une saillie arrondie, la *pomme d'Adam*.

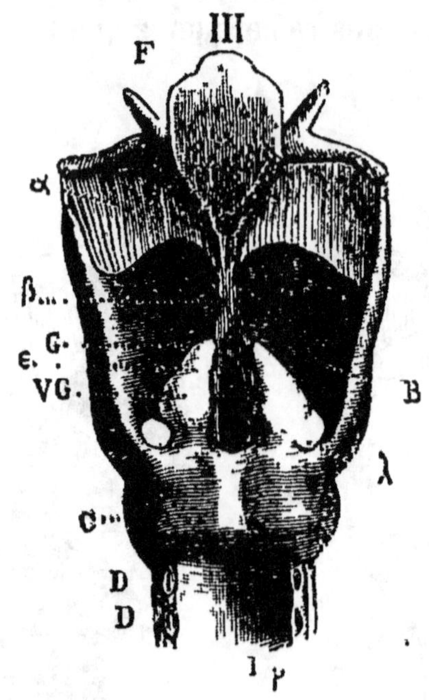

Fig. 90. — Larynx, face postérieure.

F, l'épiglotte; — α, Membrane thyro-hyoïdienne; — 6, Ligament qui unit l'épiglotte à l'angle rentrant du cartilage thyroïde; — G, Cartilages aryténoïdes; — VG, Fente de la glotte; — G, Cartilage cricoïde; — D, Anneaux de la trachée; T, Trachée coupée eu long à sa face postérieure.

3. Observez le muscle crico-thyroïdien, c'est celui dont nous avons parlé sans le nommer, dans le paragraphe précédent.

Disséquez-le en observant ces insertions. Vous mettez ainsi à découvert le cartilage thyroïde. Vous voyez alors que le muscle en question s'insère sur la corne postérieure et la portion postérieure du bord inférieur du cartilage thyroïde, d'une part, et, de l'autre, à la partie antérieure du cartilage cricoïde. Au-dessous de ce muscle est une membrane tendue entre les deux cartilages, et qui limite les mouvements du thyroïde.

4. Observez la façon dont les cornes postérieures du cartilage thyroïde s'articulent avec le cricoïde. Désarticulez une des cornes, coupez la membrane crico-thyroïdienne, et enlevez une des moitiés du thyroïde en évitant bien de léser aucun muscle. Suivez du doigt les contours du cartilage cricoïde. Notez que :

Il forme un anneau complet, étroit en avant et recouvert là par le bord du thyroïde, large en arrière, et recouvert sur les deux côtés par le thyroïde.

5. A la face postérieure du cricoïde, vous remarquerez de chaque côté d'une crête centrale deux lames musculaires, les CRICO-ARYTÉNOÏDIENS POSTÉRIEURS. Coupez-les près de leurs insertions sur le cricoïde, et rejetez en haut les lambeaux.

Ils s'insèrent en haut l'un et l'autre à l'angle externe de deux cartilages, les CARTILAGES ARYTÉNOÏDES, qui reposent sur le bord postérieur et supérieur du cartilage cricoïde.

6. Enlevez tous les lambeaux de tissus qui pourraient cacher la face postérieure des cartilages aryténoïdes au-dessus du cricoïde. Vous mettrez ainsi à découvert le muscle aryténoïdien. Sectionnez-le en son milieu, qu'il n'est pas rare de trouver tendineux chez le mouton, et rejetez à droite et à gauche les deux lambeaux. Vous verrez qu'il s'insère sur la face postérieure des deux cartilages aryténoïdes qui est ainsi découverte, et dont on peut voir les articulations avec le cartilage cricoïde.

7. Dans la région même du larynx où vous avez enlevé une moitié du canal thyroïde se trouve le muscle CRICO-ARYTÉNOÏDIEN latéral. Sectionnez-le près de son insertion à

la portion latérale du bord supérieur du cricoïde, en le
repliant, vous pourrez voir qu'il se dirige obliquement,
en haut et en avant, du cartilage cricoïde à l'aryténoïde;

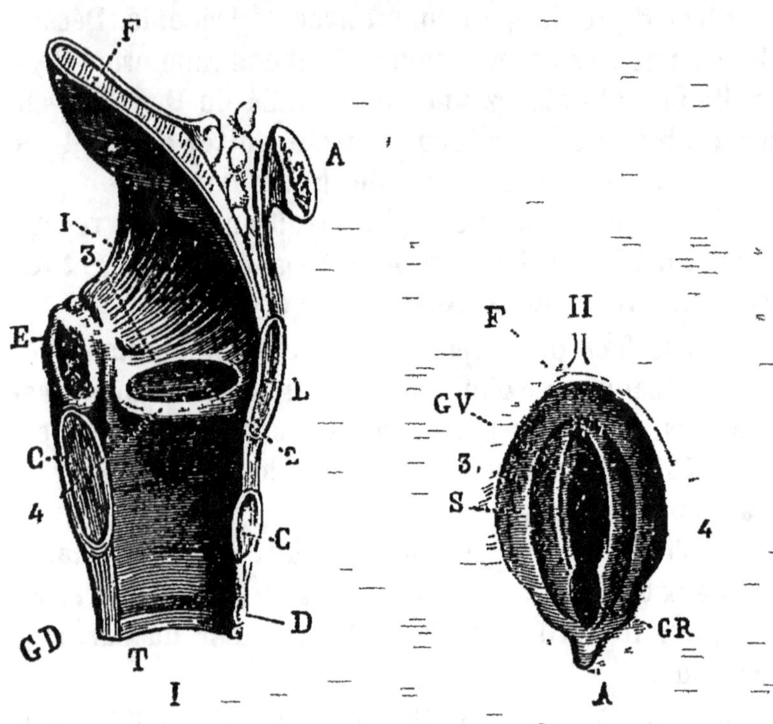

Fig. 91. — Larynx — Coupe
longitudinale.

A, Os hyoïde ; — F, Epiglotte ; — B.
Cartilage thyroïde; — C, Cartilage
cricoïde; — D. Anneaux de la trachée, — E, Cartilage aryténoïde ;
— 2, Corde vocale supérieure ; —
4, Corde vocale inférieure ; — 4,
Ventricule du larynx.

Fig 92. — Fente de la glotte.
3, Cordes vocales supérieures ; — 4,
Cordes vocales inférieures.

immédiatement en avant de l'insertion du crico-aryténoïde postérieur.

8. En débarrassant du tissu conjonctif et adipeux qui
la recouvre l'une des faces latérales du larynx, vous
observerez le muscle thyro-aryténoïdien tendu en tra-

vers du thyroïde en avant à l'aryténoïde en arrière.

Coupez-le en son milieu et écartez les deux lambeaux. Il naît à l'angle du thyroïde, et va s'insérer sur la face latérale de l'aryténoïde, en avant de l'insertion du crico-aryténoïde latéral.

Enlevez entièrement ce muscle, et étudiez la surface latérale du cartilage aryténoïde.

9. Coupez du même côté la membrane muqueuse sous-jacente, vous donnez ainsi entrée dans l'intérieur du larynx. On voit du côté opposé à celui par lequel on regarde, la corde vocale mal délimitée, sous la forme d'une bande d'un tissu pâle qui va de l'angle antérieur du cartilage aryténoïde à l'angle du thyroïde. Les surfaces internes ou médianes des cartilages aryténoïdes limitent un espace ovale assez large, qu'on appelle l'espace respiratoire.

10. Enlevez complètement les débris du tissu musculaire et conjonctif qui, sur une des faces du larynx, pourraient encore recouvrir le cartilage aryténoïde, et rendez-vous bien compte de la forme de ce cartilage en remarquant particulièrement la saillie antérieure ou *processus vocalis*, la saillie postéro-latérale ou *processus muscularis* et la façon dont le cartilage s'articule avec le cricoïde.

11. Disséquez, à l'*intérieur du larynx*, le muscle thyro-aryténoïdien du côté opposé, et rendez-vous très exactement compte de ses insertions (§ 8).

Le larynx du mouton diffère du larynx de l'homme par les points suivants : Les cordes vocales sont mal définies, il n'y a point de fausses cordes vocales, pas de ventricules du larynx, et ses cartilages aryténoïdes ont une conformation *crétée* qui leur est particulière.

TRENTE-DEUXIÈME LEÇON

TISSUS DE REPRODUCTION

A. — OVAIRE

1. Prenez l'ovaire d'un mammifère, d'une chatte, par exemple, et après l'avoir fait durcir dans un mélange en parties égales d'acide chromique à 0,3 $^o/_0$ et d'alcool à 50 $^o/_0$, préparez-en des coupes longitudinales passant par le hile.

Observez à un grossissement, faible d'abord, puissant ensuite :

a. — L'EPITHELIUM GERMINATIF. Il est constitué par une seule couche de cellules cylindriques courtes qui revêtent tout l'ovaire, excepté dans la région du hile.

b. — Le tissu conjonctif qui rayonne dans tout l'ovaire à partir du hile et forme ainsi le STROMA de l'organe ; on y voit de nombreux vaisseaux sanguins ; vers la périphérie, on voit disparaître presque complètement les fibres conjonctives (cf. § 2, *a*) ; immédiatement au-dessous de l'epithélium, le stroma forme une couche plus dense, la *tunique albuginée.*

c. — De petits FOLLICULES DE GRAAF forment une zone située un peu au-dessous de l'épithélium germinatif.

d. — Dans le reste du stroma sont épars des follicules de Graaf plus âgés et plus profondément situés que les précédents. Dans chacun d'eux, on voit un espace clair plus ou moins considérable.

11

e. — Quelques CORPS JAUNES, au moins un, à moins que l'on n'ait pris l'ovaire d'un animal très jeune. Les corps jaunes varient considérablement de volume et

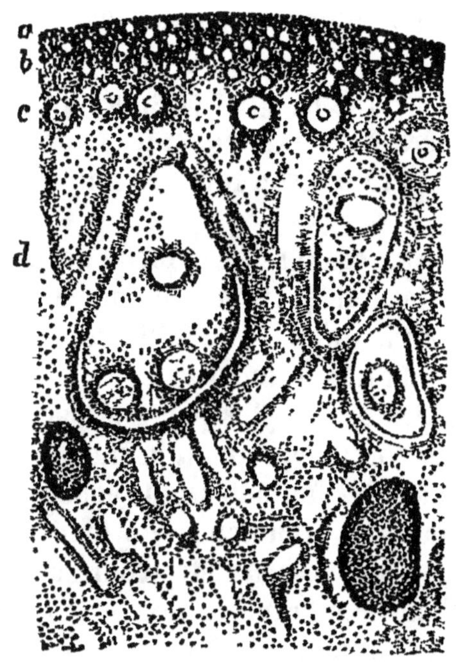

FIG. 93. — Coupe verticale au travers de l'ovaire d'une chatte
à un état de développement moyen.

a, l'albuginee, l'epithélium germinatif n'est pas visible à cause du faible grossissement ; — *b*, la couche des plus petits follicules de Graal ; — *c*, les follicules de moyenne taille ; — *d*, la couche des grands follicules ; — *e*, la zone vasculaire.

d'aspect suivant leur âge ; ce sont des bandes du stroma qui affectent une disposition rayonnée et entre lesquelles on voit un grand nombre de cellules polygonales granulaires. Si le corps jaune est d'origine récente, on voit en son centre du pigment provenant du sang extravasé.

2. Vous observez à l'aide d'un fort grossissement.

a. — La région périphérique du stroma, qui est principalement constituée par des cellules fusiformes allongées.

b. — Les petits follicules de Graal, dans lesquels vous remarquez :

α. — L'OVULE ou ŒUF, gros et sphérique, il contient un noyau sphérique volumineux, le VESICULE GERMINATIVE lequel renferme à son tour un nucléole, la TACHE GERMINATIVE.

ϐ. La MEMBRANE GRANULEUSE, couche de cellules épithéliales aplaties qui environne immédiatement l'œuf.

γ. La membrane propre du follicule, mince, et qui entoure la membrane granuleuse.

Dans les follicules les plus petits et par conséquent les plus jeunes, on ne voit point la membrane propre, ce n'est que dans les follicules plus âgés que les cellules de la membrane granuleuse deviennent cubiques ou cylindriques sans cesser d'être courtes et que l'œuf est pourvu d'une membrane, la ZONE PELLUCIDE :

c. — Les gros follicules de Graaf. On y remarque :

α. Le revêtement que forme le stroma à chaque follicule. Il est principalement constitué par des cellules fusiformes et en partie aussi par des fibres conjonctives délicates ; en dedans se trouve la membrane propre du follicule.

ϐ. La membrane granuleuse, constituée par plusieurs épaisseurs de cellules. Les cellules avoisinant la membrane propre sont des cellules cylindriques courtes, les autres des cellules polygonales aplaties.

γ. La cavité du follicule.

ẟ. Le CUMULUS PROLIGÈRE qui s'avance dans cette cavité centrale. C'est un amas de cellules qui ressemblent beaucoup à celles de la membrane granuleuse avec laquelle il se continue d'ailleurs; il contient:

ε. L'œuf tout à fait semblable aux œufs enfermés dans les follicules jaunes, mais plus volumineux dans toutes ses parties et à protoplasma (vitellus) plus granuleux; il est en outre entouré d'une membrane distincte qui chez quelques œufs s'épaissit au point de former une ZONE PELLUCIDE. Il n'est pas rare de voir le protoplasma s'écarter par rétraction de la zone pellucide sous l'influence des réactifs durcissants. Les cellules

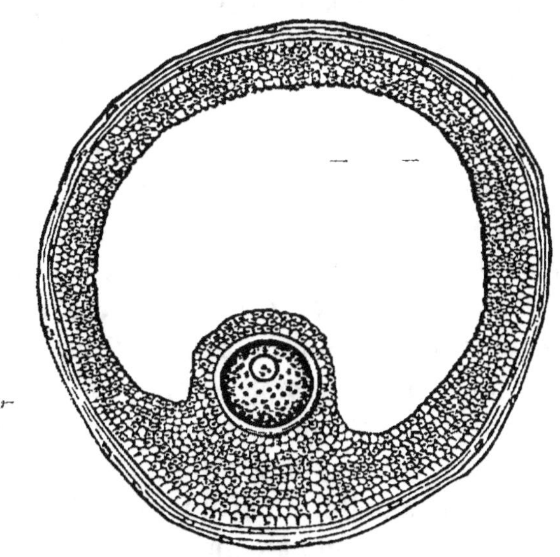

Fig. 94. — Un grand follicule de Graaf de l'ovaire d'une chatte

Le follicule est limité par une capsule, la tunique du follicule; la membrane granuleuse est composée de plusieurs couches de cellules épithéliales. L'ovule avec sa zone pellucide hyaline distincte est enveloppe dans les cellules epithéliales du disque proligère. La cavité du follicule est remplie par le liquide ovarien.

du cumulus les plus voisines de la zone pellucide sont fréquemment disposées d'une façon rayonnée.

On verra probablement en outre dans la préparation

toutes les transitions entre les follicules les plus jeunes et les plus âgés.

d. — Des cellules polyédriques granuleuses sont éparses dans le stroma, qui ressemblent beaucoup à celles que l'on trouve dans le tissu conjonctif interstitiel du follicule.

e. — On voit, dans certaines des coupes prises aux environs du hile, des groupes de tubules épars dans le stroma et dont l'intérieur est tapissé d'un épithélium à cellules cubiques courtes ou aplaties. Ces tubules, coupés sous diverses incidences, sont les tubules du *parovarium* ou *organe de Rosenmuller*.

3. Prenez un ovaire frais de brebis ou d'une grosse chienne, observez les saillies que forment à sa surface les follicules de Graaf plus ou moins mûrs. Tenant l'ovaire au-dessus d'une lame de verre, vous ponctionnez légèrement le plus proéminent de ces follicules et vous recevez son contenu sur la lame. Examinez-le sans lamelle à l'aide d'une simple loupe ou d'un objectif faible. Aussitôt que vous aurez constaté la présence d'un œuf, ce qui ne sera pas long, vous recouvrirez la préparation d'une lamelle, en ayant soin d'interposer un anneau de papier destiné à empêcher la compression et vous examinerez avec un objectif fort. Observez :

a. — La zone pellucide épaisse, avec son double contour et des stries rayonnantes.

b. — Le protoplasma granuleux (vitellus).

c. — La vésicule germinative transparente, avec la tache germinative. Si le follicule est tout à fait mûr, ces dernières peuvent avoir disparu.

d. — Les cellules du cumulus proligère tout autour de la zone pellucide.

B. — UTÉRUS

1. Préparez des coupes transversales du fond d'un utérus de mammifère préalablement durci dans un mélange d'alcool et d'acide chromique. Il faudra distendre l'utérus avec le même liquide ou bien le fendre en long, l'étaler sur une plaque de liège et le fixer ainsi avec des épingles avant de le placer dans le liquide durcissant.

Observez :

α. La tunique externe, mince, de nature fibreuse.

6. La tunique musculaire externe, mince. Elle est composée de deux couches, une couche extérieure de fibres longitudinales, une couche interne de fibres circulaires. En dedans de cette tunique et séparée d'elle par un tissu conjonctif peu abondant, se trouve :

γ. La tunique musculaire interne épaisse, et comprenant elle aussi deux plans de fibres, fibres longitudinales ou obliques en dehors, fibres circulaires en dedans.

ε. La muqueuse, constituée par un tissu conjonctif délicat, peu serré, dans lequel pénètrent les glandes tubuleuses qui débouchent à la surface de la muqueuse. Le revêtement épithélial de ces glandes est formé par une seule couche de cellules cylindriques ciliées. La muqueuse est également tapissée de cellules épithéliales cylindriques et ciliées analogues, parmi lesquelles se trouvent quelques cellules muqueuses.

C. — TESTICULE

1. Prenez un testicule de petit mammifère, d'un cochon d'Inde, par exemple, et, après durcissement préa-

lable par le liquide de Müller, pratiquez-y des coupes longitudinales intéressant le testicule tout entier et passant par la tête de l'épididyme. Observez à un faible grossissement :

a. — La TUNIQUE VAGINALE PROPRE qui, dans presque toute l'étendue de la surface testiculaire, adhère fermement au tissu sous-jacent et qu'on a appelée pour cette raison *tunica adnata* Elle se sépare du testicule au voisinage de l'épididyme.

b. — La TUNIQUE ALBUGINÉE, revêtement épais, tégument propre du testicule. Elle s'épaissit beaucoup au voisinage de l'épididyme pour former le CORPS D'HIGMORE ; on voit partir de ce dernier des bandes de tissu conjonctif qui rayonnent vers d'autres points de l'albuginée et qui forment ainsi des cloisons incomplètes, lesquelles divisent le testicule en lobules.

c. — Les TUBES SÉMINIFERES, tubes contournés et anastomosés qui occupent les espaces lobulaires.

Au voisinage du corps d'Higmore, ces tubes se réunissent les uns aux autres et les tubes ainsi formés par leur réunion, VASA RECTA, ont un trajet court à peu près en droite ligne. Dans le corps d'Higmore, ils s'anastomosent les uns avec les autres et donnent ainsi naissance au RETE testis ; du bord externe des corps d'Higmore on voit partir quelques tubes plus volumineux, CANAUX EFFÉRENTS, qui naissent du RETE TESTIS, et qui, après avoir donné en s'enroulant sur eux-mêmes les *coni vasculosi,* se réunissent les uns aux autres pour former le CANAL de l'ÉPIDIDYME.

2. Observez à un fort grossissement :

a. — Le tissu conjonctif délicat de la tunica adnata ; on verra des traces de l'épithélium plat qui la recouvre.

b. — Le tissu conjonctif plus condensé, parcouru par de nombreux vaisseaux sanguins, de la tunique albuginée, du corps d'Higmore, et des cloisons interlobulaires.

c. — Les bandes, lamelles, trabécules de tissu conjonctif délicat qui partent des cloisons et s'enfoncent dans les lobules entre les replis des tubes séminifères.

d. — Les cellules granuleuses polyédriques que l'on trouve dans tout le testicule parsemées entre les tubes urinifères. Elles sont très abondantes chez certains animaux. Pour en voir en grand nombre, il faudra examiner des coupes de la portion lobulaire d'un testicule de porc.

e. — Les tubes séminifères. Vous y remarquerez :

α. — La membrane propre; très épaisse chez certains animaux, où elle comprend plusieurs épaisseurs de cellules.

ϐ. — Les tubes sont tapissés par des cellules disposées sur trois ou quatre couches. La plus interne de ces couches est constituée par des cellules cylindriques courtes et des cellules polyédriques aplaties; les autres couches par des cellules moins régulières. Parmi ces cellules, il en est parfois de beaucoup plus grandes les unes que les autres.

γ. — Tubes analogues aux précédents, mais dont les cellules qui bordent la lumière centrale sont moins distinctes et ont au milieu d'elle des faisceaux de spermatozoïdes. Dans les divers tubes, on voit des spermatozoïdes à divers degrés de développement; dans tous les cas, leurs têtes (colorées avec plus d'intensité par les réactifs) se trouvent à la périphérie, tandis que leurs queues sont dirigées vers la lumière centrale du tube.

f. — Les vasa recta; ils sont tapissés par une couche unique de cellules cubiques ou aplaties.

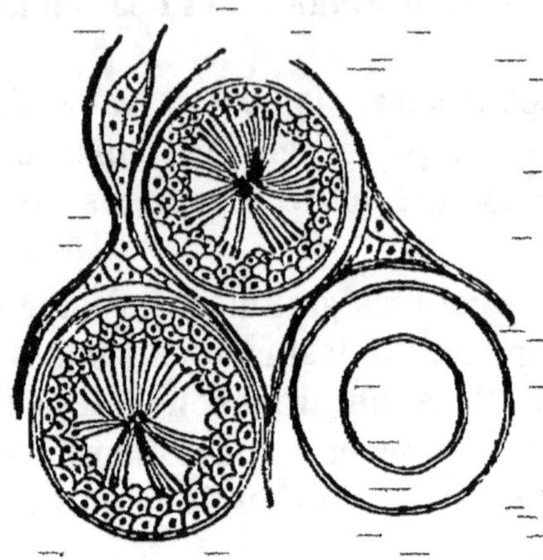

FIG. 95. — Coupe au travers du testicule du chien

Montrant trois tubes séminifères en coupe transversale; — Dans deux d'entre eux, l'épithélium de revêtement — cellules seminales — est visible, et les faisceaux de spermatozoïdes se projettent dans la lumière des tubes Entre les tubes est situé le tissu conjonctif contenant des groupes de cellules polyédriques, épithéliales.

g. — Le rete testis; dans les tubes qui le composent, la membrane propre disparaît, l'épithélium est plus aplati que dans les vasa recta.

h. — Les canaux efférents et le canal de l'épididyme.

α. — La tunique externe, fibreuse.

ϐ. — Au-dessous d'elle, une tunique de fibres musculaires lisses transversales.

γ. — L'épithélium constitué par des cellules cylindriques ciliées avec quelques petites cellules situées entre les précédentes ou au-dessous d'elles près de leur extrémité périphérique tout près de la *basement mem brane* du tube. Dans le canal de l'épididyme, les cellules ciliées sont plus longues et plus étroites. On voit

parfois, dans la lumière des tubes, des masses de spermatozoïdes.

3. Comparez une coupe transversale du canal déférent avec une coupe transversale du canal de l'épididyme. Dans le canal déférent :

a. — La paroi est plus épaisse. Cela tient au renfor-
cement de la tunique musculaire qui, outre la couche
de fibres circulaires, comprend une couche de fibres
longitudinales.

b. — L'épithélium consiste en cellules cylindriques
non ciliées, au-dessous desquelles se trouvent une ou
deux couches de petites cellules périphériques. Entre
ces cellules et la tunique musculaire se trouve une
couche d'un tissu conjonctif délicat (tunique muqueuse).

4. Dissociez dans la glycérine diluée un fragment de
testicule ayant macéré pendant vingt-quatre heures
dans une solution à $1/2$ % d'acide osmique et étudiez
les cellules et les spermatozoïdes en voie de développement dans les tubes séminifères.

5. Coupez en deux un testicule frais de rat et pressez
sur une lame de verre la surface de section. Étudiez les
spermatozoïdes. Chacun d'eux est composé :

a. — D'une tête ou corps ovoïde.

b. — D'une longue queue.

c. — D'une portion intermédiaire courte.

Vous remarquerez comment se meuvent les spermatozoïdes en remuant leur queue à la façon d'un fouet.

6. Observez de même les spermatozoïdes du triton.
Leur tête est large, pointue, la portion intermédiaire à

la tête et à la queue très courte, peu distincte. De cette
partie intermédiaire, on voit partir une sorte de fila-

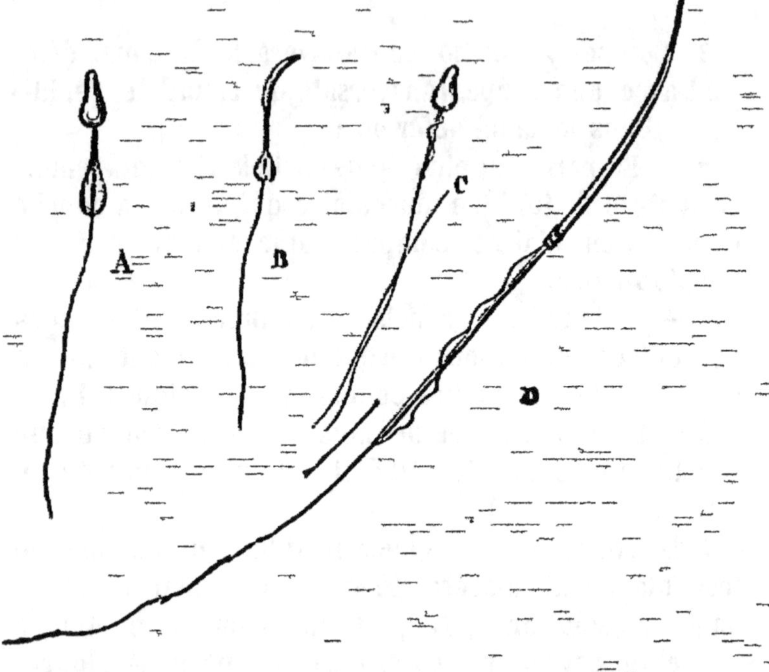

Fig. 96. — Différentes espèces de spermatozoïdes.

A, Spermatozoïde du cobaye incomplètement développé; — B, le même vu de
côté, la tête du spermatozoïde est aplatie d'un côte a l'autre; — C, un spermatozoïde de cheval; — D, un spermatozoïde du petit lézard.

ment qui s'enroule en spirale autour de la queue très
large. Le filament n'est autre chose, en réalité, que le
bord d'une membrane très mince enroulée en spirale
autour de la queue du spermatozoïde, fait dont il est
malheureusement très difficile de se rendre compte.

APPENDICE

Levier-clef de Dubois-Reymond. — Cet appareil est représenté en C, fig. 97. Notez la disposition des fils. Quand la clef est fermée le courant passe à travers elle, et une partie infiniment petite du courant seulement passe par les électrodes dans le circuit dérivé ; c'est ce que nous appelons dans le texte « disposition pour l'interruption du courant dans le circuit dérivé ». Si deux fils seulement sont mis en rapport avec le levier-clef, un de chaque côté, le courant ne peut passer dans les fils quand la clef est ouverte, mais le peut quand elle est fermée ; c'est ce que nous appelons dans le texte « disposition du levier-clef pour la rupture du courant ».

Clef de Morse. — Cet appareil est représenté en F, fig. 97. Les fils de rattachement du levier de Morse sont cachés sur cette figure par le bâti de l'appareil. Le diagramme, fig 98, montre quelle disposition on leur donne généralement.

Il est évident que quand les fils sont disposés comme en F, fig. 97, le courant peut passer de a en b, excepté quand on vient à abaisser l'extrémité x du levier (cf. fig. 98) ce qui interrompt le circuit. Si les fils sont en rapport avec b et c, le courant ne peut passer, à moins que l'extrémité x du levier ne soit abaissée (*disposi-*

tion pour la rupture du courant). Enfin, quand les
fils de la pile sont mis en rapport avec a et b respectivement, et les fils des électrodes avec a et c respective-

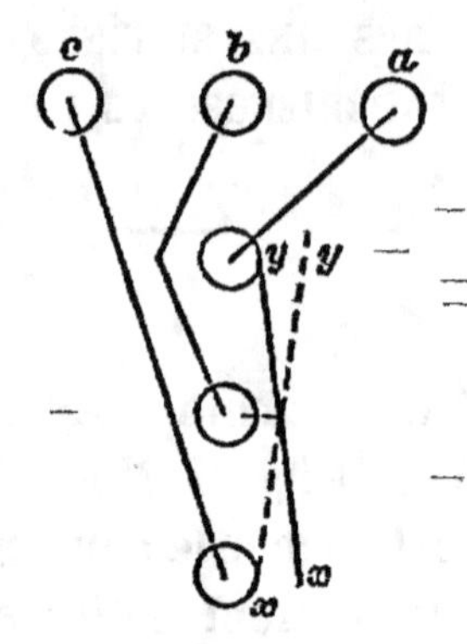

Fig. 98.

ment, le courant passe dans la clef jusqu'à ce qu'on
abaisse l'extrémité x du levier quand le courant est
lancé dans les électrodes (*disposition pour l'interruption du courant dans le circuit derivé*).

Appareil à induction de Dubois-Reymond. — Cet
appareil est représenté en D, fig. 97. Les vis supérieures
de l'appareil sont mises en rapport avec les extrémités
du fil de la bobine primaire. Il s'ensuit que, quand les
rhéophores de la pile sont mis en rapport avec ces fils,
chaque rupture et chaque rétablissement du circuit
provoque un courant induit dans la bobine secondaire.
La façon la plus simple de rompre et de rétablir le circuit consiste à intercaler dans le circuit primaire un
levier-clef disposé pour la rupture du courant. (Voy.
plus haut.) C'est ce que nous appelons dans le corps de
l'ouvrage « *disposition pour la production des dé-
charges électriques d'induction* ».

Quand les rhéophores d'une pile sont en rapport avec les vis des deux bornes situées à l'extrémité antérieure de la machine (fig. 99), le courant du circuit primaire est tour à tour lancé et interrompu un grand nombre de fois dans un instant très court, et, à chaque fois, il se produit une décharge d'induction dans la bobine secondaire. La figure 99 permet de comprendre aisément comment le courant primaire est lancé et interrompu.

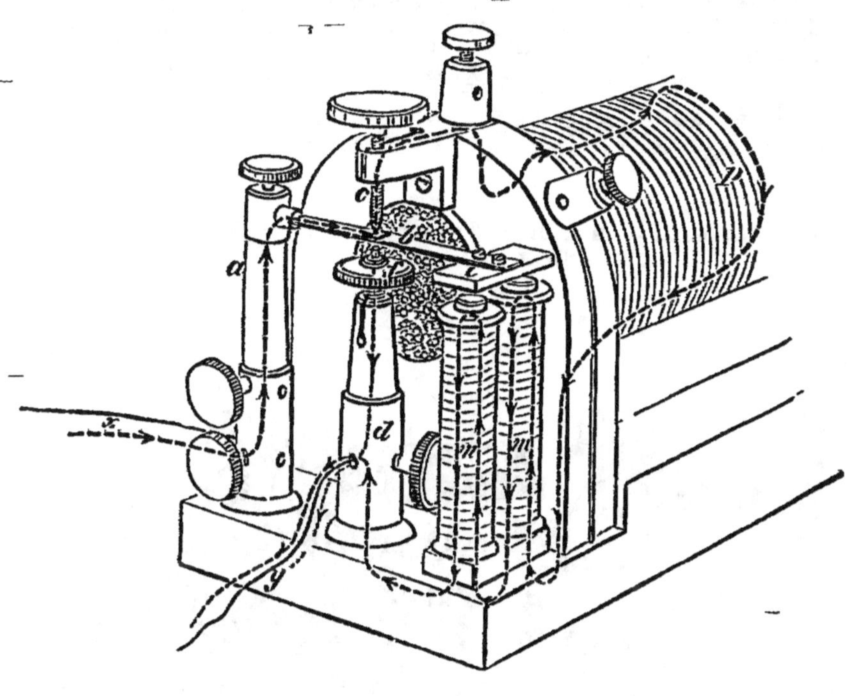

Fig. 99.

Quand le courant passe dans la bobine primaire, b est en contact avec c; mais comme le courant passe aussi dans le fil de la bobine m, l'axe de cette bobine, qui est en fer doux, s'aimante et attire la plaque e.

Quand cette plaque s'abaisse, *b* cesse d'être en contact avec *c* ; alors le courant ne passe plus dans la bobine primaire, l'axe de *m* cesse d'être aimanté et d'at-

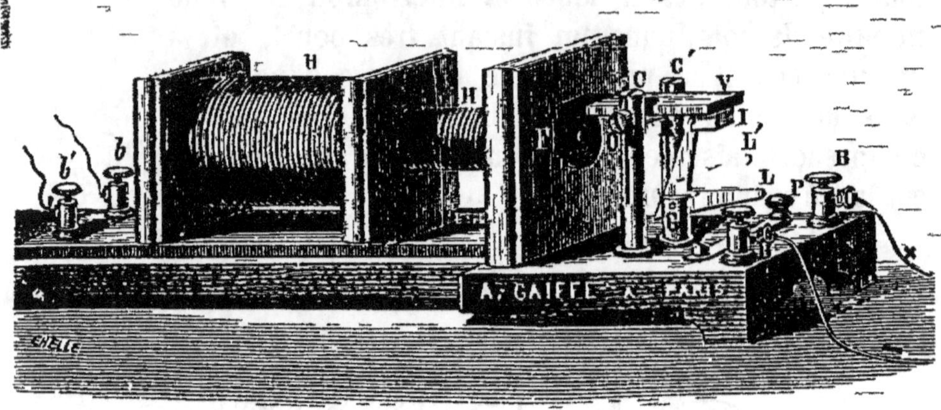

Fig. 100.—Appareil à chariot de Tripier, moyen modèle, avec interrupteur de G. Gaiffe.

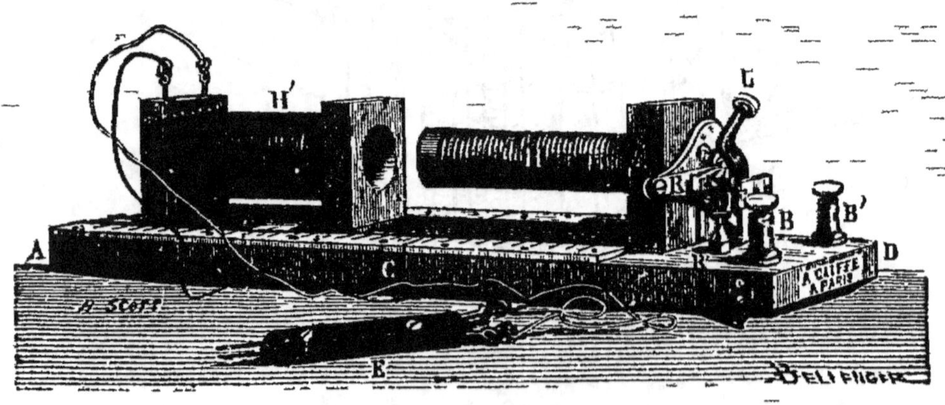

Fig. 101. — Appareil électro-physiologique de Ranvier

tirer la plaque *e*, qui se relève ; *b* recommence à venir au contact de *c*, et le cycle d'opérations recommence.

C'est ce que nous appelons dans le corps de l'ouvrage :
« *Disposition pour l'interruption du courant* [1] »

Chambre humide. — Une chambre humide de ce genre est représentée en A, figure 97. Pour y disposer une *préparation de nerf et de muscle*, on prend le fémur (*f*) dans la pince (*d*). On accroche un crochet *s* au tendon inférieur du muscle. On accroche à *s* un autre crochet qui est attaché au levier, et le levier lui-même est levé ou abaissé au moyen de sa vis jusqu'à prendre la position horizontale. On place des feuilles en papier

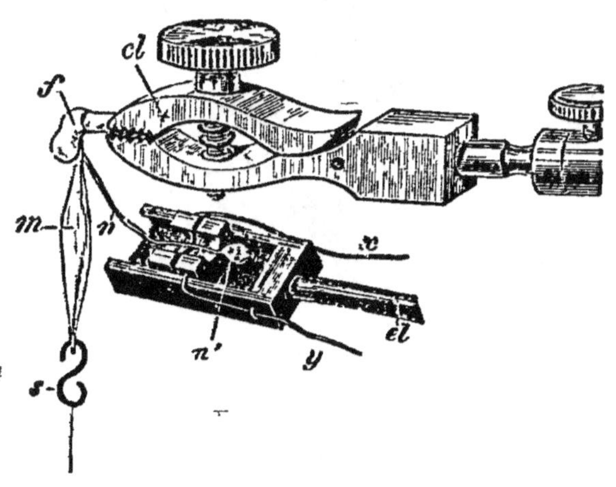

Fig. 102.

buvard mouillé sur le plancher de la chambre humide, et, de plus, on recouvre le nerf de papier buvard humecté de solution saline normale.

[1] On peut remplacer l'appareil de Dubois-Reymond décrit dans le texte, soit par l'appareil électro-physiologique du Dr A. Tripier, soit par l'appareil de Ranvier (fig. 101).
L'appareil à chariot, moyen modèle de Tripier, avec une seule bobine induite, un interrupteur de G. Gaiffe qui, manœuvré par

Le nerf est placé en travers d'électrodes comme ceux qui sont représentés figure 103.

Électrodes non polarisables. — Des électrodes de cette sorte sont représentés figure 103. On remplit d'une pâte épaisse de kaolin pétri avec de la solution saline normale l'extrémité effilée (*ch, c*) des tubes de verre.

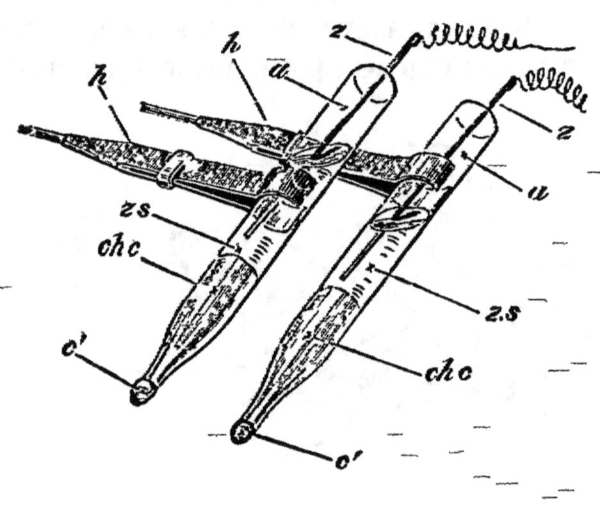

Fig. 103.

On verse dans le cube au-dessous du tampon de kaolin un peu de sulfate de zinc (*zs*) en solution saturée.

un simple levier, donne de 120 à 3,000 intermittences par minute, et une pile de deux couples au bioxyde de manganèse, coûte 100 francs.

L'appareil électro-physiologique de Ranvier avec un couple au chlorure d'argent coûte 55 francs. On met le liquide excitateur dans la pile au moment de travailler. L'appareil peut se replier et se renfermer avec tous ses accessoires dans une petite boîte.

Il n'est pas nécessaire de donner ici une description détaillée de ces appareils, qui sont construits sur le même principe que l'appareil Dubois-Reymond.

L'extrémité du fil de zinc amalgamé plonge dans la solution de sulfate de zinc.

Baguette oscillante. — C'est une baguette mince d'acier d'environ 22 centimètres de long et 2 centimètres de large. A l'une des extrémités de la baguette est fixée une aiguille de 2 cent. 1/2 à 6 centimètres de long, qui fait un angle droit avec elle. La baguette peut être fixée en un point quelconque de sa longueur au moyen d'une pince à ressort en cuivre. La pince à ressort est munie d'une vis de pression. Une coupe pleine de mercure est placée au-dessous de la pointe, et la pince à ressort est disposée de telle sorte sur le bâti de l'appareil, que, au moment où la baguette s'abaisse en oscillant, l'aiguille enfonce à peu près d'un millimètre dans le mercure. On fera bien de recouvrir le mercure d'une couche mince d'alcool. Un morceau de ressort de montre, replié à angle droit à l'une de ses extrémités pourra servir à construire cet appareil.

Levier pour le cœur de grenouille. — On se sert d'un levier analogue à celui qui est représenté en l (fig. 97); mais à l'endroit où dans cette figure s'attachent les poids, est soudée une petite aiguille mince verticale; à l'extrémité de cette aiguille est piqué un petit morceau de liège qui repose sur le ventricule. La grenouille est fixée sur un plateau au-dessous du levier.

Signal. — Les deux extrémités (w, w') du fil qui s'enroule autour des deux bobines (bb') sont mises en rapport avec les vis de pression (sc, sc'). Quand on veut se servir de l'instrument, on met en rapport une des vis de pression avec un des pôles d'une pile, l'autre avec une horloge ou un métronome relié lui-même par un fil à l'autre pôle de la pile. L'horloge ou le métronome est disposé de façon à in-

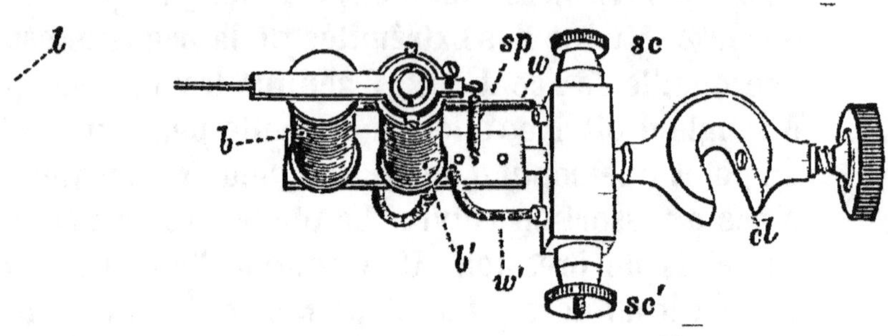

Fig. 104.

terrompre et à rétablir le passage du courant à intervalles réguliers. Quand le circuit est établi, le courant passe dans les bobines, l'axe de fer doux des bobines s'aimante et le levier l est attiré. Quand le circuit est rompu, le ressort sp éloigne le levier des bobines. A l'extrémité du levier, on fixe, soit une forte soie pour écrire sur le papier enfumé, soit un petit tube de verre recourbé et plein de fuchsine dissoute dans la glycérine diluée, pour écrire sur le papier glacé.

NOTES SUR L'EMPLOI DU MICROSCOPE [1]

Assurez-vous si le tube du microscope se meut aisé-

[1] Il est avantageux, même pour un débutant, de se procurer un pied de microscope auquel on puisse adapter un condensateur Abbe (fig. 106), cet appareil sera plus tard indispensable pour l'étude des bactéries, des structures nucléaires, etc., et très utile dans tous les cas. Le plus petit et le meilleur marché des pieds de microscope de ce genre est le modèle nº 5 de Verick (fig. 105). Il coûte 130 francs seul, et 165 francs avec le con-

ment, à frottement doux, dans le collier. Dans le cas
contraire, il faudrait le frotter avec un linge imbibé
d'huile d'olive et l'essuyer ensuite avec un linge sec.

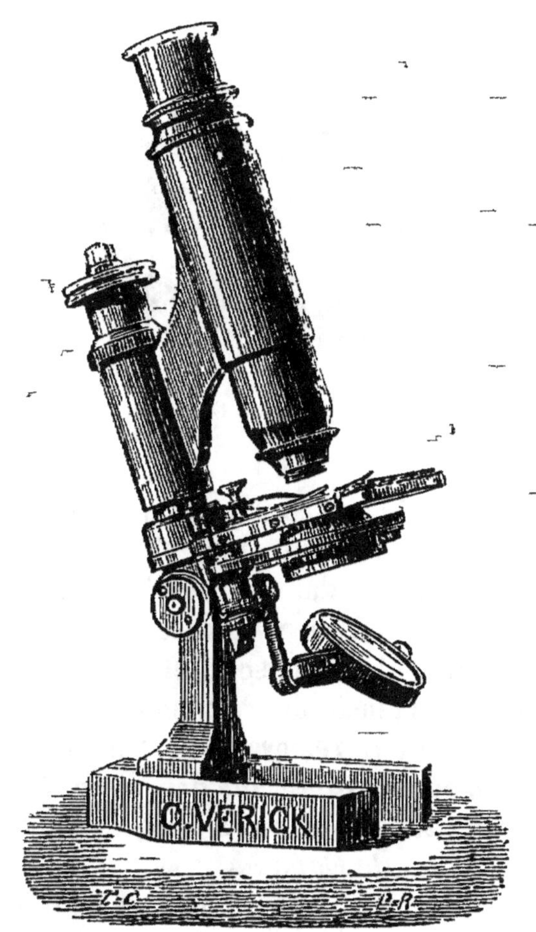

Fig. 105. — Pied de microscope. Le condensateur Abbe est en place
sous la platine.

densateur Abbe. Sans condensateur et avec les objectifs 2 et 6, le
microscope peut suffire à tous les exercices indiqués dans le
présent ouvrage ; mais si l'on ajoute par la suite à cette combinaison deux objectifs très forts, dont un à immersion homogène
et un condensateur Abbe, on pourra se livrer aux constatations et
aux recherches les plus délicates (Tr.).

Vous enlèverez avec un morceau de peau de gant ou un foulard de soie la poussière qui pourrait ternir les lentilles de l'oculaire et la lentille frontale de l'objectif. Si, par malheur, cette dernière lentille avait été

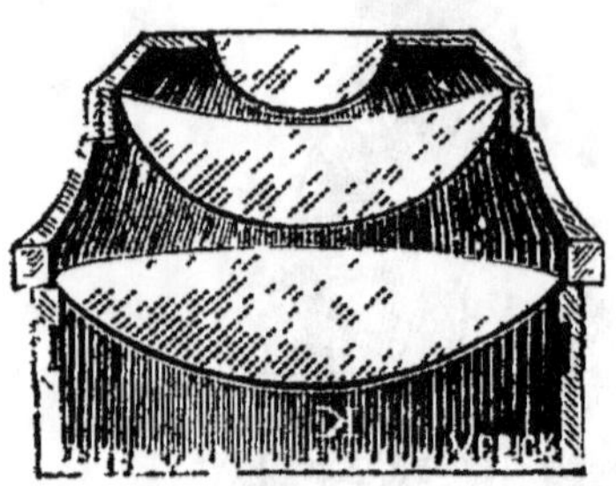

FIG. 106. — Condensateur Abbe vu en coupe.

mouillée par de la glycérine, il faudrait la nettoyer par un jet d'eau provenant d'une pissette, et l'essuyer avec la peau de gant ; dans le cas où elle le serait par du baume de Canada, on y déposerait une goutte de chloroforme ou d'alcool absolu, et l'on frotterait très légèrement avec la peau de gant, en répétant au besoin l'opération tant qu'il resterait du baume de Canada. *Cette dernière opération exige des précautions extrêmement minutieuses, car les lentilles sont parfois collées au baume de Canada.*

Évitez le plus possible de frotter les lentilles. Il faut bien se garder de le faire inutilement. Le mieux est de serrer l'objectif aussitôt qu'on s'en est servi.

L'étudiant ne doit donc point s'aviser de dévisser les lentilles qui composent un objectif. Dans le cas où il lui serait indispensable d'agir ainsi, à cause du peu de netteté de l'image observée, il faut bien prendre garde de ne pas enlever, en nettoyant les lentilles, la couleur noire qui revêt intérieurement le tube, et de ramener exactement les diverses lentilles à leurs positions primitives, une fois le nettoyage opéré [1].

Avec un grossissement faible (voyez la note de la page 41), vous amènerez l'objectif à un demi-centimètre à peu près de la préparation, puis, mettant l'œil à l'oculaire, vous élèverez le tube jusqu'à ce que l'objet soit au foyer.

Avec un grossissement fort, on amène l'objectif jusqu'à environ 8 millimètres de la préparation, puis on abaisse très doucement le tube en déplaçant latéralement la préparation à droite et à gauche jusqu'à ce que l'objet devienne à peine visible. On met alors au point avec la vis micrométrique.

On ne doit pas avoir recours directement à la lumière solaire pour éclairer le champ du microscope; la meilleure lumière est celle qui provient d'un nuage blanc ou d'un mur blanc. Quand il s'agit de procéder à une installation définitive pour les travaux micrographiques, la meilleure exposition est celle du nord.

Avec des grossissements considérables, on doit employer les petits diaphragmes, autrement le champ serait trop brillant, les contours des cellules, et, en général, tous les fins détails de structure ne seraient pas aussi bien définis.

Il faut, qu'en observant au microscope, l'étudiant s'accoutume à garder les *deux* yeux ouverts, et à se servir alternativement de l'œil droit et de l'œil gauche pour examiner les préparations. On diminue beaucoup de la sorte la fatigue inhérente à l'observation micro-

---

[1] Le mieux serait encore de confier l'objectif à un opticien éprouvé, et de préférence au constructeur même dont on tient l'objectif.

scopique. En général, il ne faut pas grand temps pour acquérir cette habitude, et avec un essai prolongé quelques minutes chaque fois que l'on aura l'occasion

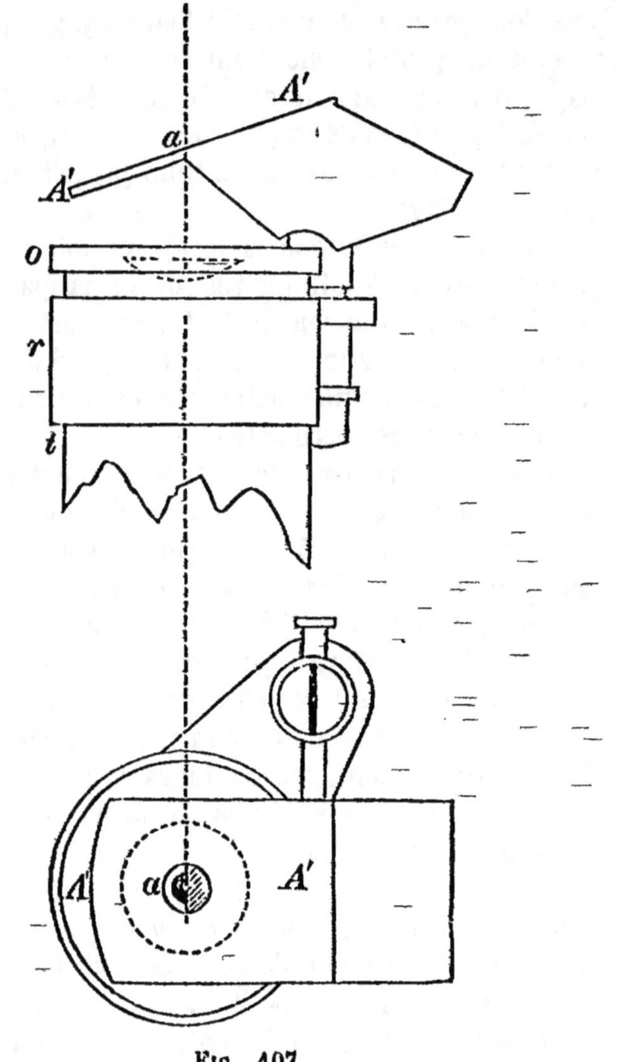

Fig. 107.

de mettre l'œil au microscope, on arrivera bien vite à n'y plus éprouver de difficulté.

Un objet apparaît-il confusément dans le champ du

microscope? La faute peut en être à l'objet lui-même ou à la malpropreté de l'objectif. Dans ce dernier cas, l'apparence trouble persiste, que l'objet soit ou non au foyer. On reconnaît la présence de saletés sur les lentilles de l'oculaire à l'apparence nette, aux contours bien définis des particules en question.

Chambre claire de Zeiss. (*Fig.* 107.) — L'anneau (*r*) est fixé sur le tube du microscope (*t*) et l'oculaire (*o*) est mis en place : l'objet à dessiner est mis au point et

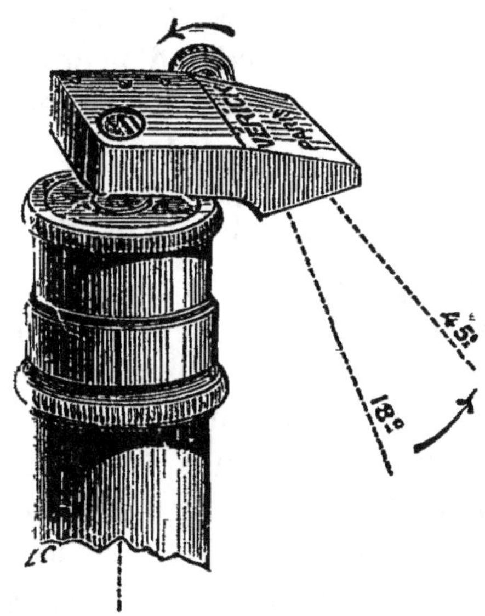

Fig. 108.— Chambre claire à angle variable de Melassez.

Cette chambre claire se règle à volonté a 18' et a 45° par la rotation d'un bouton indiqué sur la figure.
À 18', on est obligé, pour obtenir une image exacte, de dessiner sur un plan incliné
Il est avantageux de l'employer à 45°, d'incliner le microscope lui-même à 45° et de dessiner sur un plan horizontal, en arrière du pied de l'instrument.

les prismes sont superposés à l'oculaire de la façon indiquée par la figure (la partie supérieure de la figure représente une élévation et la partie inférieure un plan de l'appareil). Le bord (*a*) du prisme du côté A

de la chambre claire est exactement superposé au diamètre transversal de la lentille supérieure de l'oculaire.

On dispose, en avant du microscope, la tablette à dessiner qui fait un angle de 15° à 20° avec la surface de la
table. En regardant dans le microscope on doit voir à
la fois l'objet et la tablette à dessin qu'on doit également éclairer, afin de pouvoir suivre la pointe du
crayon sur le papier.

Mesure des dimensions des objets microscopiques.
— La méthode indiquée dans le corps de l'ouvrage.
(p. 44, § 3) nécessite la confection d'un croquis de l'objet
On peut s'en dispenser en employant le *micromètre
oculaire*. Cet instrument consiste en une plaque de
verre sur laquelle est tracée une échelle (soit par
exemple, 5 millimètres divisés en 10 parties, la grandeur réelle des divisions de l'échelle n'a toutefois que
peu d'importance). On place cette plaque de verre dans
l'oculaire où elle est soutenue par un rebord saillant
à l'intérieur du tube, au niveau même du foyer de la
lentille supérieure de l'oculaire. On observe avec un
microscope muni d'un oculaire de cette sorte le micromètre objectif décrit p. 44 et l'on note le nombre des
divisions du micromètre objectif qui correspondent à
l'une des divisions du micromètre oculaire. Supposons qu'une division de l'un corresponde exactement
à une division de l'autre, si (et tel est ordinairement le
cas) le micromètre objectif est divisé en centièmes de
millimètres, alors une division du micromètre oculaire, avec le même oculaire, le même objectif, la
même longueur de tube, correspond à 1 centimètre de
millimètre dans le champ du microscope. On peut donc
mesurer directement un objet quelconque avec cette
même disposition du microscope, en se servant uni-

quement du micromètre oculaire. Un objet qui, par exemple, occuperait exactement 5 divisions de ce micromètre dans les mêmes conditions aurait exactement 5 centièmes de millimètres.

Avec d'autres objectifs ou d'autres oculaires, avec d'autres longueurs de tube, les divisions du micromètre oculaire correspondent à un nombre de divisions différent du micromètre objectif, de telle sorte, que pour chacune des combinaisons possibles, on doit déterminer la valeur d'une division du micromètre oculaire.

Supposons connues les valeurs d'une division du micromètre oculaire dans tous les cas possibles, on peut alors mesurer sans difficulté le grossissement d'un objet quelconque. Si, par exemple, le dessin de l'objet occupe une longueur de 5 millimètres et qu'avec la combinaison donnée tout à l'heure l'objet lui-même occupe 5 divisions du micromètre oculaire ; comme la valeur de chaque division est de $\frac{1}{100}$ de millimètre dans le dessin, l'objet est grossi $5 : \frac{5}{100} = 100$ fois.

Le POUVOIR GROSSISSANT d'un microscope avec un objectif, un oculaire et une longueur de tube donnés, est ordinairement pris comme mesure du grossissement obtenu quand l'image de l'objet est vue à une distance de 25 centimètres de l'œil. Afin de le déterminer, l'échelle du micromètre objectif est dessinée, le micromètre observé au microscope se trouvant à une distance de l'œil égal à 25 centimètres, et l'on mesure l'écartement de deux des divisions de cette échelle sur le dessin. Soit une division du micromètre objectif égale, dans la réalité à $\frac{1}{100}$ de millimètre et le dessin de cette division égale à 1 millimètre, le grossissement est de 100 diamètres. Pour comparer les tables données par divers constructeurs des pouvoirs grossissants de leurs microscopes, il est nécessaire de connaître les méthodes employées par eux dans leurs déterminations. Dans tous les cas, il faut déterminer l'amplification d'un objet dessiné soit par la méthode donnée ici, soit par la méthode indiquée p. 44.

Étude des tissus frais. — On peut pratiquer des coupes sur les tissus frais à l'aide du microtome congelant (cf. p. 104). S'il est possible néanmoins d'obtenir des préparations sans l'aide de la congélation, il est préférable de se passer de ce procédé. Pour les préparations de tissus frais, on peut employer divers moyens.

Sur certains organes, le rein, par exemple, on peut détacher des coupes assez minces à main levée à l'aide d'un rasoir, une de ces coupes sera montée sans liquide additionnel, une autre le sera dans la solution saline normale, une troisième sera dissociée dans cette même solution.

Sur des tissus trop mous pour se prêter aux coupes (villosités intestinales, par exemple), on peut détacher un petit fragment avec des ciseaux fins ; le même procédé permet d'obtenir une bonne préparation du bord d'un lobule d'une glande ; dans certains cas, comme pour étudier les tuniques d'une artère, on peut arracher un lambeau de tissu avec les pinces ; pour examiner des membranes on peut les tendre au-dessus d'une fenêtre pratiquée dans une plaque de liège que l'on pose sur la platine ; on observe de cette façon les glandes gastriques et le pancréas de certains animaux.

Les notions acquises grâce à l'examen de semblables préparations sont essentielles quand on veut se rendre parfaitement compte des apparences présentées par les tissus après l'action des réactifs.

Il est certains liquides qui, fraîchement préparés, n'altèrent que fort peu les tissus. Ils ressemblent plus ou moins aux liquides avec lesquels les tissus vivants sont en contact.

Ces LIQUIDES NORMAUX sont :

a. — L'humeur aqueuse de l'œil.

b. — Le sérum du sang.

Pour observer un tissu frais pris par exemple sur un lapin, on ponctionne la cornée de l'animal et l'on recueille l'humeur aqueuse, ou bien on laisse le sang de l'animal se coaguler dans un récipient quelconque pour obtenir le sérum, et l'on monte le tissu dans l'un de ces deux liquides.

c. — Solution saline normale.

On la prépare en faisant dissoudre 6 grammes de chlorure de sodium (pur si c'est possible) dans un litre d'eau distillée. Cette solution est quelquefois préférable à la solution à 0,75 % dont on a l'habitude de se servir, mais dans la plupart des cas on peut employer indifféremment l'une ou l'autre.

d. — Sérum iodé.

On ajoute quelquefois de l'iode au sérum pour le conserver, de façon à l'avoir sous la main prêt à servir quand l'occasion s'en présente. Le sérum ainsi iodé est cependant un liquide beaucoup moins *normal* que les autres. On le prépare en ajoutant quelques paillettes d'iode cristallisé à du sérum frais. On agite le flacon de temps à autre. Le liquide doit avoir une légère teinte brune. On peut prendre, au lieu de sérum, le liquide amniotique de la vache.

Dissociation. — On ne prendra qu'un *petit* morceau

de tissu ; avant de commencer la dissociation, on l'examinera à un grossissement faible afin de voir quelle est la disposition générale des parties qui la composent et pour se guider dans l'opération ; le tissu est-il constitué par des fibres parallèles, on maintient la pièce au moyen d'une aiguille fixée à l'une de ses extrémités et l'on fait agir l'autre aiguille dans la direction des fibres. Quand la dissociation a pour but de mettre en évidence des éléments d'une nature toute particulière, des cellules ganglionnaires par exemple, on doit étudier préalablement d'une façon toute spéciale à un grossissement faible la texture du tissu et commencer par se débarrasser des parties qui ne contiendraient pas les éléments en question.

Dans la dissociation, il importe de placer le porte objet sur lequel s'effectue cette opération sur un fond de couleur appropriée ; l'objet est-il blanc ou gris, le porte-objet est placé sur une feuille de papier noir, et sur une feuille de papier blanc s'il est noir ; les coupes colorées sont dissociées au-dessus d'une feuille de papier blanc ou gris.

Liquides dissociants. — Ce sont des liquides qui, tout en fixant certains éléments d'un tissu, dissolvent d'autres éléments en partie ou en totalité et surtout, parmi ces derniers, les substances isolantes ou fondamentales, de telle sorte que les éléments fixés peuvent être isolés par dissociation ou par secousse. Dans la règle, une pièce soumise à ce traitement ne doit guère avoir que 2 millimètres carrés.

Le *sérum iodé faible* légèrement teinté en brun est dans la plupart des cas le meilleur dissociateur. A mesure que le tissu absorbe l'iode, il est nécessaire d'ajouter à la liqueur un peu de sérum fortement iodé ou bien de changer le liquide. Il arrive souvent qu'on puisse, au bout de vingt-quatre heures, dissocier le tissu, mais il faut parfois un temps plus long.

L'acide osmique de 0,1 à 1 % est un liquide dissociant d'un usage général ; il présente l'avantage de n'altérer que fort peu, dans la plupart des cas, l'apparence normale des tissus. Il produit un léger gonflement des noyaux et des cylindre-axes des fibres nerveuses.

L'alcool dilué (30 à 35 %) convient très bien à plusieurs tissus.

C'est à ce dernier réactif que RANVIER a donné le nom d'*alcool au tiers*. Il le prépare en ajoutant à de l'alcool ordinaire du commerce (à 90 % ou 36° Cartier) deux fois son volume d'eau distillée)

On emploie encore, dans des buts spéciaux, les réactifs suivants :

Nous indiquons entre parenthèse les tissus pour lesquels ils présentent le plus d'avantages :

Eau de baryte (fibrilles du tissu fibreux blanc).

Solution à 5 % *de chromate neutre d'ammoniaque* (glandes muqueuses).

Solution à 0,2 % de *bichromate de potasse* (muscles, cellules nerveuses).

Solution à 0,2 % *d'acide chromique* (cellules nerveuses de la moelle épinière).

Liquide de Müller (cellules olfactives).

Solution à 5 %, *d'hydrate de chloral* (glandes séreuses).

En général, on doit opérer la dissociation dans le liquide même où le tissu a macéré, ou bien encore dans l'eau distillée ou la glycérine diluée. Une préparation montée dans l'eau peut être conservée temporairement de la manière suivante. On fait chauffer l'extrémité d'une petite bougie de cire et l'on promène ensuite cette extrémité sur les bords de la lamelle de façon à la cimenter sur le porte-objet.

RÉACTIFS DURCISSANTS

INSTRUCTIONS GÉNÉRALES

Le tissu doit être enlevé du corps et placé dans le réactif durcissant aussitôt que possible après la mort de l'animal.

Tout le sang qui imbibe la pièce doit être enlevé, soit en agitant cette dernière dans un tube à essai rempli de solution saline normale, soit au moyen de papier buvard.

Avant d'être plongé dans le liquide durcissant, la pièce est divisée au moyen d'un rasoir ou d'un scalpel bien affilé en morceaux plus petits, qui ne doivent pas avoir, en général, plus de 3 ou 4 millimètres carrés sur une de leurs faces. Comme le cerveau a trop peu de consistance pour pouvoir être ainsi divisé sans inconvénient à l'état frais, il arrive souvent qu'on le place tout entier dans le liquide durcissant ; mais il est rare, qu'en agissant de la sorte, on parvienne à conserver les parties profondément situées de l'écorce des grands cerveaux. (Voy. la note de la p. 349.)

[Le mieux est de diviser le cerveau en morceaux de la grosseur d'un dé à jouer ou mieux encore d'injecter le liquide durcissant par l'artère basilaire du cerveau ou l'artère carotide, après quoi le cerveau entier est placé dans le même liquide. Cette injection préliminaire s'applique très bien également à d'autres parties du corps, voire à des animaux entiers et peut elle-même être précédée d'une injection de solution saline normale destinée à entraîner le sang resté dans les vaisseaux (Tr.).]

Toutes les fois qu'un tissu est placé dans un liquide destiné à le durcir ou à le décalcifier, ce liquide doit être relativement abondant, c'est-à-dire avoir de quinze à vingt fois le volume du tissu. On doit encore le changer toutes les douze ou vingt-quatre heures, suivant les cas.

Une fois le durcissement opéré, le réactif durcissant en excès est enlevé comme il suit. On place le tissu dans l'alcool d'abord dilué (30 à 50 %), puis fort (50 à 75 %), et finalement on le conserve jusqu'au moment d'être coupé dans l'alcool à 70 % ou à 95 %. —

Comme l'acide chromique et les chromates ne sont que fort peu solubles dans l'alcool, c'est d'alcool très dilué qu'on doit se servir pour extraire l'excès de ces réactifs (alcool à 30 %). Dans ce cas, le tissu doit avoir été bien durci, autrement il deviendrait friable. Quand le durcissement a été bien opéré, on peut sans inconvénient laisser les tissus un jour ou deux dans l'eau avant de les placer dans l'alcool dilué. Les tissus durcis par l'acide picrique ne seront laissés qu'une heure ou deux seulement dans les solutions alcooliques diluées. Elles seront ensuite placées dans l'alcool à 75 % ou à 95 % que l'on aura soin de changer de temps à autre jusqu'à ce qu'il ne se colore plus en jaune.

Les tissus à durcir doivent être immergés au sein du liquide durcissant plutôt dans un flacon large et plat que dans un flacon étroit et long. On peut aussi les suspendre dans la liqueur par un fil qui tient au bouchon. Dans tous les cas, il importe de tenir le flacon au frais pendant un jour ou deux : pour les jours suivants, cette précaution est moins nécessaire, quoique cependant avantageuse.

Préparation des solutions. — Pour préparer des solutions en proportions définies de réactifs durcissants ou autres, il importe de se rappeler que 1 cent. cube d'eau distillée à la température de 4° centigrades et sous la pression barométrique de $0^m,760$ pèse exactement 1 gramme, et que, dans les variations ordinaires de température et de pression, on peut toujours considérer ce cent. cube d'eau distillée comme pesant 1 gramme. On préparera, par conséquent, une solution à 5 % de bichromate d'ammoniaque en faisant dissoudre 5 grammes du sel dans 95 cent. cubes d'eau distillée (95 gr.); le mélange résultant pèse dès lors 100 grammes dont 5 sont du bichromate d'ammoniaque, c'est donc une solution à 5 % De même, on prépare une solution à $\frac{5}{10}$% de chlorure d'or en faisant dissoudre 5 décigrammes du sel dans 99,5 centimètres cubes d'eau distillée.

Comme il importe peu en *histologie* d'avoir des solutions très exactement titrées, dans les cas précédents et dans les cas analogues on prend tout simplement 100 cent. cubes d'eau distillée.

Une solution à un taux donné peut aisément être diluée pour donner une solution à un taux inférieur, — soit, par exemple, à préparer une solution de bichromate d'ammoniaque à 2 % au moyen d'une solution à 5 %; puisque cent parties de la solution à préparer contiendraient deux parties de sel, deux cent cinquante parties de cette solution en contiendraient cinq parties, mais cent parties de la solution à 5 % contiennent cinq parties de sel, donc, en diluant de cent à deux cent cinquante on obtient la solution demandée.

L'eau distillée est préférable à toute autre pour la préparation des solutions. Ce détail n'a cependant pas grande importance dans la plupart des cas.

[Tout au moins, on devra se servir d'eau filtrée (Tr.).]

Acide chromique. — Faites dissoudre 5 grammes d'acide chromique dars un litre d'eau. Cette solution sert à préparer les solutions à $\dfrac{3}{1000}$ et à $\dfrac{2}{1000}$ qui sont d'un usage plus fréquent.

Il est souvent avantageux d'ajouter un peu d'acide chromique aux solutions des bichromates de potasse ou d'ammoniaque; on peut encore employer cet acide mélangé à l'acide picrique en diverses proportions.

L'acide chromique durcit les tissus par une sorte de tannage, mais l'action trop prolongée de ce réactif les rend cassants et friables.

Acide chromique et alcool. — Mélangez ensemble deux parties d'une solution d'acide chromique à $^1/_6$ % et une partie d'alcool méthylique (Klein), ou bien :

Mélangez ensemble des volumes égaux d'une solution d'acide chromique à 0,3 % et d'abord à 50 %.

On doit filtrer ces solutions avant de s'en servir, car l'acide chromique n'est pas très soluble dans l'alcool.

Liqueur d'Erlicki. — Faites dissoudre 2ᵍʳ,50 de bichromate de potasse et 0ᵍʳ,50 de sulfate de cuivre dans 100 cent. cubes d'eau. Cette solution est à employer quand on a besoin d'un réactif durcissant plus prompt à agir que les composés chromiques seuls. Au bout de deux jours, on peut mettre le liquide avec le tissu qui s'y trouve plongé dans une étuve chauffée à 40°C. environ, afin d'accélérer le durcissement.

Décalcification des os. — L'os à décalcifier est divisé en morceaux très petits qui sont plongés dans une quantité considérable de solution d'acide chromique à $\frac{1}{1000}$. Il est bon d'agiter le flacon de temps à autre, afin de mettre de nouvelles portions d'acide en contact avec l'os. Après vingt-quatre heures, on doit changer le liquide qui sera remplacé par une solution à 0,25 % au bout de quarante-huit heures. Une semaine plus tard, on peut employer déjà une solution à 0,5 %. Ce liquide sera lui-même renouvelé deux ou trois fois. La décalcification du tissu osseux parvenu à son plein développement exige environ une quinzaine de jours, mais on doit toujours essayer une coupe à l'une des extrémités du fragment, à l'aide d'un rasoir ou d'un scalpel de rebut, afin de voir si tous les sels calcaires ont été enlevés.

Liquide de Müller. —	Eau	1000 gr.
	Bichromate de potasse	25 gr.
	Sulfate de soude	10 gr.

Acide picrique. — Préparez une solution saturée à froid d'acide picrique; à 100 cent. cubes de cette solution vous ajoutez 2 cent. cubes d'acide sulfurique concentré. Il se forme un précipité. Vous filtrez et vous ajoutez au liquide filtré 300 cent. cubes d'eau distillée.

On laisse les tissus dans ce liquide un temps peu

considérable qui peut varier de trois heures à quelques jours. On complète le durcissement au moyen de l'alcool. Si le tissu contenait des sels calcaires, on devrait substituer l'acide nitrique à l'acide sulfurique.

On emploie assez fréquemment tout simplement une solution aqueuse concentrée du même acide.

Acide osmique. — La solution à 1 % est la plus usitée. On doit, pour éviter la réduction de l'osmium, n'employer que de l'eau parfaitement débarrassée de matières organiques. On achète l'acide dans de petits tubes scellés qui contiennent chacun 1 gr. d'acide osmique. Le tube est bien lavé puis brisé aux deux bouts et plongé immédiatement dans un flacon contenant 100 centimètres cubes d'eau distillée. On agite le flacon de temps à autre. La dissolution demande un certain temps pour s'opérer complètement. Le flacon dans lequel elle s'effectue aura dû être l'objet d'un lavage préalable et minutieux à la potasse (ou à la soude) caustique, à l'acide sulfurique et à l'eau distillée. Si l'on avait immédiatement besoin d'employer l'acide osmique, on pourrait, pour accélérer la dissolution, broyer dans un mortier avec un peu d'eau le tube qui contient l'acide, opération dangereuse et qui nécessite de grandes précautions, vu les propriétés éminemment délétères des vapeurs osmiques. Si la solution tournait en noir, il faudrait recouvrir le flacon de papier noir et le conserver dans l'obscurité. Cette précaution, néanmoins, devrait ne pas être nécessaire (si le nettoyage du flacon a été l'objet de soins attentifs). L'acide osmique ne pénètre pas bien, aussi ne doit-on prendre qu'un très petit fragment du tissu à étudier. On laisse ce tissu dans l'acide un temps qui peut varier d'une demi-heure à vingt-quatre heures, dans ce dernier cas, on emploie une solution à 0,5 %. Après un séjour de douze à vingt-quatre heures dans l'acide osmique, la plupart des tissus sont durcis au point de pouvoir être débités en tranches minces. S'ils doivent être préalablement inclus, on les lavera bien à l'eau et on les fera passer dans l'alcool à 30, à 50 et à 70°, dans chacun desquels ils devront rester au moins un quart d'heure. Si l'on désire conserver les pièces un certain temps avant de les couper, on doit les laver soigneusement à l'eau, puis les traiter par l'alcool de la même façon que les préparations à l'acide chromique. Remarquons ici que si le tissu n'a pas été durci par l'acide osmique d'une manière suffisante, il ne devra pas rester longtemps dans l'alcool dilué. Le séjour dans l'alcool exagère la coloration noire des tissus, aussi ne peut-on les garder bien longtemps dans ce liquide avant de les couper. Dans les préparations à l'acide osmique les noyaux sont généralement sphériques et assez mal définis et cependant il n'est pas rare de bien voir les nucléoles. Plus longtemps un tissu est resté dans l'acide osmique, moins facilement il se colore par le carmin ou les autres réactifs.

Si l'on désire conserver des préparations à l'acide osmique, on devra les monter dans la glycérine diluée ou dans une solution aqueuse concentrée d'acétate de potasse; on peut, mais avec des résultats moins satisfaisants, les éclaircir par les essences, et les monter dans le baume.

Alcool. — Outre l'usage qu'on en fait généralement pour compléter le durcissement commencé par d'autres liquides , on emploie encore l'alcool seul. Il coagule l'albumine des tissus et les rend ainsi plus opaques.

Le mieux est généralement de laisser le fragment de tissu un temps qui peut varier de une demi-heure à une heure dans l'alcool à 75 %, et ensuite de le transporter dans l'alcol fort (90 à 95 %). Dans certains cas, il est avantageux de transporter le tissu dans l'alcool absolu, après qu'il est resté une demi-heure dans l'alcool concentré. L'alcool absolu employé seul cause en général une rétraction plus ou moins considérable et une distortion des parties extérieures des tissus. Dans ce cas, il faut, lors de la confection des coupes, ne prendre que les parties intérieures du tissu.

Inclusion. — On ne doit prendre qu'un fragment *très petit* du tissu à inclure; il est vrai que souvent on ne peut s'astreindre à cette condition, quand on désire, par exemple, se rendre compte des rapports d'ensemble des diverses parties constituantes d'un organe; — elle devient moins importante encore quand on doit couper la pièce au microtome.

Avant d'inclure (cf. p. 76) pressez très légèrement la pièce entre deux feuilles de papier buvard afin d'enlever autant que possible le liquide dans lequel on l'avait placée. Quand on ne prend point cette précaution, ce liquide refroidit tout autour de la pièce la masse à inclusion, et comme il ne se mélange point avec elle, l'empêche d'adhérer au tissu. On ne doit point enlever l'excès de liquide sur les pièces préparées à l'alcool avant que la masse à inclusion ne soit prête, autrement, par suite de la rapidité avec laquelle l'alcool s'évapore, le tissu pourrait se dessécher.

La masse à inclusion doit être chauffée aussi peu que

possible au-dessus de son point de fusion. Pour la maintenir à une température constante, il est avantageux d'employer un bain-marie chauffé par un petit bec de gaz muni d'un régulateur.

Au moyen d'une aiguille chauffée, on place le tissu dans une position convenable au sein du mélange à inclusion et l'on enlève les bulles d'air qui pourraient se trouver dans ce dernier. On amène l'aiguille à la température convenable en la promenant un instant dans la masse en fusion avant de toucher au tissu.

La composition de la masse à inclusion varie suivant le tissu à inclure. En général cette masse doit avoir à peu près la même consistance que le tissu. Les tissus à texture lâche ou pourvus de cavités, doivent, avant l'inclusion, être traités de la manière indiquée p. 230.

Une méthode d'inclusion plus simple encore que la méthode donnée p. 76 consiste à prendre un bloc de paraffine B, à chauffer un fil de fer émoussé à son extrémité dans la flamme d'un brûleur de Bunsen ou d'une lampe à alcool, et à enfoncer ce fil de fer dans la portion centrale de l'une des extremités du bloc de paraffine. On place le tissu dans cette cavité pleine de paraffine en fusion, on lui donne la position convenable et l'on enlève les bulles d'air avec le même fil chauffé. Comme il n'est pas difficile d'arriver à chauffer le fil à un tel degré qu'il pourrait endommager le tissu, on doit le mettre aussi peu que possible en contact avec ce dernier. Cette méthode n'est applicable qu'aux tissus à trame serrée.

On peut préparer d'avance les blocs de paraffine de la manière suivante. On prend un tube de cuivre d'environ un centimètre et demi de diamètre et d'un pied de long. On bouche l'une de ses extrémités avec un bon bouchon et après avoir huilé l'intérieur de l'appareil on y verse la paraffine fondue. Quand la paraffine est refroidie, résultat qu'on peut obtenir rapidement en plaçant le tube sous un robinet d'eau froide, on pousse la colonne de paraffine hors du tube avec une baguette et on la coupe en tronçons de 4 centimètres de long.

Le temps que doit séjourner un tissu dans chacune des substances mentionnées p. 230 varie suivant la densité du tissu. Pour les tissus traités de cette manière, il vaut mieux procéder à l'inclusion comme il suit. On prend deux lames de plomb pliées à angle droit en forme d'L, d'environ 1 centimètre et demi de largeur. On les place sur une lame de verre de façon à mettre le grand jambage de l'une en contact avec le petit jambage de l'autre Elles entourent ainsi un espace dont on remplit les trois quarts avec la masse fondue. On verse alors sur le verre (à côté de cette sorte de boîte) un peu d'eau qui refroidit et fait solidifier la couche inférieure du mélange. Aussitôt qu'on voit une croûte mince se former à la surface, on achève de remplir la boîte et l'on procède à la mise en place du tissu. La couche du mélange le plus voisine de la lame de verre est solidifiée et l'on peut y disposer la pièce dans la position requise au moyen d'une aiguille chauffée.

Au lieu de ces pièces de plomb on peut employer une boîte oblongue faite avec du papier fort.

[On n'a qu'à plier un rectangle de papier suivant les lignes pleines de la figure et à pincer dans les doigts les plis marqués par les lignes ponctuées (Tr.).]

Dans ce cas, on doit pratiquer les coupes avec un rasoir dont la lame est mouillée d'huile d'olive. On fait dissoudre la masse à inclusion dans le mélange de créosote et de térébentine. Si l'on désirait monter les coupes dans la glycérine, il faudrait les faire passer

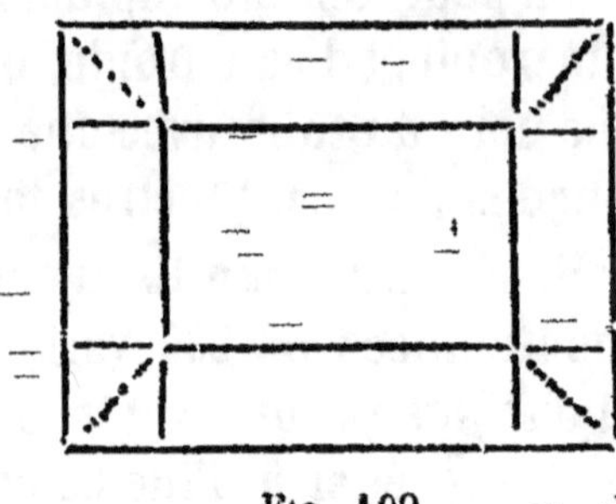

— Fig. 109.

dans l'alcool absolu pour enlever la créosote et la térébenthine, après quoi on pourrait les monter, soit immédiatement, soit après un nouveau traitement par l'alcool dilué.

Avant de pratiquer les coupes, on enlève le plus possible de la masse à inclusion tout autour de la pièce. Il est plus facile d'obtenir des tranches minces quand la surface de section est étroite.

Pour préparer les masses suivantes, il faut placer les matières dans une capsule chauffée au bain-marie et maintenue à une température à peine supérieure à leur point de fusion pendant une heure ou plus, en agitant de temps à autre.

Paraffine *A*.

    Paraffine solide..................... 15 gr.
    Paraffine liquide. .... 15 cent. cubes.

Ce mélange est usité pour cimenter les bords du couvre-objet quand on observe sur la platine chauffante les mouvements amiboïdes des globules blancs du sang. Il commence à fondre aux environs de 37° centigrades et sert ainsi à indiquer la limite de température qui ne pourrait être franchie sans dommage.

Paraffine *B.*

    Paraffine........................... 2 parties.
    Vaseline............................ 1 partie.

C'est une des meilleures masses d'un emploi général. On peut la rendre plus consistante en ajoutant un
peu de paraffine.

Spermaceti et huile de castor.

    Spermaceti........................... 40 gr.
    Huile de castor...................... 10 gr.

Confection des coupes. — Pour obtenir des coupes minces, il est indispensable d'avoir un rasoir bien
affilé. Bien souvent, un étudiant qui avait fini par se ré-
signer à croire qu'il lui était impossible de réussir des
coupes minces, ne trouve plus de difficulté dès qu'il
prend un rasoir neuf.

Dans les exercices pratiques destinés à toute une série d'élèves, où l'on doit avoir une quantité de coupes
également bonnes d'un même tissu, un microtome est
presque indispensable. Le meilleur que puisse employer un démonstrateur est le microtome congelant
construit par *Swift*, opticien, *Tottenham court Road,
Londres* [1]. Il en est deux modèles. Le modèle où la congélation s'opère par la présence d'un mélange de glace
pilée et de sel est préférable comme moins sujet à se
déranger que le microtome à pulvérisation d'éther, et
parce qu'une fois disposé comme il faut la congélation
persiste de deux heures à trois heures et demie. On
prend parties égales de glace pilée et de sel, on les mé-

---

[1] Prix de l'instrument, 67 fr. 50.

lange intimement dans un mortier et on tasse le mélange dans la boîte du microtome [1].

Les tissus que l'on veut couper avec le microtome
congelant doivent être imbibés de gomme. Dans le cas
où ils auraient été conservés dans l'alcool concentré, il
faudrait les faire passer par l'alcool faible (quelques
minutes) et les laisser ensuite dégorger dans l'eau pendant une heure ou deux. Il vaut mieux laisser tremper
les tissus pendant vingt-quatre heures dans la solution
de gomme, mais on peut aussi préparer des coupes,
(qui seront probablement moins bonnes) lors même que
le tissu y aurait séjourné moins longtemps. Dans ce
cas, les cristaux de glace qui se forment émoussent bien
vite le tranchant du rasoir.

On prépare la solution de gomme en faisant dissoudre
de la gomme arabique dans l'eau chaude et en filtrant
à travers une mousseline. On emploie de préférence
une solution fluide pour y faire tremper la pièce, une
solution épaisse pour l'englober sur la plaque du microtome. Comme la gomme, employée seule, se prendrait par la congélation en une masse de consistance
trop dure, il est avantageux de lui mélanger un peu de
sirop de glucose.

[Sirop de glucose........................ 1 partie
Gomme .... 2 parties
L'eau................................... 4 parties (Tr.).]

La plaque du microtome doit être parfaitement
propre, ainsi que les sillons qui s'y trouvent tracés. On
étend alors sur cette plaque une couche de gomme li-

---

[1] Au lieu de glace pilée, on peut se servir de neige. On obtient
la glace pilée en enveloppant les glaçons d'un linge et en tapant
dessus avec un maillet en bois (Tr.).

quide en prenant soin que la gomme remplisse complètement les sillons. Une fois que la pièce est congelée sur la plaque du microtome, on enlève la gomme qui l'entoure de façon que la tranche à enlever par section soit à peine plus large que la pièce elle-même.

On ne doit pas employer un rasoir à lame profondément évidée, la lame se courberait et produirait ainsi une section qui apparaîtrait, sous le microscope, comme composée de bandes d'inégale épaisseur.

La rapidité avec laquelle on doit faire agir le rasoir dépend de la température de la masse congelée. Si cette température n'est que de quelques degrés au-dessous de zéro, le mouvement imprimé au rasoir doit être aussi rapide que possible ; est-elle au contraire beaucoup plus basse et par conséquent la consistance du tissu est-elle beaucoup plus grande, on doit faire agir le rasoir avec plus de lenteur, autrement la coupe pourrait s'enrouler ou se briser.

Quand on n'a pas besoin d'obtenir des sections bien larges, on peut, dans un temps très court, obtenir douze coupes de suite ou même davantage ; les coupes collent au rasoir et peuvent être transportées dans l'eau avec un pinceau. On peut même couper en même temps deux ou trois pièces d'un même tissu bien durci. Quand on pratique des coupes très larges, il vaut mieux déposer quelques gouttes d'eau sur la face supérieure de la lame du rasoir et couper lentement. Le rasoir, avec la charpente qui le soutient, est alors plongé sous l'eau. — La coupe se détache et surnage. On peut la recueillir sur une lame de verre et la traiter successivement par l'alcool à 30, à 50, à 75 %, puis la déshydrater, l'éclaircir et la monter dans le beaume. Avant de monter la coupe, il faut enlever le plus possible du réactif éclaircissant, autrement le baume de Canada resterait trop longtemps fluide. Les coupes de dimension moindre peuvent être recueillies dans une petite capsule de verie ou dans un verre de montre, et soumises là aux divers réactifs.

Le même microtome peut également servir à couper des pièces incluses dans les divers mélanges que nous avons indiqués, mais en général, cette opération, plus minutieuse, ne présente aucun avantage marqué sur la méthode de la congélation.

Les tissus fiais (non imprégnés de gomme) doivent être congelés à une température qui s'écaite le moins possible de 0°. Ils présentent des bandes transversales produites par la cristallisation de l'eau au sein du tissu. On transporte la coupe avec un pinceau dans la solution saline normale. Pour les colorer, on les transféiera dans l'alcool à 30 %, puis on les traitera par le pourpre de Spiller, le bleu de méthylène ou le violet de méthyle, ou bien encore on les fera passer de l'alcool à 30 % dans de l'alcool plus concentré et on les traitera par le carmin, l'hématoxyline, etc.

Quand on n'a qu'une ou deux pièces à couper, il est plus simple de se servir d'un microtome congelant à jet d'éther pulvérisé : parmi ces derniers instruments, nous pouvons recommander le microtome de Roy modifié par Darwin. (*Scientific instrument Company, Saint-Tibbs Row, Cambridge.*)

[La construction des microtomes a fait de très grands progrès dans ces dernières années. Un des meilleurs microtomes à employer dans un laboratoire de physiologie ou de pathologie est le microtome automatique à renversement du Dr Malassez. Ce microtome, disposé comme l'indique la figure 110, permet de couper à sec des objets congelés ou des objets inclus dans la paraffine. Disposé comme l'indique la figure 111, il permet de pratiquer des coupes sous un liquide. On obtient la congélation par la pulvérisation de l'éther ou du chlorure de méthyle. Le chlorure de méthyle doit être contenu dans un siphon en cuivre analogue aux siphons à eau de seltz. Si l'on veut couper dans un liquide au moyen de ce microtome des pièces congelées, il faudra remplir le bassin qui contient le liquide d'alcool froid à 0 ou à quelques degrés au-dessous de 0.

Dans bien des cas, il est nécessaire d'obtenir d'un petit animal entier ou d'un organe compliqué des séries complètes de coupes successives d'egale épaisseur qui permettent de reconstruire l'animal et ses organes, ou l'organe avec ses complications, et d'en obtenir, soit des modèles en relief, soit des profils en divers sens, par les procédés bien connus usités dans la construction des cartes en relief et des profils de terrains accidentés, au moyen des courbes de niveau.

Nous ne faisons qu'indiquer ici ces procédés d'étude qui ne doivent jamais dispenser d'une dissection minutieuse par les moyens ordinaires. Ils sont d'ailleurs plus employés en zoologie et en embryologie qu'en histologie proprement dite. Il est néanmoins des cas où, même pour l'histologie, ils pourront être d'une grande utilité.

La pièce qu'on désire débiter en coupes est fixée, durcie, colorée en masse, déshydratée et pénétrée de térébenthine ou de chloroforme. On la maintient à l'étuve dans la paraffine fondue jusqu'à ce qu'elle en soit parfaitement pénétrée, et on la coule dans une boîte de carton remplie de paraffine fondue ou dans l'appareil constitué par une plaque de verre et deux lames de plomb décrit plus haut. La pièce a toutes ses cavités et même tous les interstices qui peuvent exister entre ses éléments anatomiques comblés par de la paraffine. On obtient de la sorte un bloc solide dans lequel l'objet et la paraffine ne font qu'un.

Si l'on équarrit bien le bloc après l'avoir monté dans la pince du microtome, et si l'on fait agir la lame du rasoir placée transversalement, de telle sorte que la face du bloc de paraffine tourné vers le tranchant soit attaquée par ce tranchant dans toute sa largeur à la fois, on observera les faits suivants (pourvu toutefois que la paraffine soit de consistance convenable).—

FIG. 110. — Microtome de Malassez disposé pour couper des objets congelés par la pulvérisation de l'éther ou du chlorure de méthyle.

1° La première coupe reste sur le rasoir.

2° La deuxième coupe pousse la première en arrière sur le rasoir et en même temps adhère par son bord au bord de la première ; de même la troisième pousse l'ensemble des deux premières et se colle par son bord au bord de la deuxième et ainsi de suite. On obtient de la sorte un *ruban de coupes* que l'on peut transporter tout entier sur une lame de verre.

A cet effet, la lame de verre est enduite d'une couche très mince et très égale de gomme laque dissoute dans la créosote. Le ruban de coupes est étendu sur la lame ainsi enduite. On chauffe doucement la lame à l'étuve pour faire évaporer la créosote. En même temps, la paraffine fond, et les coupes se trouvent fixées à la lame sans qu'aucune de leurs parties se dérangent. On lave la lame de verre à l'essence de térébenthine pour enlever la paraffine et l'on n'a plus qu'à monter la préparation dans le baume. On peut avoir de la sorte, sur une même lame de verre et sous une même lamelle, une centaine de coupes successives, toutes orientées de la même façon, et dans lesquelles les rapports des diverses structures sont parfaitement conservés [1].

Les seuls microtomes qui permettent d'obtenir ces rubans de coupes sont les microtomes à glissement construits sur le type du microtome de Rivet [2] et le microtome à bascule de la « Cambridge Scientific Instrument Company » [3].

---

[1] Nous n'indiquons que le principe de la méthode ; pour les précautions à prendre, le détail des manipulations, et les modifications diverses apportées à la méthode primitive, nous renvoyons aux ouvrages de technique micrographique indiqués dans l'introduction.

[2] Le plus simple et meilleur marché des microtomes du type Rivet, est construit par Reichert, VIII, Bennogasse, n° 26, à Vienne, et coûte 98 francs, avec deux rasoirs.

[3] Saint-Tibbs Row, Cambridge. Prix de l'instrument : 131 fr. 25.

C'est surtout du cerveau des vertébrés supérieurs que les physiologistes peuvent désirer obtenir des sé-

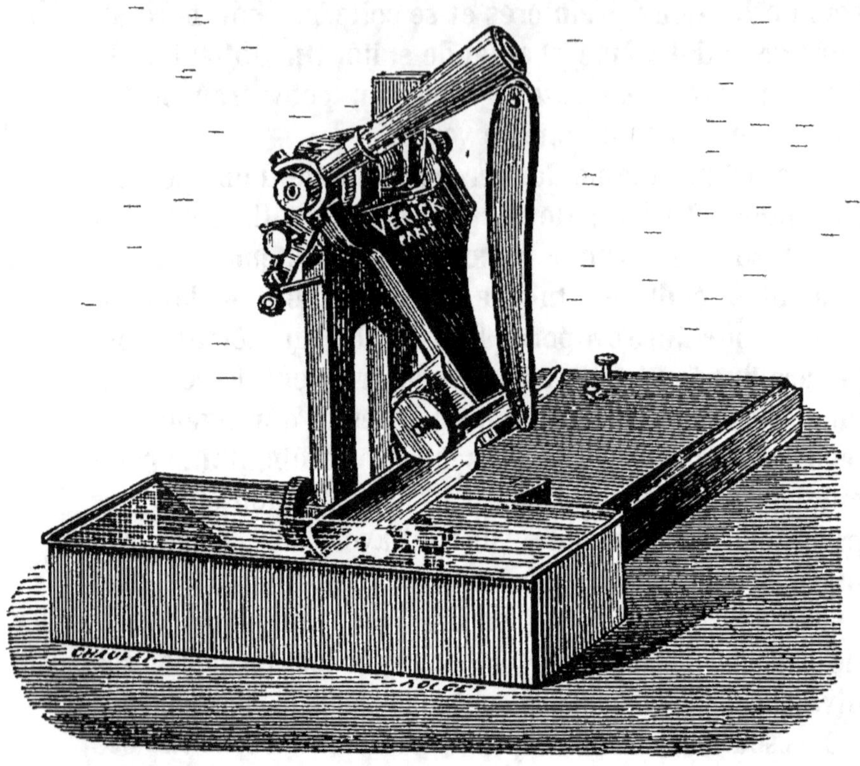

FIG. 111. — Microtome de Malassez disposé pour couper sous l'eau.

— M. Dumaige, 9, rue de la Bucherie, à Paris, fabrique un microtome analogue à celui-là : prix 150 francs et 200 francs avec tous les accessoires.

Je dois encore signaler tous les microtomes construits par Schanze, mécanicien de l'Institut pathologique à Leipzig. Ce sont des microtomes du type Rivet. Ceux de ces microtomes qui sont disposés pour couper sous des liquides, peuvent aussi donner des rubans de coupes d'objets inclus dans la paraffine ou couper des objets congelés. Prix du microtome de Schanze n° 3, avec appareil à congélation, 101, 25. — Pour 62 fr. 50 de plus, le microtome est disposé de façon à couper sous l'eau. Les couteaux se paient à part.

ries complètes de sections minces. Divers appareils ont été imaginés dans ce but. Gudden a fait construire un microtome qui permet d'obtenir, en coupant sous l'eau, des coupes *minces* d'un cerveau humain tout entier. Cet appareil coûte fort cher. (Il est fabriqué par Katsch, à Munich.)

On peut y suppléer avec un de ces microtomes simples constitués par un cylindre taraudé en dedans à sa partie inférieure, et surmonté d'un plateau, tels qu'en construit M. Nachet. Dans ce cylindre glisse un piston plein, muni à sa partie inférieure d'un pas de vis qui permet de le faire monter dans le cylindre de la quantité qu'on désire. On peut se procurer pour une quarantaine de francs un microtome de ce genre dont le cylindre a un diamètre intérieur de 80 à 100 millimètres, ce qui permet d'y inclure dans un mélange de cire et d'huile un cerveau tout entier d'enfant, préalablement durci par les moyens ordinaires.

On mastique le microtome dans un trou de diamètre égal à son diamètre extérieur, et pratiqué dans une planche solidement fixée elle-même dans la position horizontale. La partie inférieure du microtome pend au-dessous de la planche. Tout autour du plateau du microtome qui fait saillie à la face supérieure de la planche, et à une certaine distance de ce plateau, on construit avec du mastic ou de la cire un bord assez élevé dans lequel on peut verser de l'eau ou de l'alcool.

On coupe sous le liquide avec un couteau à deux manches, dont la lame glisse sur le plateau du microtome. En passant la main sous la planche, on peut faire tourner la vis du microtome de la quantité qu'on désire avant de procéder à une nouvelle coupe. Les coupes sont recueillies sur des lames de verre mince de la dimension nécessaire, qu'on glissera sous elles dans le liquide même. Les lames seront numérotées au diamant dans un angle au fur et à mesure qu'on y recueillera une coupe. Les coupes pourront être colorées sur la lame de verre et montées dans la glycérine ; mais avant de l'imbiber de glycérine et de la recouvrir d'une autre lame de verre, la plus mince possible avec les dimensions exigées, il faudra entourer la coupe d'un cadre destiné à éviter l'écrasement de la préparation, et qui pourra être préparé avec des bandes minces d'étain en feuilles ou de caoutchouc, etc., collées par un vernis. Il est bon de prendre, sur trois cerveaux différents et de même grandeur, trois séries de coupes dans des directions perpendiculaires entre elles deux à deux. (*Tr.*).]

COLORATION

Hématoxyline. — *a.* **1.** *Hématoxyline de Kleinenberg.* Prenez une solution saturée de chlorure de calcium dans l'alcool à 70 %, saturez-la d'alun, agitez bien, laissez reposer un jour, et filtrez.

2. A un volume de la précédente solution, ajoutez six à huit volumes d'alcool à 70 %.

3. Ajoutez goutte à goutte à la solution précédente une solution saturée d'hématoxyline dans l'alcool absolu, jusqu'à ce que le mélange ait pris une coloration pourpre légèrement foncée.

La solution ainsi obtenue prend une teinte encore plus foncée après quelques jours : il est bon de la préparer quelques semaines ou même quelques mois avant de s'en servir. — On peut la diluer à volonté avec la mixture (2). Quand on a placé une coupe dans l'hématoxyline, on doit recouvrir le vase qui la contient, autrement l'alcool s'évapore et la solution se concentre. Dans la plupart des cas, on préfère colorer la pièce *in toto* avant d'inclure. On doit alors laisser le tissu un ou deux jours dans la solution diluée ; il va sans dire que cette méthode réussit surtout avec les tissus spongieux, et qu'on ne doit prendre qu'un petit fragment de tissu.

Il vaut mieux laver les pièces ou coupes colorées par l'hématoxyline dans la solution (2) ; mais on peut néanmoins les laver dans l'alcool (à 70 °/₀ de préférence). — Si l'on désire colorer particulièrement les noyaux, on placera le tissu coloré pendant quelques minutes dans le mélange suivant :

Alcool à 70 °/₀........................... 2 parties.
Acide chlorhydrique ou nitrique à 1 °/₀.. 1   —

Si une coupe que l'on désire conserver se trouvait surcolorée, on pourrait extraire en partie le réactif colorant en plaçant la coupe dans l'acide acétique dilué. Il faut se rappeler d'ailleurs que l'acide acétique exercerait son action particulière sur le tissu.

On peut, après qu'on s'en est servi, recueillir l'hématoxyline dans un flacon, et l'utiliser de nouveau après l'opération. La solution d'hématoxyline mélangée d'acides est de couleur rougeâtre et ne peut servir ; on peut, il est vrai, la neutraliser par le carbonate d'ammoniaque ; mais il est rare qu'elle puisse alors rendre d'aussi bons services que la solution primitive.

b. — *Hématoxyline à l'alun.* — A une solution d'allun à 0,3, ou à 0,5 0/0 vous ajoutez quelques gouttes d'une solution saturée d'hématoxyline dans l'alcool absolu.

c. — *Teinture de bois de Campêche.* — On pile ensuite dans un mortier 5 à 10 grammes d'alun, 6 grammes d'extrait de bois de Campèche et 100 centimètres cubes d'eau. — On laisse reposer un jour et l'on filtre.

On doit ajouter aux solutions *b* et *c* un peu de thymol ou d'acide salycilique. Il est nécessaire de filtrer ces deux solutions avant de s'en servir ; elles colorent bien les noyaux sur les coupes, mais il serait fort peu avantrgeux de les employer à colorer une pièce *in toto* avant de la couper.

CARMIN (méthode de Frey) :

Carmin..................	0^{gr},3
Glycérine	30^{gr},0
Alcool..................	4^{gr},0
Eau distillée..........	30^{gr},0
Ammoniaque.............	q. s.

Broyez le carmin dans l'eau distillée, et ajoutez goutte à goutte de l'ammoniaque jusqu'à ce que le carmin soit dissous, en prenant soin de mettre aussi peu que possible d'ammoniaque en excès. Si la solution exhale fortement l'odeur de l'ammoniaque, vous l'exposerez un jour ou deux à la lumière solaire dans un vase plat. Enfin, vous ajouterez le carmin et l'alcool, et vous agiterez bien. On doit conserver la solution dans un flacon bien bouché, autrement l'ammoniaque s'évapore, et le carmin précipite.

On peut diluer la solution à volonté avec de l'eau distillée. Les tissus durcis par l'acide chromique ou les chromates peuvent séjourner des jours et même des semaines entières dans cette liqueur sans avoir à craindre de surcoloration.

En général, on obtient les plus belles colorations par le carmin en laissant les coupes douze à vingt-quatre heures dans une solution diluée.

Il est avantageux de placer sous la même cloche que les coupes une capsule contenant un peu de carbonate d'ammoniaque en solution diluée.

Les coupes surcolorées par le carmin, ou sur lesquelles s'est déposé un précipité de carmin, seront placées dans de l'ammoniaque *très étendue* où on les agitera très doucement ; aussitôt l'excès de carmin enlevé, on les placera très doucement dans une grande quantité d'eau pour faire disparaître toute trace d'ammoniaque.

Le meilleur milieu pour conserver les préparations colorées au carmin est la glycérine additionnée de 1 centième d'acide formique (acide formique de poids spécifique 1, 16).

Picrocarminate d'ammoniaque ou picro-carmin. — Préparez une solution d'acide picrique, et ajoutez-lui, jusqu'à ce qu'il se produise un précipité, une solution saturée de carmin ammoniacal. Faites évaporer au bain-marie jusqu'à ce que le volume soit réduit des quatre cinquièmes. Filtrez et évaporez le liquide filtré jusqu'à siccité. On obtient ainsi une poudre cristalline de picro-carmin. Ce picro-carmin est soluble dans l'eau distillée. On en prépare une solution à 1 % ou à 5 % que l'on peut ensuite diluer à volonté.

Si le picro-carmin colorait les préparations trop en jaune, on pourrait lui ajouter un peu de carmin de Frey et refiltrer le mélange.

Il est cependant facile d'enlever l'excès de coloration jaune des tissus colorés par le picro-carmin, en lavant à plusieurs reprises les préparations par l'eau ou par l'alcool.

On peut employer à nouveau le picro-carmin après l'avoir refiltré.

Carmin au borax.

Borax..............	4 parties.
Carmin.	2 parties, 5.
Eau,..............	100

Faites chauffer jusqu'à dissolution complète du carmin, en évitant de porter à l'ébullition.

Quand la liqueur est refroidie, vous ajoutez un égal volume d'alcool à 70 %, et vous filtrez.

Les proportions indiquées de borax et de carmin peuvent être modifiées sans grand inconvénient; on peut prendre moins de carmin et plus de borax. La liqueur peut être employée sans addition d'alcool, ou additionnée de glycérine au lieu d'alcool (alcool à 70 %, 1 vol. de liqueur, 1 vol. d'alcool). Le précipité qui se produit au moment où l'on ajoute l'alcool, peut également reservir après avoir été redissous dans l'eau. Le carmin alcoolique au borax est très bon pour colorer *in-toto*.

On emploie le carmin au borax surtout quand on désire colorer intensivement les noyaux ; l'élection se produit encore mieux si l'on a soin de placer les coupes, surcolorées, pendant quelques minutes dans un mélange de deux parties d'alcool et d'une partie d'acide chlorhydrique au centième.

Pourpre de Spiller et bleu de méthylène. — On emploie ces réactifs en solution aqueuse concentrée. En une minute ou deux, les coupes sont suffisamment colorées. On les lave à l'eau distillée et on les monte dans l'eau ; si les coupes étaient très colorées, on les ferait passer quelques minutes par l'alcool. Les coupes ne peuvent être montées d'une façon satisfaisante dans la glycérine, parce que la glycérine dissout la matière colorante et rend la coloration diffuse. Pour conserver les coupes en coloration permanente, on doit les surcolorer, puis les faire passer rapidement par l'alcool à divers degrés de concentration : 30, 50, 70 %, les laver à l'alcool fort (qui dissout très rapidement la matière colorante), jusqu'à ce que la préparation ait presque la teinte désirée, les transporter dans l'alcool absolu, où elles ne doivent rester qu'une minute ou deux, et enfin dans l'huile de cèdre. Aussitôt qu'elles sont transparentes, on les monte dans le baume du Canada. On se sert, pour éclaircir les coupes, d'huile de cèdre au lieu d'essence de girofle, parce qu'elle ne dissout point la matière colorante, mais on doit, avant d'y placer les coupes, les déshydrater complètement dans l'alcool absolu.

Iode. — Faites dissoudre 2 grammes d'iodure de potassium dans 100 centimètres cubes d'eau distillée, et ajoutez des paillettes d'iode jusqu'à saturation. Il doit y avoir un léger excès d'iode dans la liqueur.

Chlorure d'or. — La méthode usitée en cas ordinaire est donnée dans le cours du volume avec des détails suffisants. (Leçon IV, § 3 ; Leçon XXIV, A, § 4.)

On doit autant que possible éviter de toucher la pièce avec des instruments de métal, on se servira d'un pinceau pour la faire passer d'un réactif dans l'autre. Dans la saison froide, il est avantageux de placer le vase plein d'eau acidulée où s'opère la réduction de l'or sur le tissu dans une étuve à paroi vitrée, chauffée à la température de 20 à 30°.

Il est avantageux d'employer les méthodes suivantes dans des cas spéciaux :

a. — MÉTHODE DE LOWIT. Le fragment de tissu, que l'on doit prendre très petit, est placé quelques minutes, jusqu'à ce qu'il devienne presque transparent, dans une solution concentrée d'acide formique (1 volume d'acide formique marquant 1,16 au densimètre pour 3 à 4 vol. d'eau distillée), il séjourne ensuite vingt minutes dans la solution au centième de chlorure d'or, puis est replacé dans la solution d'acide formique où il doit rester vingt-quatre heures dans l'obscurité. L'acide formique doit être changé une ou deux fois durant les deux ou trois premières heures. Après avoir passé par le chlorure d'or, le tissu doit être exposé le moins possible à la lumière. Une fois coloré, le tissu est bien lavé à l'eau distillée et monté dans la glycérine formiquée.

b. — MÉTHODE DE RANVIER. On plonge la pièce pendant environ cinq minutes dans le jus d'un citron fraîchement exprimé et passé à travers une flanelle, avant de la placer dans le chlorure d'or. Après l'avoir traitée par le chlorure d'or, on la lave bien à l'eau distillée et on l'expose comme d'ordinaire à la lumière dans l'eau acidulée ou bien on laisse la réduction s'opérer à l'obscurité dans l'acide formique, comme dans le procédé *a*.

c.[1] — MÉTHODE DE KLEIN. Après traitement par le chlorure d'or, on lave le tissu et on le laisse de six à vingt heures dans l'eau distillée jusqu'à ce qu'il prenne une teinte gris d'acier; on le fait passer dans une solution concentrée d'acide tartrique, où il reste dix minutes; on le fait chauffer à la température de 40° à 50° C. dans la même solution jusqu'à ce qu'il devienne presque noir; ce qui se fait ordinairement en dix minutes. Si l'on désire que la coloration s'opère plus promptement, on peut laisser la pièce environ trois quarts d'heure dans la solution de chlorure d'or, après quoi on la lave bien et on la traite immédiatement par l'acide tartrique, ainsi qu'il est indiqué.

Nitrate d'argent. — Voyez Leçon XII A, § 2, — C, § 4, — et Leçon XVIII, C, § 1, pour la manière de s'en servir. Ce réactif sert principalement à mettre en évidence les épithéliums pavimenteux plats, tels que celui des artères, des veines et des lymphatiques L'argent est réduit par l'exposition à la lumière. Dans un tissu frais traité par le nitrate d'argent, la réduction s'opère plus facilement sur la substance homogène située entre les cellules, ou ciment intercellulaire, que sur les cellules elles-mêmes.

Par conséquent, partout où il y a une couche unique de cellules avec une faible quantité de ciment intercellulaire interposé, l'argent réduit sur cette substance dessine d'une façon très nette les contours des cellules.

La réussite des préparations à l'argent dépend beaucoup de trois conditions :

Ne pas gratter le tissu ;

Bien le laver avant et après l'imprégnation ;

L'exposer à une vive lumière.

La réduction de l'argent s'opère plus rapidement dans l'alcool dilué que dans l'eau. L'argent continue à se réduire, lentement il est vrai, dans le reste du tissu, aussi la préparation s'assombrit de plus en plus au point de devenir inutile ; ceci peut être retardé par le montage de la préparation.

MONTAGE. — Les liquides dans lesquels on monte les tissus servent à les rendre plus transparents et à les conserver.

Glycérine. — Avant de monter les pièces, il est bon de les laisser tremper dans la glycérine pendant cinq à dix minutes, afin que ce liquide les pénètre plus intimement.

Certaines pièces non colorées deviennent trop transparentes sous l'influence de la glycérine pure ; on doit les monter dans la glycérine étendue de deux ou trois fois son volume d'eau.

Presque toutes les préparations au chlorure d'or et la plupart des préparations au carmin doivent être de préférence montées dans la glycérine contenant 1 pour cent de son poids d'acide formique (acide formique marquant 1,16 au densimètre).

Certaines pièces durcies et destinées à être coupées, colorées ou non, pourront être, non sans avantage, conservées dans la glycérine au lieu de l'être dans l'alcool ; avant de pratiquer les coupes on débarrassera les pièces de la glycérine qui les imprègne eu les plongeant dans l'alcool ou dans l'eau. —

Mélange de créosote et de térébenthine. — Ajoutez une partie de créosote à quatre parties de térébenthine, agitez bien et laissez reposer jusqu'à ce que le liquide, d'abord trouble, redevienne limpide.

On transporte les coupes dans ce mélange au sortir de l'alcool fort. Il est bon de les chauffer légèrement afin de les rendre transparentes. Avant d'être montées dans le baume du Canada, les coupes seront examinées à un grossissement faible dans ce mélange de créosote et de térébenthine, afin de voir si la transparence est complète. S'il n'en était pas ainsi, il faudrait ajouter encore une goutte du mélange et recommencer à chauffer.

Avant de monter les coupes dans le baume, il faut enlever le plus complètement possible le liquide éclaircissant avec un morceau de papier buvard coupé bien droit, sans bavures.

Un mélange de 1 partie d'acide phénique pur à 4 parties de térébenthine rend les mêmes services.

Baume du Canada. — Faites chauffer dans une capsule, à l'étuve, un peu de baume de Canada et maintenez-le pendant vingt-quatre heures à la température d'environ 65° C., afin de lui faire perdre par évaporation toute son eau. Laissez-le refroidir et faites-le dissoudre dans une quantité de chloroforme ou de benzol suffisante pour obtenir un liquide de consistance sirupeuse. Cette solution doit être conservée dans un flacon bouché avec un capuchon de verre recouvrant le goulot et s'adaptant bien à lui plutôt qu'avec un bouchon qui se collerait au goulot. Si des traces de baume venaient à souiller à l'intérieur le goulot du flacon, il faudrait pour la même raison le nettoyer avec un linge imbibé d'alcool. On peut, au lieu de baume du Canada, employer une solution de résine Dammar.

Le baume de Canada, plus encore que la glycérine, donne de la transparence aux tissus.

Les tissus colorés par le carmin ou toute solution aqueuse de matière colorante doivent passer successivement par des bains d'alcool de concentration croissante et finalement par l'alcool absolu ou tout au moins à 95 % et être éclaircies, avant d'être montées dans le baume.

Masses a injection. — *a*. Préparez une solution aqueuse de bleu de Prusse à 2 % (on vend aujourd'hui le bleu de Prusse *soluble* tout préparé chez les marchands de produits chimiques). Cette solution peut être injectée à chaud ou à froid. Les tissus injectés doivent être placés dans l'alcool, et les coupes obtenues, après avoir été éclaircies, seront montées dans le baume du Canada. Il peut arriver que la masse à injection se décolore pendant le séjour que fait la pièce dans l'alcool. S'il en était ainsi, on abandonnerait vingt-quatre heures les coupes à l'air libre, avant de les monter, dans un verre de montre ou dans une capsule de verre pleine de térébenthine. Il est rare d'obtenir avec cette masse des injections aussi belles qu'avec les masses *b* et *c*.

b. —Mettez 20 grammes de gélatine dans l'eau froide jusqu'à ce qu'elle se gonfle bien, puis faites fondre cette gélatine au bain-marie à la température d'environ 40° C. dans l'eau qu'elle a absorbée. Il faut avoir soin de recouvrir la capsule pour empêcher l'évaporation.

Broyez dans l'eau, de façon à faire une pâte fine, 8 grammes de carmin. Ajoutez environ 10 grammes d'ammoniaque concentrée et continuez à broyer pour mélanger intimement, puis ajoutez environ 100 cent. cubes d'eau, agitez bien et filtrez. Si l'on n'accélère pas la filtration au moyen d'une trompe, l'opération pourra bien durer dix à vingt heures. Portez le liquide filtré à la température de 40° C. et versez-le dans la gélatine maintenue liquide au bain-marie en brassant continuellement la masse. Quand le mélange est parfaitement opéré, ajoutez goutte, à goutte de l'acide acétique concentré, en brassant toujours; quand l'odeur ammoniacale commence à s'affaiblir, vous ne versez plus, toujours goutte à goutte, que de l'acide acétique étendu de cinq à dix fois son volume d'eau, jusqu'au moment où l'odeur d'ammoniaque cesse absolument d'être perceptible et où, par contre, la masse commence à présenter une odeur très légère d'acide acétique. La masse qui tout à l'heure avait une teinte rouge *laquée* (transparente) (carmin dissous) a pris une couleur rouge (carmin opaque) (carmin précipité en granulations très fines). Ajoutez à la masse quelques gouttes de thymol, enlevez-la au bain-marie et laissez-la refroidir. Si, par hasard, en venant à la chauffer de nouveau, on constatait qu'elle a perdu sa légère senteur d'acide acétique, il faudrait y ajouter un peu d'acide très dilué, toujours avec beaucoup de précaution.

On injecte à chaud les masses préparées à la gélatine. Le sang contenu dans les vaisseaux de l'organe à injecter est enlevé par l'injection au préalable d'un courant de solution saline chaude. Pendant le cours de l'injection, on aura soin de verser sur l'organe la même solution chaude ou de tenir plongé l'organe ou l'animal, suivant les cas, dans un bassin rempli de solution saline chaude. Les tissus injectés sont immédiatement placés dans l'alcool.

c. — Préparez une masse de gélatine comme il est indiqué en *b.* Prenez 100 cent. cubes d'une solution à 2 % de bleu de Prusse chauffé à 40° C. et versez-la doucement dans la gélatine maintenue liquide au bain-marie en ayant soin de brasser continuellement le mélange.

MASSES A INJECTION FROIDES

[Nous n'en mentionnerons que deux, liquides toutes deux à froid, et coagulables par l'alcool.

a. — Métagélatine.

On maintient à l'ébullition au bain-marie pendant plusieurs heures une solution de gélatine assez étendue et additionnée d'une petite quantité d'acide acétique. La gélatine perd ainsi la propriété de se prendre en masse par le froid, mais elle reste coagulable par l'alcool. On n'a qu'à mélanger ensemble q. s. de métagélatine et d'une solution de bleu de Prusse et à injecter le mélange tel quel.

b. — Gomme arabique.

On prend :

    (1) Gomme arabique en morceaux. . . . . . .   2 parties.
    (2) Borax pulvérisé. . . . .   1 partie

On prépare de chacun de ces ingrédients une solution saturée à chaud; — on mélange les deux solutions en agitant constamment et l'on obtient de la sorte une masse solide, transparente, élastique, tout à fait analogue, en apparence du moins, à la gélatine solidifiée, , et presque insoluble dans l'eau.

On broie cette masse solide dans un mortier en ajoutant de l'eau peu à peu à mesure qu'on broie. On obtient ainsi une pâte qui est passée à plusieurs reprises, en ajoutant toujours un peu d'eau chaque fois, à travers des linges de plus en plus fins jusqu'à ce qu'elle soit devenue une bouillie fluide, sans le moindre grumeau.

Cette bouillie fluide ne se coagule plus spontanément; par contre, elle se coagule en présence de l'alcool, *en augmentant de volume.*

On mélange la pâte fluide à du bleu de Prusse soluble et on l'injecte telle quelle. Les pièces injectées sont placées dans l'alcool.

La masse à injection n'est pas transparente une fois solidifiée par l'alcool, mais on peut la rendre telle dans les vaisséaux en lavant la pièce injectée à l'eau, puis en la pénétrant de glycérine.

Enfin, on peut rendre *soluble* dans la préparation injectée même la masse déjà coagulée par l'alcool, en versant goutte à goutte sur la pièce injectée de l'acide acétique légèrement dilué. (A. K. Bjeloussow, *Archiv. für Anatomie und Entw.* 1885, p. 379.) (Tr.).]

RÉACTIFS CHIMIQUES

Réactif de Millon. — Prenez 50 grammes de mercure et autant d'acide nitrique pur concentré. Mettez le mercure dans un flacon, ajoutez-y de l'acide nitrique et laissez-les se combiner. L'opération demande un certain temps. Si l'on voit cependant que tout le mercure ne se dissout point, on peut chauffer *très légèrement* le mélange pour activer la combinaison des deux éléments.

Ajoutez 200 cent. cubes; d'eau distillée et laissez reposer quelques heures ; il se produit un précipité blanc cristallin. On décante le liquide qui surnage et qui est le *réactif de Millon.*

Liqueur de Fehling. — *a.* Faites dissoudre 34 gr. 64 de sulfate de cuivre pur cristallisé dans 160 cent. cubes d'eau distillée.

b. — Préparez encore une solution de 173 gr. de tartrate, sodico-potassique dans 600 à 700 gr. d'une lessive de soude caustique marquant 1,12 au densimètre.

Mélangez intimement ensemble, en agitant sans cesse, les deux solutions *a* et *b* et ajoutez de l'eau distillée de façon à étendre à un litre le volume de la solution.

On doit employer la liqueur de Fehling aussitôt qu'elle est préparée, car elle ne tarde pas à se décomposer ; on peut cependant la conserver, pendant un temps très court il est vrai, dans un endroit frais et obscur, dans des flacons absolument remplis et parfaitement bouchés (Hoppe-Seyler).

On peut préparer d'avance et conserver la solution *b* pour l'ajouter à la solution *a* que l'on prépare au moment même de s'en servir.

Dans tous les cas, il faut, avant d'employer de la liqueur de Fehling conservée pour l'essai des matières contenant du sucre, vérifier que par l'ébullition elle ne donne à elle seule aucun précipité.

Le cuivre contenu dans 1 cent. cube de cette liqueur est complètement réduit par 5 milligrammes de glucose

Liqueur de Stokes. — Cette liqueur encore doit être préparée au moment même où l'on a besoin de s'en servir. C'est une solution de sulfate ferreux auquel on ajoute de l'ammoniaque après addition préalable d'une quantité d'acide tartrique suffisante pour empêcher la formation d'un précipité. Un excès d'acide tartrique n'est pas nuisible. On peut dire qu'il faut à peu près dans la liqueur trois parties d'acide tartrique pour deux parties de sulfate ferreux.

GRAND SCHÉMA ARTÉRIEL

Ce schéma (voy. fig. 112) est tout simplement une modification du schéma de la circulation primitivement imaginé par Weber. Il n'a point pour but d'imiter la circulation dans tous ses détails, mais simplement de mettre en lumière les points sur lesquels nous avons appelé l'attention dans la leçon XIII. On peut le construire sans aucune difficulté avec quelques tubes de caoutchouc et des robinets de verre à trois voies.

On place des pinces à ressort (des pinces en bois de blanchisseuse feront l'affaire) sur les tubes droits c, c', c''. Les dilatations, placées sur la même ligne, des trois autres tubes voisins des premiers sont bourrés d'éponge jusqu'à ce que, fermant les pinces et pompant vigoureusement, on obtienne dans le tube artériel une pression de 5 à 6 centimètres de mercure.

Le tube artériel P communique avec un sac de caoutchouc de l'autre extrémité duquel part un tube qui plonge dans un réservoir d'eau. Le sac est pourvu de deux soupapes (valvules), une à chaque extrémité, qui s'ouvrent toutes deux dans le même sens. Ainsi, quand on comprime le sac avec la main, l'eau qu'il contient

est chassée dans le tube artériel, et quand on cesse
ensuite de le comprimer, il aspire l'eau contenue dans
le réservoir.

On peut d'ail-
leurs se servir
de tout autre
modèle de pom-
pe. En Sa, S'a,
S'v, on place
verticalem e nt
les uns au-des-
sus des autres
des leviers lé-
gers tels que
des leviers ordi-
naires des phy-
gmographes
ou bien de ces
leviers dont on
se sert pour ob-
tenir la courbe
des battements
du cœur de la
grenouille (cf.

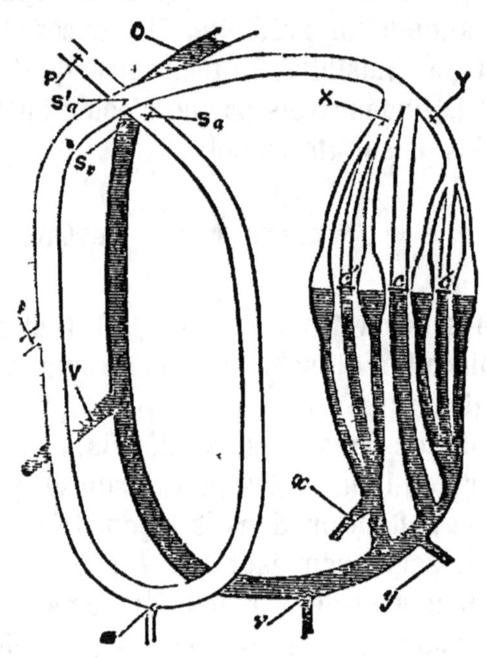

Fig 112.

p. 380). Le sysème de tubes est supporté par des morceaux de plomb employés de façon à suivre le trajet
des tubes et fixés sur un bâti en bois. Chacun des tubes
A et V communique avec un manomètre à mercure.

Pour les autres points du schéma, il n'est pas besoin
d'explications autres que celles qui sont données dans
le cours de la leçon précitée.

PETIT SCHÉMA ARTÉRIEL

Comme le grand schéma, celui-ci a pour pièce principale un sac de caoutchouc dont une extrémité, celle vers laquelle s'ouvrent les valvules, est mise en communication par un robinet à trois voies avec un tube de verre d'environ 1^m,30 de long et avec un tube de caoutchouc de même longueur que le tube de verre et aussi de même diamètre.

Une pince à ressorts presse le long tube de caoutchouc tout près du point où il s'ajuste sur le robinet à trois voies ; une autre est posée sur le petit bout de tube en caoutchouc qui réunit le même robinet à trois voies avec le long tube de verre. De la sorte, on peut faire passer à volonté le courant d'eau par l'un ou l'autre tube.

PROCÉDÉ POUR DÉTRUIRE LE CERVEAU DE LA GRENOUILLE

On place la grenouille sous une cloche de verre, à côté d'une éponge imbibée d'éther. Aussitôt que l'animal est anesthésié et immobile on le prend, enveloppé d'un linge, dans la main gauche. On tient ses pattes de derrière serrées entre le troisième et le quatrième doigt et on maintient sa tête baissée avec l'index. On coupe alors transversalement avec les ciseaux la peau un peu en arrière du crâne, en prenant soin que l'incision soit peu étendue à droite et à gauche de la ligne médiane. On pratique ensuite une seconde incision perpendiculaire à la première, comme elle peu étendue, n'intéressant que la peau et suivant la ligne médiane. On met ainsi à découvert l'extrémité postérieure de l'occipital, qui se trouve immédiatement au-dessus du niveau des bords antérieurs des omoplates. On sectionne les muscles à l'aide d'un bon scalpel, immédiatement en arrière de l'os occipital et en s'écartant le moins possible de la ligne médiane pour n'avoir pas à blesser les artères vertébrales. La moelle est mise à nu; — on peut introduire une forte aiguille mousse dans la cavité cranienne et détruire le cerveau en la remuant autant qu'il est nécessaire dans cette cavité.

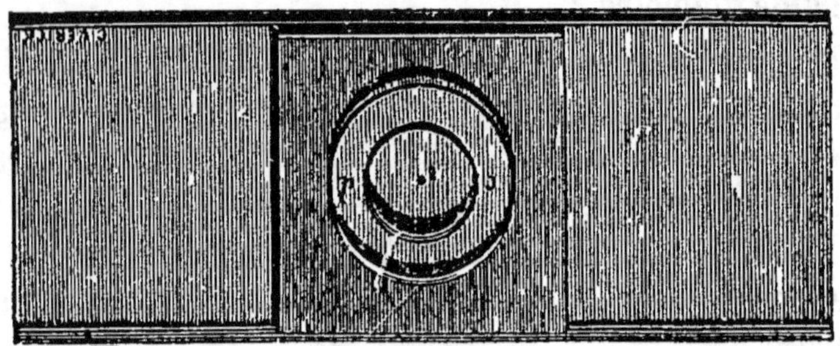

FIG. 113. Chambre humide à air de Ranvier.

Une lame de verre à préparations porte, en son milieu, un disque de verre. Tout autour de ce disque et à une certaine distance de lui est un anneau de verre, un peu plus élevé que le disque et destiné à supporter la lamelle. On dépose les éléments à étudier sur le disque. Quand on a recouvert la préparation d'une lamelle, la goutte ou liquide que l'on étudie, et qui s'étale entre le disque et la lamelle, est sur tout son pourtour en contact avec l'air qui remplit l'espace annulaire laissé entre le disque et l'anneau.

FIG. 114. Chambre humide et à gaz de Ranvier.

Établie sur le même principe que la chambre à air. Le gaz à l'action duquel on veut soumettre les éléments anatomiques arrive et sort par les tubulures représentées à l'extrémité de la plaque.

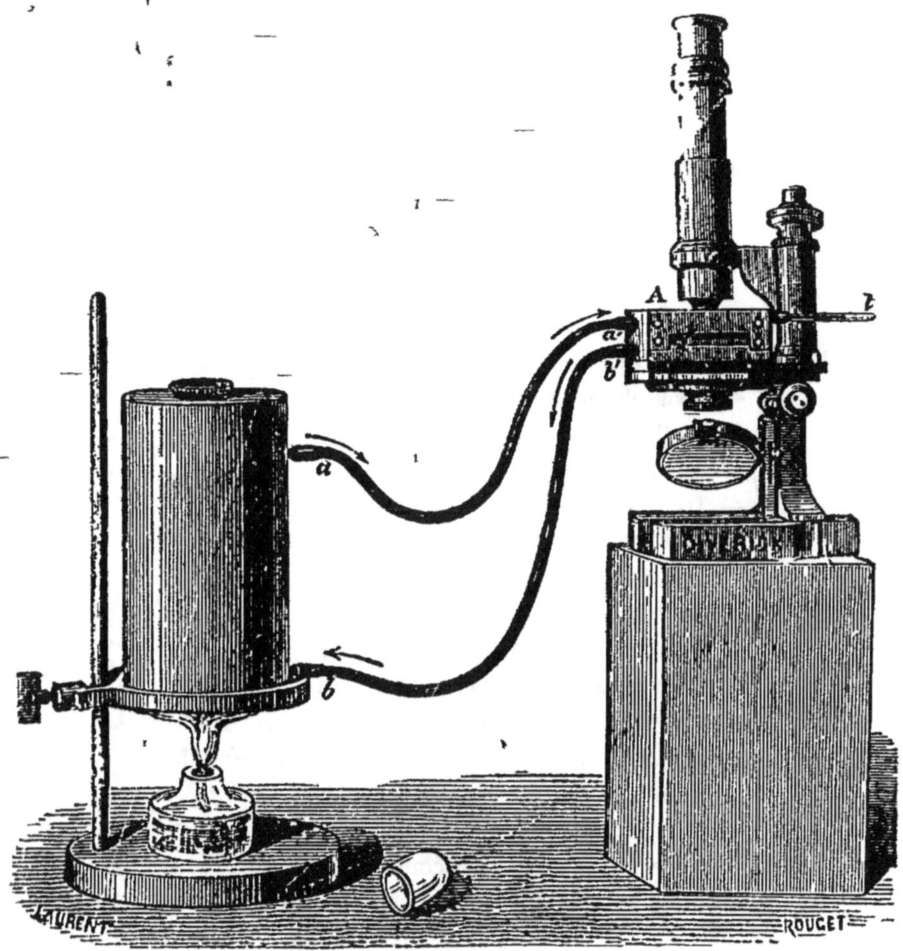

Fig. 115. — Platine chauffante de Ranvier à circulation d'eau tiède.

On se sert de cet appareil pour étudier les éléments anatomiques vivants, à la
température normale, ou pour observer la façon dont ils se comportent vis-
à-vis de certaines températures.

La platine A présente une fente F dans laquelle on place la préparation. En *t*
se trouve un thermomètre. La caisse A, qui constitue, à proprement parler,
la platine chauffante, est placée sur la platine du microscope et mise en rapport par les deux tubes *aa'*, *bb'*, avec la chaudière. De la sorte, l'eau est
toujours en circulation entre les deux réservoirs.

TABLE

INDEX ALPHABÉTIQUE

974. — Tours, imp. Rouillé-Ladevèze, rue Gambetta, 6.

6 décembre 40